电气工程及其自动化专业毕业设计指导

王越明　主　编

郭明良　王　朋　副主编

化学工业出版社

·北京·

内 容 简 介

本书主要内容包括发电厂及变电站负荷计算及功率因数补偿、电气主接线设计及变压器的选择、厂用电及其接线、短路电流计算、电气设备选择、高压配电装置和继电保护的配置及整定计算。为便于读者更好地理解书中内容，本书配置了部分实例，同时还提供了部分变压器、隔离开关、断路器、电压和电流互感器的型号及参数，方便读者选择设备。

本书可作为电气类相关专业毕业设计和课程设计指导用书，亦可作为广大科研及工程技术人员参考书。

图书在版编目（CIP）数据

电气工程及其自动化专业毕业设计指导/王越明主编．—北京：化学工业出版社，2021.9
ISBN 978-7-122-39404-0

Ⅰ.①电… Ⅱ.①王… Ⅲ.①电工技术-毕业实践-高等学校-教学参考资料②自动化技术-毕业实践-高等学校-教学参考资料 Ⅳ.①TM②TP2

中国版本图书馆 CIP 数据核字（2021）第 127964 号

责任编辑：高墨荣　　　　　　　　装帧设计：刘丽华
责任校对：杜杏然

出版发行：化学工业出版社（北京市东城区青年湖南街 13 号　邮政编码 100011）
印　　装：大厂聚鑫印刷有限责任公司
787mm×1092mm　1/16　印张 16½　字数 399 千字　2022 年 2 月北京第 1 版第 1 次印刷

购书咨询：010-64518888　　　　　售后服务：010-64518899
网　　址：http://www.cip.com.cn
凡购买本书，如有缺损质量问题，本社销售中心负责调换。

定　　价：68.00 元

前　言

　　毕业设计是学生重要的综合性实践教学环节，电气工程及其自动化专业毕业设计是学生全面运用所学的基础理论、电气工程专业知识和基本技能，对实际问题进行设计研究的综合训练。在这个教学环节当中，要求学生选择与电气工程专业有关的特定课题，查阅和分析资料，熟悉工程设计有关技术规程，结合所学的知识，独立完成设计内容。通过毕业设计，培养学生的实践能力和创新能力，增强其工程观念，为适应工作需要打下坚实的基础。

　　发电厂及变电站电气一次部分设计与继电保护设计是电气工程及其自动化专业本科毕业设计的典型设计内容。本书共分8章，主要内容包括发电厂及变电站负荷计算及功率因数补偿、电气主接线设计及变压器的选择、厂用电及其接线、短路电流计算、电气设备选择、高压配电装置和继电保护的配置及整定计算。为便于学生更好地理解书中内容，本书配置了部分实例，同时还提供了部分变压器、隔离开关、断路器、电压和电流互感器的型号及参数，方便学生选择设备。

　　本书内容结合实例，深入浅出，结构清晰，方便读者选择学习阅读。本书可作为电气类相关专业毕业设计和课程设计指导用书，亦可作为广大科研及工程技术人员参考书。

　　本书由黑龙江科技大学王越明任主编，郭明良、王朋任副主编。书中第1章由刘睿编写，第4章、第5章、第8章由王越明编写，第2章、第7章由郭明良编写，第3章、第6章由王朋编写。全书由杨庆江教授主审。

　　由于水平有限，书中难免有不足之处，恳请读者指正。

编者

目 录

第3章
厂用电及其接线 / 069

第 4 章
短路电流的计算 / 088

第 5 章
电气设备的选择 / 132

第6章
配电装置 / 162

第7章
设计实例 / 180

第8章
继电保护设计 / 190

附录 / 237

参考文献 / 256

第 1 章

负荷计算及功率因数补偿

电能为工业、农业、商业、交通运输、国防建设和人民生活等方面提供能源，是一种经济、实用、清洁且容易控制和转换的二次能源，是科学技术发展、国民经济建设的主要动力。

1.1 概述

由发电、变电、输电、配电和用电等环节组成的电能生产与消费的系统称为电力系统。电力系统示意图如图 1-1 所示。图中电力系统部分由发电机、电力网和用电部分组成。电力系统部分和电厂的动力部分则组成动力系统。

在电力系统中，电力负荷有两种含义：一种是指耗用电能的用电设备或用户，如通常所称的重要负荷、一般负荷、动力负荷、照明负荷等；另外一种指用电设备或用户耗用的功率或电流的大小，如通常所说的轻负荷（轻载）、重负荷（重载）、满负荷（满载）等。电力负荷的具体含义根据具体情况而定。电力负荷可按照不同的分类方式进行如下分类。

（1）按物理性能分类

电力负荷按物理性能分为有功负荷和无功负荷。有功负荷把电能转换成其他能量，是在用电设备中实际消耗的功率，电阻性用电设备所消耗的功率称为有功功率，用字母 P 表示，单位为 kV；无功负荷一般是电路中储能元件（电感或电容），储能元件能够储存能量，但不能消耗能量，它只是与电源之间进行能量互换，这种与电源交换能量的功率称为无功功率，用字母 Q 表示，单位为 kvar；在交流电路中，线电压与线电流的乘积称为视在功率，用字母 S 表示，单位为 kV·A。在实际运行中有时也用电流 I 来表征负荷。

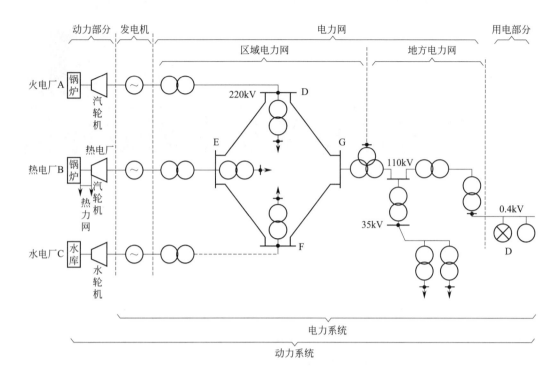

图 1-1　电力系统示意图

（2）按电能的生产和销售过程分类

电力负荷按电能的生产、供给和销售过程，可分为发电负荷、供电负荷和用电负荷。发电负荷指发电厂总的发电量，这个发电量并没有全部用于输送出去供给用户，而是要减去为发电而产生的厂用电。厂用电量占发电量的比例称为厂用电率，是考核发电厂效率的重要指标，各类发电厂的厂用电率可参考表 1-1。发电量减去厂用电量后所剩电量称为供电负荷，也称上网电量，是电网企业需要向发电企业付费的电量，电网侧称为接受电量。电网企业从电网接受电量的关口起至广大用电户的使用过程，是电力的输送过程，该过程需要消耗一部分电量，这部分被消耗的电量称为网损（线损），线损率为线路和变压器的有功功率损失占供电负荷的百分数，每个系统的线损率可由实际电网统计数中得到，当缺乏数据时，一般可取供电负荷的 5%～10%。供电负荷减去网损至用电户实际使用的电量即为用电负荷。

⊡ **表 1-1　各发电厂可供参考的厂用电率**

序号	电厂形式	厂用电率	序号	电厂形式	厂用电率
1	热电厂	12%	4	大型凝汽式电厂	4%～8%
2	小型凝汽式电厂(单机容量小于 1.5 万千瓦)	11%左右	5	水电厂	0.1%～1%
3	中型凝汽式电厂	8%～10%	6	核电厂	5%～8%

（3）按突然中断供电造成的损失程度分类

按照突然中断供电造成的损失程度可以将电力负荷分为一级负荷、二级负荷和三级负荷。一级负荷是指凡因突然中断供电，可能造成人身伤亡事故或重大设备损坏，给国民经济造成重大损失或在政治上产生不良影响的负荷；二级负荷是指凡因突然停电，造成大量减产或生产大量废品的负荷；三级负荷为除一级、二级负荷以外的其他负荷。负荷的等级不同对于供电的要求也不同，一级负荷应由两个独立电源供电，对有特殊要求的一级负荷，两个独立电源应来自不同地点，以保证供电的绝对可靠性；二级负荷应由两回线供电，当两回线路有困难时，应由一回专用架空线路供电；三级负荷对供电无特殊要求，可用单回线路供电。

1.2　负荷计算

电力用户是电能的消费者，一旦中断供电，可能造成人员伤亡、设备损坏、生产停顿、居民生活混乱，因此为电力用户提供安全、优质、可靠的电能尤为重要。为了保证供电可靠、经济、合理，需先对负荷进行计算。根据计算结果，对于功率因数不满足要求的用户还要进行功率因数补偿。

1.2.1　负荷计算的意义和目的

在进行工矿企业供电设计时，基本的原始资料为工艺部门提供的各种用电设备的产品铭牌数据，如额定容量、额定电压等，这是设计的依据。由于所安装的用电设备并不是同时运行，而且运行着的设备实际需用的负荷也并不是每一时刻都等于设备的额定容量，而是在不超过额定容量的范围内，时大时小地变化着。如果简单地用设备额定容量（也称安装容量）来选择导体和各种供电设备，将导致有色金属的浪费和工程投资的增加。因此要把原始资料中提供的用电设备额定容量变成电力设计所需要的假想负荷即"计算负荷"，从而根据计算负荷按照允许发热条件选择变压器的容量，制订提高功率因数的措施；计算流过各主要电气设备（断路器、隔离开关、母线、熔断器）的负荷电流，作为选择设备的依据；计算流过各条线路（电源进线、高低压配电线路）等的负荷电流，作为选择线路电缆和导线截面的依据；计算尖峰电流，作为保护电器整定计算的依据和校验电动机的启动条件。计算负荷的准确程度，直接影响整个工矿企业供电设计质量。因此在供配电设计中，第一步工作是需要计算电力用户的实际负荷。负荷计算主要包括下面内容。

① 求计算负荷，也称需用负荷。目的是为了合理地选择各级电压供电网络、变压器容量和电气设备型号等。

② 求尖峰电流。用于计算电压波动、电压损失、选择熔断器和保护元件等。

③ 求平均负荷。用来计算工矿企业电能需要量、电能损耗和选择无功补偿装置等。

1.2.2　电力负荷曲线

（1）负荷曲线

电力负荷是随机变化的，每当用电设备启动或停止都会有对应的负荷发生变化，其变化的规律可以用负荷曲线来描述。负荷曲线是以一定的时间间隔，根据电力负荷的变化绘制的曲线。

负荷曲线绘制在直角坐标轴内，纵坐标表示负荷大小（kW，kvar），横坐标表示负荷变动时间。负荷曲线可以绘制成全厂的，也可以绘制成某一性质用电设备组的，可以绘制有功和无功的，也可以绘制年、日或工作班的。表示用户在一昼夜（0～24h）实际用电负荷变化情况的曲线称为日负荷曲线，日负荷曲线的绘制方法有折线形和阶梯形两种。折线形负荷曲线如图 1-2(a) 所示，是以某个监测点为参考点，在 24h 中各个时刻记录功率表的读数，逐点绘制而成折线形状；阶梯形负荷曲线如图 1-2(b) 所示，通过接在供电线路上的电度表，每隔一定的时间间隔（一般为 0.5h），将其读数记录下来，求出 0.5h 的平均功率，再依次将这些点画在坐标上，把这些点相连即成阶梯形状。

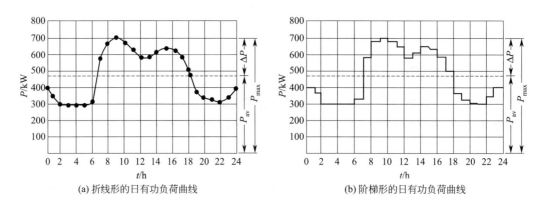

(a) 折线形的日有功负荷曲线　　　　　　　　(b) 阶梯形的日有功负荷曲线

图 1-2　日有功负荷曲线

年负荷曲线代表用户全年（8760h）内用电负荷变化规律。年负荷曲线分为年持续负荷曲线和年运行负荷曲线。年持续负荷曲线如图 1-3(a) 所示，它是以电力系统全年负荷的大小及其持续运行小时数的顺序排列作出的曲线；年运行负荷曲线（又称年每日最大负荷曲线），年运行负荷曲线如图 1-3(b) 所示，它表示从年初到年末逐日的电力系统综合最大负荷的变化情况。

负荷曲线反映了用户用电的特点和规律，对变电所、发电厂和电力系统的运行有重要意义，是变电所负荷控制、发电厂安排日发电计划，确定电力系统运行方式和主变压器、发电机组等设备检修计划以及制定变电所、发电厂扩建新建规划的依据。不同的负荷曲线在电力系统运行中有不同的用途。日负荷曲线可借以分析最大负荷发生的时间和原因，采取措施进行调整，以满足电力系统经济运行的目的，是电力系统安排发电计划和确定运行方式的主要依据；年负荷曲线主要用来安排发电设备的检修计划，也为制定发电机组或发电厂的扩建与新建计划提供依据，根据年持续负荷曲线也可以计算出全年负荷消耗的电量。

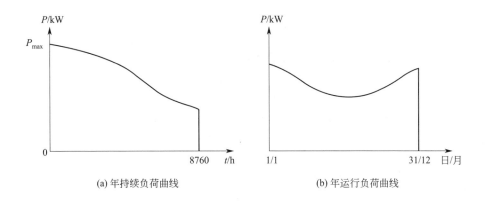

(a) 年持续负荷曲线　　　　　　　　　(b) 年运行负荷曲线

图 1-3　年负荷曲线

（2）与负荷曲线和负荷计算有关的物理量

分析负荷曲线，可以得到以下各量。

① 年最大负荷和最大负荷利用小时数　年最大负荷是全年中负荷最大的工作班内消耗电能最大的半小时的平均功率，也称为半小时最大负荷，用符号 P_{max}（或 P_{30}）、Q_{max}（或 Q_{30}）和 S_{max}（或 S_{30}）分别表示有功、无功和视在最大负荷。所谓最大工作班，是指一年中最大负荷月份内最少出现 2～3 次最大负荷的工作班。

年最大负荷利用小时数又称为最大负荷使用时间 T_{max}，是一个假想时间。如果电力用户以年最大负荷 P_{max}（或 P_{30}）持续运行 T_{max}（h），所消耗的电能恰好等于该电力用户全年实际消耗的电能。年最大负荷和年最大负荷利用小时数如图 1-4(a) 所示，年持续负荷曲线与两轴所包围的面积（阴影部分）为全年消耗的有功电量 W_P，和 P_{max} 与 T_{max} 的乘积相等，所以 T_{max} 可表示为

$$T_{max} = \frac{W_P}{P_{max}} \text{(h)} \qquad (1-1)$$

式中　W_P——全年消耗的有功电量，kW·h。

年平均负荷如图 1-4(b) 所示。

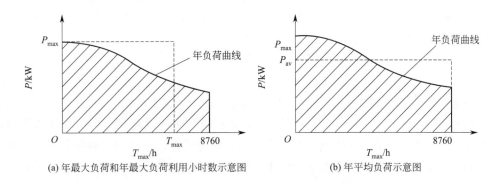

(a) 年最大负荷和年最大负荷利用小时数示意图　　(b) 年平均负荷示意图

图 1-4　年最大负荷、年平均负荷和年最大负荷利用小时数示意图

T_{max} 也可以用无功功率表示：

$$T_{max} = \frac{W_Q}{Q_{max}}(h) \qquad (1\text{-}2)$$

式中 W_Q——全年消耗的无功电量，$kvar \cdot h$。

年最大负荷利用小时数是一个反映工矿企业负荷特征的重要参数，标志工矿企业负荷是否均匀的一个重要指标，在计算电能损耗和电气设备选择中均要用到。T_{max} 与工矿企业的生产班制有明显的关系，一班制的 $T_{max} = 1800 \sim 3000h$，两班制的 $T_{max} = 3500 \sim 4800h$，三班制的 $T_{max} = 5000 \sim 7000h$。不同行业的年最大负荷利用小时数 T_{max} 如表 1-2 所示。

⊡ 表 1-2　不同行业的年最大负荷利用小时数 T_{max}

行业名称	T_{max}/h	行业名称	T_{max}/h	行业名称	T_{max}/h
化工厂	6000~7000	仪器制造厂	3000~4000	纺织厂	5000~6000
石油提炼厂	7100	汽车修理厂	4370	纺织机械厂	4500
重型机械制造厂	4000~5000	车辆修理厂	4000~4500	铁合金厂	7000~8000
机床厂	4000~4500	电机、电器制造厂	4500~5000	钢铁联合企业	6000~7000
工具厂	4500	氮肥厂	7000~8000	光学仪器厂	4500
滚珠轴承厂	5800	各种金属加工厂	4355	动力机械厂	4500~5000
起重运输设备厂	4000~5000	漂染工厂	5710	食品工业	4500
汽车拖拉机厂	5000	自行车厂	7000	农业灌溉	2800
农业机械制造厂	5300	建筑工程机械厂	4500		

② 平均负荷和负荷率　平均负荷是指电力用户在一段时间内消费功率的平均值，也就是电力负荷在该时间内消耗的电能 W_t 除以时间 t 的值，记作 P_{av}、Q_{av}、S_{av}。计算公式为

$$P_{av} = \frac{W_t}{t}(kW) \qquad (1\text{-}3)$$

式中 W_t——时间 t 内消耗的电量，$kW \cdot h$。

平均负荷有日平均负荷和年平均负荷，日平均负荷如图 1-2 所示，年平均负荷如图 1-4（b）所示。对于年平均负荷，t 取 8760h，W_t 取 W_P，即全年消费的总电能（$kW \cdot h$），年平均负荷计算公式为

$$P_{av} = \frac{W_P}{8760}(kW) \qquad (1\text{-}4)$$

负荷率是指在最大工作班内，平均负荷与最大负荷之比。负荷率用来衡量平均负荷与最大负荷之间的差异程度。用 α、β 分别表示有功、无功负荷率，其关系式为

$$\left.\begin{array}{l} \alpha = \dfrac{P_{av}}{P_{max}} \\[2mm] \beta = \dfrac{Q_{av}}{Q_{max}} \end{array}\right\} \qquad (1\text{-}5)$$

从经济运行的角度考虑，负荷率越接近 1，设备的利用程度越高，负荷曲线愈平坦，负荷波动愈小，用电越经济，所以负荷率又称为负荷填充系数。应尽量提高负荷率，以便充分发挥供电设备的供电能力，提高系统的供电效率。根据经验数字，一般工厂负荷系数年平均值为

$$\alpha = 0.70 \sim 0.75$$

$$\beta = 0.76 \sim 0.82$$

1.2.3　用电设备容量的确定

（1）用电设备的分类

用电设备的工作条件是不同的，按工作制分有连续运行、短暂运行和反复短时运行三类，它与负荷计算关系较大，其性质和主要特征如下。

① 长时工作制的用电设备。此类设备在规定的环境温度下连续运行，每次连续工作时间超过 8h，运行时负荷比较稳定，设备任何部分温升均不超过最高允许值。属于长时工作制的用电设备有通风机、水泵、空气压缩机、皮带输送机、电炉、照明灯具等。

② 短时但连续工作制的用电设备。此类用电设备的运行时间短而停歇时间长，在工作时间内，用电设备的温升尚未达到该负荷下的稳定值即停歇冷却，在停歇时间内其温度又降低到周围介质的温度。这类设备不多，有机床上的某些辅助电动机（如横梁升降、刀架快速移动装置的拖动电动机）及水闸用电动机等设备。

③ 反复短时工作制的用电设备。反复短时工作制也称断续周期工作制。用电设备以断续方式周期性地时而工作、时而停歇，如此反复进行，而工作周期一般不超过 10min。工作时间内设备温度升高但达不到稳定温度，停歇时间温度下降也达不到环境温度，均不足以使设备达到热平衡。反复短时工作制的用电设备有电焊机和吊车电动机等。断续周期工作制的设备通常用负荷持续率（或暂载率）ε 表征其工作特征。负荷持续率为整个工作周期里的工作时间与整个周期时间的比值，即

$$\varepsilon = \frac{t_g}{T} \times 100\% = \frac{t_g}{t_g + t_x} \times 100\% \tag{1-6}$$

式中　t_g，t_x——工作时间与停歇时间，两者之和为工作周期 T；

　　　　ε——负荷持续率。

（2）用电设备容量的确定

进行负荷计算时，需将用电设备按其性质分为不同的用电设备组，然后确定设备容量（或设备功率）。用电设备铭牌上标出的功率（或容量）称为用电设备的额定功率（或额定容量），该功率是指用电设备（如电动机）额定的输出功率，用 P_e 表示。由于各用电设备的工作制不同，其铭牌上标注的额定功率不能直接相加，需将不同工作制的用电设备额定功率换算为统一工作制下的功率，这个功率称为用电设备的设备功率（或设备容量），然后参与计算，设备功率用 P_s 表示，具体换算方法如下：

① 长时连续工作制用电设备。长时工作制用电设备功率（或容量）可直接取用铭牌上的额定功率（或额定容量），即设备功率 $P_s = P_e$。

② 短时但连续工作制用电设备。短时但连续工作制用电设备容量（或功率）同长期连续工作制用电设备一样，可直接取用铭牌上的额定功率（或额定容量），即设备功率 $P_s = P_e$。

③ 反复短时工作制用电设备。对于反复短时工作制的用电设备来说，同一设备在不同的负荷持续率下工作时，其输出功率是不同的，在计算其设备容量时，必须先转换到统一的负荷持续率下。反复短时工作制用电设备的额定容量（铭牌功率）P_e 对应于标称的负荷持

续率 ε_e。如果实际运行的负荷持续率并非铭牌持续率（即标称持续率，也称为额定持续率），则此时的设备容量应按同一周期内等效发热条件进行换算，即将其铭牌上标称持续率（ε_e）下的额定功率（P_e）统一换算到实际运行负荷持续率（ε）下的功率 P_s，即

$$P_s = \sqrt{\frac{\varepsilon_e}{\varepsilon}} \times P_e \qquad\qquad (1\text{-}7)$$

对于电焊机和电焊装置，其设备功率为统一换算到负荷持续率 $\varepsilon_{100} = 100\%$ 的功率，即

$$P_s = \sqrt{\frac{\varepsilon_e}{\varepsilon_{100}}} \times P_e = \sqrt{\varepsilon_e} \times P_e = \sqrt{\varepsilon_e} \times S_e \cos\varphi_e (\text{kW}) \qquad (1\text{-}8)$$

式中　P_s——电焊设备换算到 ε_{100} 时的设备功率，kW；

　　　P_e——电焊设备铭牌上的额定有功功率，kW；

　　　S_e——电焊设备铭牌上的额定容量，kV·A；

　　　$\cos\varphi_e$——电焊设备额定功率因数；

　　　ε_e——与 P_e、S_e 对应的标称负荷持续率（计算中用小数）；

　　　ε_{100}——电焊设备的负荷持续率，为 100%（计算中取 1.0）。

对于吊车电动机，因电动机是满负荷启动，所以其设备功率统一规定换算到负荷持续率为 $\varepsilon_{25} = 25\%$ 时的功率，即

$$P_s = \sqrt{\frac{\varepsilon_e}{\varepsilon_{25}}} \times P_e = 2P_e \sqrt{\varepsilon_e} (\text{kW}) \qquad\qquad (1\text{-}9)$$

式中　P_s——吊车电动机换算到 ε_{25} 时的设备功率，kW；

　　　P_e——吊车电动机的铭牌额定有功功率，kW；

　　　ε_e——与 P_e、S_e 对应的标称负荷持续率（计算中用小数）；

　　　ε_{25}——吊车电动机的负荷持续率，为 25%（计算中取 0.25）。

1.2.4　求解计算负荷的方法

负荷计算主要是确定计算负荷，计算方法有需用系数法、二项式系数法、利用系数法和功率密度法等。在实际工程供配电设计中，广泛采用需用系数法。在确定设备台数较少且各台设备容量差别大的分支干线计算负荷时采用二项式法较合理。

（1）需用系数法

需用系数法就是将用电设备的设备功率 P_s 乘以需用系数和同时系数，直接求出计算负荷的一种简便计算方式。

① 需用系数　在实际工作中，用电设备往往不是满负荷运行，实际的负荷容量常小于其额定容量，而对于由多个用电设备组成的用电设备组，根据生产需要，组内所有设备也不可能同时工作，并且对于同时工作的设备，其最大负荷出现的时间也不相同，由此可见，所有用电设备的实际负荷总容量总是小于所有用电设备额定容量的总和。需用系数是一个综合系数，它标志着用电设备组投入运行时，从供电网络实际取用的功率与用电设备组设备功率的比值：

$$K_d = \frac{P_{\max}}{P_s} \qquad\qquad (1\text{-}10)$$

式中 $P_{\max}$——用电设备组负荷曲线上最大有功功率，kW；

       P_s——用电设备组的设备功率，kW。

表示其物理意义的公式为

$$K_d = \frac{K_f K_t}{\eta_p \eta_l} \tag{1-11}$$

式中 K_d——需用系数；

       K_f——负荷系数，工作着的用电设备，一般并非全在满负荷下运行，该设备组在最大负荷时，工作着的用电设备实际所需功率与工作着的用电设备总功率之比为负荷系数 K_f，$K_f < 1$；

       K_t——同时系数，用电设备组的设备并非同时都运行，该设备组在最大负荷时工作着的用电设备总容量（功率）与该组用电设备总容量（功率）之比即为同时系数 K_t，$K_t < 1$；

       η_p——用电设备组平均效率，用电设备组在运行时要产生功率损耗，用电设备输出的功率与实际输入的功率之比即为用电设备的效率，$\eta_p < 1$；

       η_l——线路供电效率。线路末端功率与始端功率之比。一般为 $0.95 \sim 0.98$。

需用系数可通过查表获得，工厂、煤矿用电设备组的需用系数和部分工厂的需用系数如表 1-3～表 1-5 所示。

▫ 表 1-3 工厂各组用电设备的需用系数及功率因数参考值

用电设备组名称	需用系数 K_d	$\cos\varphi$	$\tan\varphi$
小批生产的金属冷加工机床电动机	0.16～0.2	0.5	1.73
大批生产的金属冷加工机床电动机	0.18～0.25	0.5	1.73
小批生产的金属热加工机床电动机	0.25～0.3	0.6	1.33
大批生产的金属热加工机床电动机	0.3～0.35	0.65	1.17
通风机、水泵、空压机及电动发电机组电动机	0.7～0.8	0.8	0.75
非联锁的连续运输机械及铸造车间整砂机械	0.5～0.6	0.75	0.88
联锁的连续运输机械及铸造车间整砂机械	0.65～0.7	0.75	0.88
锅炉房和机加、机修、装配等类车间的吊车（ε＝25％）	0.1～0.15	0.5	1.73
铸造车间的吊车（ε＝25％）	0.15～0.25	0.5	1.73
自动连续装料的电阻炉设备	0.75～0.8	0.95	0.33
实验室用的小型电热设备（电阻炉、干燥箱等）	0.7	1.0	0
工频感应电炉（未带无功补偿装置）	0.8	0.35	2.68
高频感应电炉（未带无功补偿装置）	0.8	0.6	1.33
电弧熔炉	0.9	0.87	0.57
点焊机、缝焊机	0.35	0.6	1.33
对焊机、铆钉加热机	0.35	0.7	1.02
自动弧焊变压器	0.5	0.4	2.29
单头手动弧焊变压器	0.35	0.35	2.68
多头手动弧焊变压器	0.4	0.35	2.68
单头弧焊电动发电机组	0.35	0.6	1.33
多头弧焊电动发电机组	0.7	0.75	0.88

续表

用电设备组名称	需用系数 K_d	$\cos\varphi$	$\tan\varphi$
生产厂房及办公室、阅览室、实验室照明	0.8～1	1.0	0
变配电所、仓库照明	0.5～0.7	1.0	0
宿舍(生活区)照明	0.6～0.8	1.0	0
室外照明、应急照明	1	1.0	0

注：表中照明设备的 $\cos\varphi$、$\tan\varphi$ 值均为白炽灯照明数据。如果采用荧光灯照明，则 $\cos\varphi$、$\tan\varphi$ 分别为 0.9、0.48；如果照明设备为高压汞灯、钠灯，则 $\cos\varphi$、$\tan\varphi$ 分别为 0.5、1.73。

⊡ 表1-4 煤矿各组用电设备的需用系数及功率因数参考值

用电设备组名称		需用系数 K_d	$\cos\varphi$	$\tan\varphi$	备用
压风机房主电动机		0.8～0.85	0.8～0.85	0.75～0.62	
斜井胶带提升机		0.75	0.7	1.02	
地面综合运输		0.7	0.7	1.02	
储煤场		0.6～0.65	0.7	1.02	
绞车房辅助设备		0.7	0.7	1.02	
锅炉房		0.6～0.7	0.65～0.7	1.17～1.02	
空气加热房		0.75～0.8	0.8	0.75	
日用及消防水泵房		0.7～0.75	0.75	0.89	
机修厂		0.35～0.4	0.6～0.65	1.33～1.17	
支柱加工厂		0.4～0.5	0.65	1.17	
煤样室		0.4～0.5	0.6	1.33	
化验室		0.5～0.6	0.8	0.75	
矿灯房		0.7	0.7	1.02	
变电所所用电		0.7	0.7	1.02	
地面建筑内部照明		0.85	1	0	高压水银灯与日光灯 $\cos\varphi$ 取 0.6
工业广场区间外部照明		0.9	1	0	高压水银灯与日光灯 $\cos\varphi$ 取 0.6
主扇房辅助电动机		0.35～0.5	0.7	1.02	多台风门绞车不同时工作
井底车场	无主排水泵	0.6～0.7	0.7	1.02	
	有主排水泵	0.75～0.85	0.8	0.75	
采区	无机组缓倾斜工作面	0.4～0.6	0.6	1.33	综采工作面 $\cos\varphi$ 取 0.7
	有机组缓倾斜工作面	0.6～0.75	0.6～0.7	1.33～1.02	
	急倾斜采煤工作面	0.6～0.65	0.6～0.7	1.33～1.02	
	煤巷掘进工作面	0.3～0.4	0.6	1.33	有掘进机时 $K_d=0.5$,$\cos\varphi=0.6$～0.7
井下运输	架线式电机车	0.4～0.7	0.9	0.48	
	蓄电池电机车	0.8	0.9	0.48	
	输送机和绞车	0.6～0.7	0.7	1.02	
	井下照明	1	1	0	日光灯 $\cos\varphi$ 取 0.6

⊡ 表1-5 部分工厂的需用系数及功率因数参考值

工厂类别	需用系数 K_d	$\cos\varphi$	$\tan\varphi$
汽轮机制造厂	0.38	0.88	0.54
锅炉制造厂	0.27	0.73	0.93
柴油机制造厂	0.32	0.74	0.91
重型机械制造厂	0.35	0.79	0.78
重型机床制造厂	0.32	0.71	0.99
机床制造厂	0.2	0.65	1.17
石油机械制造厂	0.45	0.78	0.80

工厂类别	需用系数 K_d	$\cos\varphi$	$\tan\varphi$
量具刃具制造厂	0.26	0.60	1.33
工具制造厂	0.34	0.65	1.17
电机制造厂	0.33	0.65	1.17
电器开关制造厂	0.35	0.75	0.88
电线电缆制造厂	0.35	0.73	0.93
仪器仪表制造厂	0.37	0.81	0.72
滚珠轴承制造厂	0.28	0.70	1.02

② 一个用电设备组的计算负荷 利用需用系数法计算一个用电设备组的计算负荷时，此用电设备组是由工艺性质相同、需用系数相近的一些设备合并而成。其计算公式如下：

有功计算负荷：
$$P_{js}=K_d P_s \tag{1-12}$$

无功计算负荷：
$$Q_{js}=P_{js}\tan\varphi \tag{1-13}$$

视在计算负荷：
$$S_{js}=\sqrt{P_{js}^2+Q_{js}^2} \tag{1-14}$$

计算电流：
$$I_{js}=\frac{S_{js}}{\sqrt{3}U_N} \tag{1-15}$$

式中 K_d——需用系数，可通过查表获得；

U_N——负荷的额定电压，kV；

P_s——用电设备组所有设备的设备容量之和，kW。

③ 多个用电设备组的计算负荷 对于多个用电设备组，由于各组的需用系数不相同，各组最大负荷出现的时间也不相同，因此，除了将各组计算负荷累加以外，还必须乘以组间最大负荷同时系数。计算公式如下：

总的有功计算负荷：
$$P_{js}=K_t\sum P_{js.i}=K_t\sum K_{d.i}P_{s.i} \tag{1-16}$$

总的无功计算负荷：
$$Q_{js}=K_t\sum Q_{js.i}=K_t\sum K_{d.i}P_{s.i}\tan\varphi_i \tag{1-17}$$

总的视在计算负荷：
$$S_{js}=\sqrt{P_{js}^2+Q_{js}^2} \tag{1-18}$$

总的计算电流：
$$I_{js}=\frac{S_{js}}{\sqrt{3}U_N} \tag{1-19}$$

式中 $\sum P_{js.i}$，$\sum Q_{js.i}$——各用电设备组的有功、无功计算负荷之和；

K_t——考虑各组用电设备最大负荷不同时出现的组间最大负荷同时系数，组数越多，其值越小，取值参见表 1-6。

⊡ **表 1-6　需要系数法的同时系数 K_t 值**

应用范围	K_t
一、确定车间变电所低压母线的最大负荷时,所采用的有功负荷同时系数(无功负荷与此同):	
冷加工车间	0.7~0.8
热加工车间	0.7~0.9
动力站	0.8~1.0
二、确定配电所母线的最大负荷时,所采用的有功负荷同时系数	
计算负荷小于 5000kW	0.8~1.0
计算负荷为 5000~10000kW	0.85
计算负荷超过 10000kW	0.8

（2）二项式系数法

需用系数法把需用系数看作与用电设备台数及容量都无关的常数,这对确定整个企业（台数多、容量大）或一定规模的车间变电所的计算负荷是可以的。但在确定连接设备台数不太多的车间干线或支干线的计算负荷时,由于其中 n 台大容量设备,对电力负荷变化影响很大,因此可采用两个系数表征负荷变化规律的二项式系数法。

① 一个用电设备组的计算负荷

基本公式为

$$P_{js} = aP_x + b(P_s - P_x)$$
$$= (a-b)P_x + bP_s$$
$$= cP_x + bP_s \tag{1-20}$$
$$Q_{js} = P_{js}\tan\varphi \tag{1-21}$$
$$S_{js} = \sqrt{P_{js}^2 + Q_{js}^2} \tag{1-22}$$
$$I_{js} = \frac{S_{js}}{\sqrt{3}U_N} \tag{1-23}$$

式中　c,b——二项式系数,对于不同类型的设备取值不同,表 1-7 列出可供计算参考的二项式系数;

　　　P_x——该组中 x 台大容量用电设备的容量之和（kW）,如 P_5 为 5 台大容量用电设备的设备容量之和;

　　　P_s——该组所有用电设备的设备容量总和,kW;

　　　x——该组取用大容量用电设备的台数,对于不同工作制、不同类型的用电设备,x 取值也不同,具体台数选取见表 1-7。

二项式 b、c 的物理意义如下。

由日负荷曲线可以看出,最大有功负荷 P_{max} 可以表达为

$$P_{max} = P_{js} = P_{av} + \Delta P$$
$$= K_1 P_s + \Delta P \tag{1-24}$$

式中　P_{av}——日平均负荷,kW;

　　　P_s——用电设备的设备容量,kW;

K_1——利用系数。

上式中 K_1 如果用 b 代替，则平均负荷 $P_{av}=bP_s$。上式中附加功率 ΔP，表示日负荷曲线的尖峰部分。长期运行统计数字表明，在运行中，若干台大容量电动机同时在某一时间内满载运行或频繁同时启动，是出现"尖峰负荷"的主要原因。并且该"尖峰负荷"的大小不仅与大容量电动机的台数有关，还与电动机所传动的机械设备的性质有关。所以计算时引入一个附加功率 $\Delta P=cP_x$，P_x 表示 x 台大容量电动机容量的总和，c 为 x 台大容量电动机综合影响系数，c、x 的取值与用电设备的性质有关。所以用 $P_{js}=bP_s+cP_x$ 来计算用电设备组的计算负荷是可行的。特别是用电设备总容量大，而大容量电动机所占比重大的用户，该方法计算更接近实际。

② 多个用电设备组的计算负荷　不同类型的 m 个用电设备组，其二项式表达式为

$$
\left.
\begin{aligned}
P_{js} &= (cP_x)_{max} + \sum_{i=1}^{m} bP_{s.i} \\
Q_{js} &= (cP_x)_{max}\tan\varphi_x + \sum_{i=1}^{m} bP_{s.i}\tan\varphi_i \\
S_{js} &= \sqrt{P_{js}^2 + Q_{js}^2} \\
I_{js} &= \frac{S_{js}}{U_N}
\end{aligned}
\right\}
\tag{1-25}
$$

式中　$(cP_x)_{max}$——各用电设备组算式中 (cP_x) 项的最大值；

b，$\tan\varphi_i$，$P_{s.i}$——对应于某一用电设备组 i 的 b 系数、功率因数正切和设备功率；

$\tan\varphi_x$——与 $(cP_x)_{max}$ 相对应的功率因数正切值。

⊡ 表 1-7　二项式系数

用电设备组名称	二项式系数		最大容量设备台数 x	$\cos\varphi$	$\tan\varphi$
	b	c			
小批生产的金属冷加工机床电动机	0.14	0.4	5	0.5	1.73
大批生产的金属冷加工机床电动机	0.14	0.5	5	0.5	1.73
小批生产的金属热加工机床电动机	0.24	0.4	5	0.6	1.33
大批生产的金属热加工机床电动机	0.26	0.5	5	0.65	1.17
通风机、水泵、空压机及电动发电机组电动机	0.65	0.25	5	0.8	0.75
非联锁的连续运输机械及铸造车间整砂机械	0.4	0.4	5	0.75	0.88
联锁的连续运输机械及铸造车间整砂机械	0.6	0.2	5	0.75	0.88
锅炉房和机加、机修、装配等类车间的吊车（ε=25%）	0.06	0.2	3	0.5	1.73
铸造车间的吊车（ε=25%）	0.09	0.3	3	0.5	1.73
自动连续装料的电阻炉设备	0.7	0.3	2	0.95	0.33
实验室用的小型电热设备（电阻炉、干燥箱等）	0.7	0	—	1.0	0

如果用电设备组的设备总台数 $n<2x$ 时，则最大容量设备台数取 $x=n/2$，且按"四舍五入"修约规则取整数。

1.2.5 单相用电设备的负荷计算

在工矿企业中，大部分的用电设备是三相用电设备，但是还有少量的单相用电设备，如电焊机、照明设备、电炉等。为了尽可能使三相线路的负荷对称，应将单相负荷尽可能地均衡分配给各相。在三相电网中，如果单相设备的总容量不超过三相设备总容量的 15%，则不论单相设备怎样分配，都可按三相平衡计算负荷。否则，应将单相负荷换算为等效三相负荷，再与三相负荷相加，得出三相线路总的计算负荷。

（1）单相用电设备接于相电压

当单相用电设备仅接于相电压时，如果采用需用系数法进行负荷计算，则先按式(1-16)、式(1-17) 求出各相的计算负荷。把求出的各相计算负荷比较，选出负荷最大的相，然后将负荷最大相的计算负荷乘以 3 即可为等效三相计算负荷，即

$$\left.\begin{array}{l} P_{js}=3P_{js.\varphi} \\ Q_{js}=3Q_{js.\varphi} \end{array}\right\} \tag{1-26}$$

式中　P_{js}，Q_{js}——等效三相有功、无功计算负荷，kW、kvar；

　　$P_{js.\varphi}$，$Q_{js.\varphi}$——负荷最大的单相有功、无功计算负荷，kW、kvar。

（2）单相用电设备接于线电压

当单相设备仅接于线电压时，先按式（1-16）、式(1-17) 求出单相线间计算负荷，然后将 $P_{js.uv}$、$P_{js.vw}$、$P_{js.wu}$ 进行比较，选取其中负荷较大者乘以 $\sqrt{3}$ 为等效三相计算负荷，即

$$\left.\begin{array}{l} P_{js}=\sqrt{3}P_{js.\omega} \\ Q_{js}=\sqrt{3}Q_{js.\omega} \end{array}\right\} \tag{1-27}$$

式中　P_{js}，Q_{js}——等效三相有功、无功计算负荷，kW、kvar；

　　$P_{js.\omega}$，$Q_{js.\omega}$——最大线间单相有功、无功计算负荷，kW、kvar。

（3）单相用电设备既有接于相电压又有接于线电压

通常单相用电设备，既有接于相电压又有接于线电压的，其等效三相负荷的计算，应分两部分进行。

① 先将接于线电压的单相负荷换算为接于相电压上的单相负荷，换算如下。

U 相：
$$\left.\begin{array}{l} P_{js.u}=K_{p1}P_{js.uv}+K_{p2}P_{js.wu} \\ Q_{js.u}=K_{q1}P_{js.uv}+K_{q2}P_{js.wu} \end{array}\right\} \tag{1-28}$$

V 相：
$$\left.\begin{array}{l} P_{js.v}=K_{p1}P_{js.vw}+K_{p2}P_{js.uv} \\ Q_{js.v}=K_{q1}P_{js.vw}+K_{q2}P_{js.uv} \end{array}\right\} \tag{1-29}$$

W 相：
$$\left.\begin{array}{l} P_{js.w}=K_{p1}P_{js.wu}+K_{p2}P_{js.vw} \\ Q_{js.w}=K_{q1}P_{js.wu}+K_{q2}P_{js.vw} \end{array}\right\} \tag{1-30}$$

式中　$P_{js.uv}$，$P_{js.vw}$，$P_{js.wu}$——接于 UV、VW、WU 线间的单相用电设备的有功计算负荷，kW；

　　$P_{js.u}$，$P_{js.v}$，$P_{js.w}$——换算为 U、V、W 相的有功计算负荷，kW；

$Q_{js.u}$，$Q_{js.v}$，$Q_{js.w}$──换算为 U、V、W 相的无功计算负荷，kvar；

K_{p1}，K_{p2}──为有功功率换算系数，其值见表 1-8；

K_{q1}，K_{q2}──为无功功率换算系数，其值见表 1-8。

② 将上述折算后的各相负荷与原有的各相单相负荷相加，选出最大相负荷，将其乘以 3 为等效三相计算负荷，即

$$\left.\begin{array}{l} P_{js}=3\sum P_{js.i.\varphi} \\ Q_{js}=3\sum Q_{js.i.\varphi} \end{array}\right\} \tag{1-31}$$

式中　P_{js}，Q_{js}──等效三相有功、无功计算负荷，kW、kvar；

$P_{js.i.\varphi}$，$Q_{js.i.\varphi}$──接于负荷最大相的各单相用电设备的有功、无功计算负荷，kW、kvar。

⊡ **表 1-8　线间负荷换算为相负荷时的功率换算系数**

功率换算系数	负荷的功率因数								
	0.35	0.4	0.5	0.6	0.65	0.7	0.8	0.9	1.0
K_{p1}	1.27	1.17	1.0	0.89	0.84	0.8	0.72	0.64	0.5
K_{p2}	−0.27	−0.17	0	0.11	0.16	0.2	0.28	0.36	0.5
K_{q1}	1.05	0.86	0.58	0.38	0.3	0.22	0.09	−0.05	−0.29
K_{q2}	1.63	1.44	1.16	0.96	0.88	0.8	0.67	0.53	0.29

1.2.6　尖峰电流计算

尖峰电流是指持续时间只有 1～2s 的短时最大负荷电流。尖峰电流主要用来选择熔断器和低压断路器、整定继电保护装置及检验电动机自启动条件等。尖峰电流的计算如下。

（1）单台用电设备尖峰电流的计算

单台用电设备的尖峰电流即其启动电流，计算公式如下：

$$I_{pk}=I_{st}=K_{st}I_N \tag{1-32}$$

式中　I_{pk}──尖峰电流，A；

I_{st}──用电设备的启动电流，A；

I_N──用电设备的额定电流，A；

K_{st}──用电设备的启动电流倍数。笼型电动机 $K_{st}=5\sim7$，绕线转子电动机 $K_{st}=2\sim3$，直流电动机 $K_{st}=1.7$，对电焊变压器 $K_{st}\geqslant3$。

（2）多台用电设备尖峰电流的计算

配电给多台用电设备的干线上的尖峰电流按以下两种方式计算。

① 按多台用电设备中启动电流（I_{st}）与额定电流（I_N）之差为最大的那台设备的启动电流 $I_{st.max}$ 与其他 $n-1$ 台设备正常工作电流之和来计算：

$$I_{pk}=K_t\sum_{i=1}^{n-1}I_{N.i}+I_{st.max} \tag{1-33}$$

式中　K_t──除去 $I_{st.max}$ 那台设备的其他 $n-1$ 台设备的同时系数，一般视具体情况选取，$K_t=0.7\sim1$。

② 按全部 n 台设备正常运行的计算电流 I_{js} 与其中一台启动电流与额定电流之差值为最

大的设备的$(I_{st}-I_N)_{max}$之和来计算：

$$I_{pk}=I_{js}+(I_{st}-I_N)_{max} \tag{1-34}$$

1.3 功率因数的提高

1.3.1 提高功率因数的意义

由于工矿企业使用大量的感应电动机、电力变压器、电焊机等用电设备，这些设备都是从电网吸收大量无功电流来产生交变磁场，因此供电系统除需供给有功功率外，还需要供给大量的无功功率，从而造成发电机和配电设备的供电能力不能充分利用。为此，必须提高工矿企业的功率因数，减少对电源系统的无功功率需求量。提高功率因数具有下列实际意义。

① 提高电力系统的供电能力。在发电和输、配电设备的安装容量一定时，提高用户的功率因数，相应减少了无功功率和视在功率的需求量。在同样设备条件下，增大了电力系统的供电能力。

② 减少供电网络中的电压损失，提高供电质量。由于用户功率因数的提高，使网络中的电流减少。因此网络中的电压损失减少，网络末端用电设备的电压质量得到提高。

③ 降低供电网络中的功率损耗。当线路电压和输送的有功功率一定时，功率因数越高，则网络中的功率损耗越少。

④ 降低企业产品的成本。由于提高功率因数可减少网络和变压器中的电能损耗，使企业电费降低。

1.3.2 提高功率因数的方法

提高功率因数的途径主要是如何减少电力系统中各个部分所需的无功功率，特别是减少负载取用的无功功率，使电力系统在输送一定的有功功率时可降低其中通过的无功电流。提高功率因数的方法可分为两大类，即提高负荷的自然功率因数和人工补偿提高功率因数的方法。

提高负荷的自然功率因数的方法不需要专门的设备，只需采取各种技术措施，改进用电设备的运行情况，降低各用电设备所需的无功功率以改善其功率因数。

供电企业对电力用户的功率因数应达到的数值有一定的规定，如果不能达到规定，应首先采用提高用电设备自然功率因数的方法。如果采用提高自然功率因数的方法功率因数还不能达到规定数值，则需要采用专门补偿设备的人工补偿方法来提高功率因数。工矿企业广泛采用并联电容器进行无功功率的补偿。

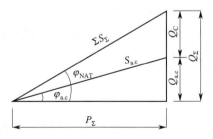

图 1-5 所示为补偿前后的功率三角形。补偿前工矿企业总的有功计算功率为 P_Σ，无功计算负荷为 Q_Σ，补偿前的自然功率因数角为 φ_{NAT}。当补偿所需电容器的无功容量为 Q_C 时，则补偿后总的无功功率为 $Q_{a.c}=Q_\Sigma-Q_C$，补偿后的功率因数角为 $\varphi_{a.c}$。由于补偿前后总的有功计算功率不变，因此功率因数得到

图 1-5 补偿前后的功率三角形

了提高，总的视在功率 $S_{a.c}$ 显著降低，即

$$S_{a.c}=\sqrt{P_{\Sigma}^2+(Q_{\Sigma}-Q_C)^2} \tag{1-35}$$

1.3.3　电容器的选择

（1）电容器无功容量的计算

由图 1-5 所示关系可以看出，电容器的无功容量为

$$Q_C=P_{\Sigma}(\tan\varphi_{NAT}-\tan\varphi_{a.c}) \tag{1-36}$$

式中　Q_C——电容器的总无功容量，kvar；

　　　P_{Σ}——工矿企业总的有功计算负荷，kW；

　$\tan\varphi_{NAT}$——补偿前功率因数角的正切值；

　$\tan\varphi_{a.c}$——补偿后功率因数角的正切值。

电容器的无功容量还可以表示为

$$Q_C=\Delta q_C P_{\Sigma} \tag{1-37}$$

式中，$\Delta q_C=\tan\varphi_{NAT}-\tan\varphi_{a.c}$ 称为无功补偿率，或比补偿率，如表 1-9 所示。无功补偿率表示要使 1kW 的有功功率由 $\cos\varphi_{NAT}$ 提高到 $\cos\varphi_{a.c}$ 所需要的无功补偿容量千乏值。

▫ **表 1-9　无功补偿率表**

补偿前	补偿后 $\cos\varphi_{a.c}$												
$\cos\varphi_{NAT}$	0.7	0.75	0.80	0.82	0.84	0.86	0.88	0.90	0.92	0.94	0.96	0.98	1.0
0.30	2.16	2.30	2.42	2.48	2.53	2.59	2.65	2.70	2.76	2.82	2.89	2.98	3.18
0.35	1.66	1.80	1.93	1.98	2.03	2.08	2.14	2.19	2.25	2.31	2.38	2.47	2.68
0.40	1.27	1.41	1.54	1.60	1.65	1.70	1.76	1.81	1.87	1.93	2.00	2.09	2.29
0.45	0.97	1.11	1.24	1.29	1.34	1.40	1.45	1.50	1.56	1.62	1.69	1.78	1.99
0.50	0.71	0.85	0.98	1.04	1.09	1.14	1.20	1.25	1.31	1.37	1.44	1.53	1.73
0.52	0.62	0.76	0.89	0.95	1.00	1.05	1.11	1.16	1.22	1.28	1.35	1.44	1.64
0.54	0.54	0.68	0.81	0.86	0.92	0.97	1.02	1.08	1.14	1.20	1.27	1.36	1.56
0.56	0.46	0.60	0.73	0.78	0.84	0.89	0.94	1.00	1.05	1.12	1.19	1.28	1.48
0.58	0.39	0.52	0.66	0.71	0.76	0.81	0.87	0.92	0.98	1.04	1.11	1.20	1.41
0.60	0.31	0.45	0.58	0.64	0.69	0.74	0.80	0.85	0.91	0.97	1.04	1.13	1.33
0.62	0.25	0.39	0.52	0.57	0.62	0.67	0.73	0.78	0.84	0.90	0.97	1.06	1.27
0.64	0.18	0.32	0.45	0.51	0.56	0.61	0.67	0.72	0.78	0.84	0.91	1.00	1.20
0.66	0.12	0.26	0.39	0.45	0.49	0.55	0.60	0.66	0.71	0.78	0.85	0.94	1.14
0.68	0.06	0.20	0.33	0.38	0.43	0.49	0.54	0.6	0.65	0.72	0.79	0.88	1.08
0.70		0.14	0.27	0.33	0.38	0.43	0.49	0.54	0.60	0.66	0.73	0.82	1.02
0.72		0.08	0.22	0.27	0.32	0.37	0.43	0.48	0.54	0.60	0.67	0.76	0.97
0.74		0.03	0.16	0.21	0.26	0.32	0.37	0.43	0.48	0.55	0.62	0.71	0.91
0.76			0.11	0.16	0.21	0.26	0.32	0.37	0.43	0.50	0.56	0.65	0.86
0.78			0.05	0.11	0.16	0.21	0.27	0.32	0.38	0.44	0.51	0.60	0.80
0.80				0.05	0.10	0.16	0.21	0.27	0.33	0.39	0.46	0.55	0.75
0.82					0.05	0.10	0.16	0.23	0.27	0.33	0.40	0.49	0.70
0.84						0.05	0.11	0.16	0.22	0.28	0.35	0.44	0.65
0.86							0.06	0.11	0.17	0.23	0.30	0.39	0.59
0.88								0.06	0.11	0.17	0.25	0.33	0.54
0.90									0.06	0.12	0.19	0.28	0.48
0.92										0.06	0.13	0.22	0.43
0.94											0.07	0.16	0.36

（2）电容器（柜）台数的确定

电容器的额定电压应与其接入电网的工作电压相适应。由于电容器的实际补偿容量与其端电压的平方成正比，所以电容器的台数 N 应按下式计算：

$$N = \frac{Q_C}{q_{N.C}\left(\dfrac{U_w}{U_{N.C}}\right)^2} \tag{1-38}$$

N 应取 3 的倍数，每相所需电容器台数为：

$$n = \frac{N}{3} \tag{1-39}$$

式中　$q_{N.C}$——单台电容器（柜）的额定容量，kvar；

$\quad\quad U_w$——电容器的实际工作电压，kV；

$\quad\quad U_{N.C}$——电容器的额定电压，kV。

一般电容器分成两组，分别接在两段母线上，所以 n 应取与计算值相等或稍大的偶数。当选择电容器柜时，因柜内电容器已分为三相，所以只需使电容器柜总数为偶数即可。

1.4　计算示例

1.4.1　单相用电设备的负荷计算

某线路上装有 220V 电热干燥箱 3 台，其中 2 台 40kW 分别接在 U 相和 W 相；1 台 20kW 接于 V 相，2 台 20kW 电加热器接于 V 相。单相 380V 对焊机($\varepsilon=100\%$)共 6 台，其中 3 台 46kW 分别接于 UV、VW、WU 相，2 台 51kW 分别接于 UV 和 WU 相，1 台 32kW 接于 VW 相，确定该线路的计算负荷。

（1）用电设备功率的确定

因为 6 台对焊机的功率已经是暂载率为 $\varepsilon=100\%$ 时的功率，因此不必换算；电热干燥箱及电加热器的设备功率即为其额定功率。

（2）用电设备的计算负荷

① 电热干燥箱及电加热器的各相计算负荷　电热干燥箱和电加热器为单相设备，接于相电压，其各相有功和无功功率计算负荷按式（1-12）计算。查表 1-3 可得 $K_d=0.7$，$\cos\varphi=1$，$\tan\varphi=0$，故其只有有功计算负荷。即

U 相　$P_{js.ul}=K_d P_{s(ul)}=0.7\times40=28(kW)$

V 相　$P_{js.vl}=K_d P_{s(vl)}=0.7\times(20+20+20)=42(kW)$

W 相　$P_{js.wl}=K_d P_{s(wl)}=0.7\times40=28(kW)$

② 对焊机的各相计算负荷　对焊机为单相设备，接于线电压，先求出其各线间计算负荷，然后将各线间计算负荷换算成每相计算负荷。查表 1-3 可得 $K_d=0.35$，$\cos\varphi=0.7$，$\tan\varphi=1.02$。

a. 各线间有功计算负荷

UV 线间　$P_{js.uv}=K_d P_{s(uv)}=0.35\times(46+51)=33.95(kW)$

VW 线间　$P_{\text{js. vw}}=K_{\text{d}}P_{\text{s(vw)}}=0.35\times(46+32)=27.3(\text{kW})$

WU 线间　$P_{\text{js. wu}}=K_{\text{d}}P_{\text{s(wu)}}=0.35\times(46+51)=33.95(\text{kW})$

b. 将线间计算负荷换算成相计算负荷　根据 $\cos\varphi=0.7$，查表 1-8 得换算系数 $K_{\text{p1}}=0.8$，$K_{\text{p2}}=0.2$，$K_{\text{q1}}=0.22$，$K_{\text{q2}}=0.8$，根据式(1-28)～式(1-30)将接于线电压的单相负荷换算为接于相电压的单相负荷：

U 相　$P_{\text{js. u2}}=K_{\text{p1}}P_{\text{js. uv}}+K_{\text{p2}}P_{\text{js. wu}}=0.8\times33.95+0.2\times33.95=33.95(\text{kW})$

　　　$Q_{\text{js. u2}}=K_{\text{q1}}P_{\text{js. uv}}+K_{\text{q2}}P_{\text{js. wu}}=0.22\times33.95+0.8\times33.95=34.578(\text{kvar})$

V 相　$P_{\text{js. v2}}=K_{\text{p1}}P_{\text{js. vw}}+K_{\text{p2}}P_{\text{js. uv}}=0.8\times27.3+0.2\times33.95=28.63(\text{kW})$

　　　$Q_{\text{js. v2}}=K_{\text{q1}}P_{\text{js. vw}}+K_{\text{q2}}P_{\text{js. uv}}=0.22\times27.3+0.8\times33.95=33.166(\text{kvar})$

W 相　$P_{\text{js. w2}}=K_{\text{p1}}P_{\text{wu}}+K_{\text{p2}}P_{\text{vw}}=0.8\times33.95+0.2\times27.3=32.62(\text{kW})$

　　　$Q_{\text{js. w2}}=K_{\text{q1}}P_{\text{wu}}+K_{\text{q2}}P_{\text{vw}}=0.22\times33.95+0.8\times27.3=29.309(\text{kvar})$

（3）各相总计算负荷

U 相　$P_{\text{js. u}}=P_{\text{js. u1}}+P_{\text{js. u2}}=28+33.95=61.95(\text{kW})$

　　　$Q_{\text{js. u}}=Q_{\text{js. u1}}+Q_{\text{js. u2}}=0+34.578=34.578(\text{kvar})$

V 相　$P_{\text{js. v}}=P_{\text{js. v1}}+P_{\text{js. v2}}=42+28.63=70.63(\text{kW})$

　　　$Q_{\text{js. v}}=Q_{\text{js. v1}}+Q_{\text{js. v2}}=0+33.166=33.166(\text{kvar})$

W 相　$P_{\text{js. w}}=P_{\text{js. w1}}+P_{\text{js. w2}}=28+32.62=60.62(\text{kW})$

　　　$Q_{\text{js. w}}=Q_{\text{js. w1}}+Q_{\text{js. w2}}=0+29.309=29.309(\text{kvar})$

（4）单相设备等效为三相计算负荷

由上面计算结果可知，V 相的有功计算负荷最大，故取 V 相计算负荷的 3 倍为该线路的等效三相计算负荷，即

$$P_{\text{js}}=3P_{\text{js. v}}=3\times70.63=211.89(\text{kW})$$

$$Q_{\text{js}}=3Q_{\text{js. v}}=3\times33.166=99.498(\text{kvar})$$

$$S_{\text{js}}=\sqrt{P_{\text{js}}^2+Q_{\text{js}}^2}=\sqrt{211.89^2+99.498^2}=234.088(\text{kV}\cdot\text{A})$$

$$I_{\text{js}}=\frac{S_{\text{js}}}{\sqrt{3}U_{\text{N}}}=\frac{234.088}{\sqrt{3}\times0.38}=355.67(\text{A})$$

1.4.2　某工厂全厂负荷计算

（1）全厂负荷计算步骤

如图 1-6 所示为一具有两级降压变电所的供配电系统示意图。以该图为例，说明由低压用电设备开始逐级相加计算全厂负荷的步骤。

① 求用电设备组的计算负荷　先将车间用电设备按工作制的不同分为若干组，其各用电设备组的设备容量 $P_{\text{s. 1}}$，再视具体情况选用需用系数法或二项式法确定各用电设备组的计算负荷。如图 1-6 中的 1 点（$P_{\text{js. 1}}$、$Q_{\text{js. 1}}$、$S_{\text{js. 1}}$）。

② 求车间变压器低压侧计算负荷　图 1-6 中 2 点，将低压各用电设备组的计算负荷总和乘以同时系数，即为该车间变压器低压侧计算负荷 $P_{\text{js. 2}}$、$Q_{\text{js. 2}}$、$S_{\text{js. 2}}$。用该计算负荷可选择所需车间变压器容量和低压导线截面。

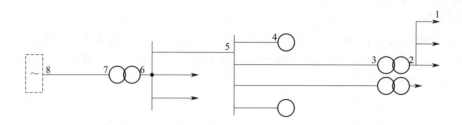

图 1-6　全厂负荷计算示意图

③ 求车间变压器高压侧计算负荷　计算车间变压器的功率损耗，变压器低压侧计算负荷加该变压器有功损耗 ΔP_{T1}、无功损耗 ΔQ_{T1}，得变压器高压侧计算负荷，即 $P_{js.3}=P_{js.2}+\Delta P_{T1}$、$Q_{js.3}=Q_{js.2}+\Delta Q_{T1}$。该值可用于选择车间变电所高压侧进线导线截面。

④ 配电所进线的计算负荷　计算配电所高压用电设备的设备容量（如 $P_{s.4}$），再将高压用电设备的设备容量 $P_{s.4}$ 加上各配电线计算负荷总和乘以同时系数即为配电所进线侧计算负荷，如 $P_{js.5}=(P_{s.4}+\sum P_{js.3})K_{\sum 5}$，$K_{\sum 5}$ 为求取 5 点计算负荷时的同时系数。该负荷用以选择配电所母线及线路与导线截面。如果进线线路较长，尚应计入线路功率损耗。

⑤ 总降压变电所低压侧计算负荷　即 6 点的计算负荷，其值为 $P_{js.5}$ 与同一母线其他计算负荷相加再乘以同时系数 $K_{\sum 6}$，即得 $P_{js.6}$、$Q_{js.6}$、$S_{js.6}$。该值用以选择总降压变电所主变压器的容量和台数。

⑥ 主变压器功率损耗计算 ΔP_{T2}、ΔQ_{T2}。

⑦ 全厂计算负荷　为主变压器低压侧计算负荷加上变压器功率损耗，即为 7 点的计算负荷 $P_{js.7}$、$Q_{js.7}$、$S_{js.7}$。

⑧ 地区变电所供给全厂的总负荷　主变压器高压侧负荷再加上高压送电线路的功率损耗 ΔP_L、ΔQ_L，为地区变电所供全厂的总负荷 $P_{js.8}$、$Q_{js.8}$、$S_{js.8}$。用该值选择高压送电线路的截面。

（2）全厂负荷计算示例

如图 1-7 所示供电系统，试求各车间及全厂的计算负荷，其计算结果列于表 1-10。

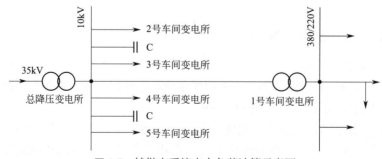

图 1-7　某供电系统电力负荷计算示意图

1 号变电所负荷计算过程如下。

① 各设备组的计算负荷

a. 冷加工机床的计算负荷

⊡ **表 1-10　全厂用电负荷计算**

设备（或车通风机间）名称	设备功率 /kW	需用系数 K_d	功率因数 $\cos\varphi$	计算负荷		
				有功功率 /kW	无功功率 /kvar	视在功率 /kV·A
1 号变电所						
冷加工机床	92	0.16	0.5	14.7	25.4	
通风机 11	29	0.85	0.8	24.7	18.5	
高频加热设备	80	0.6	0.7	48	49	
电焊机	90	0.35	0.6	31.5	41.9	
合计	291	0.4	0.66	118.9	134.8	196
乘以同时系数 $K_{\Sigma p}=0.9$ 和 $K_{\Sigma q}=0.97$ 后合计	291			107	131	
变压器损耗 $\Delta P_T=0.02S_{js}$ $\Delta Q_T=0.1S_{js}$				3.4	16.9	
线路损耗				9.2	7.1	
1 号变电所计入同时系数 $K_{\Sigma p}$ 和 $K_{\Sigma q}$ 并加入变压器损耗、线路损耗				119.6	155	
2 号变电所计入同时系数 $K_{\Sigma p}$ 和 $K_{\Sigma q}$ 并加入变压器损耗、线路损耗	850	0.52	0.86	439	264	512
3 号变电所计入同时系数 $K_{\Sigma p}$ 和 $K_{\Sigma q}$ 并加入变压器损耗、线路损耗	1250	0.32	0.93	398	157	428
4 号变电所计入同时系数 $K_{\Sigma p}$ 和 $K_{\Sigma q}$ 并加入变压器损耗、线路损耗	560	0.57	0.83	320	210	384
合计	2951		0.86	1276.6	786	
乘以同时系数 $K_{\Sigma p}=0.9$ 和 $K_{\Sigma q}=0.95$ 后			(0.84)	1148.9	746.7	1370
全厂补偿低压电力电容器总功率					−350	
全厂补偿后合计			(0.95)	1148.9	396.7	1215
变压器损耗 $\Delta P_T=0.02S_{js}$ $\Delta Q_T=0.1S_{js}$				24.3	121.5	
全厂合计（高压侧）	2951	0.39	(0.91)	1173.2	518.2	1283

注：2～4 号（及 5 号）变电所负荷计算与 1 号变电所类似，从略。

$$P_{s1}=92\text{kW},K_{d1}=0.16,\cos\varphi_1=0.5,\tan\varphi_1=1.73$$

$$P_{js.1}=K_{d1}P_{s1}=0.16\times92=14.7(\text{kW})$$

$$Q_{js.1}=P_{js.1}\tan\varphi_1=14.7\times1.73=25.4(\text{kvar})$$

b. 通风机的计算负荷

$$P_{s2}=29\text{kW},K_{d2}=0.85,\cos\varphi_2=0.8,\tan\varphi_2=0.75$$

$$P_{js.2}=K_{d2}P_{s2}=0.85\times29=24.7(\text{kW})$$

$$Q_{js.2}=P_{js.2}\tan\varphi_2=24.7\times0.75=18.5(\text{kvar})$$

c. 高频加热设备的计算负荷

$$P_{s3}=80\text{kW},K_{d3}=0.6,\cos\varphi_3=0.7,\tan\varphi_3=1.02$$

$$P_{js.3}=K_{d3}P_{s3}=0.6\times80=48(\text{kW})$$

$$Q_{js.3}=P_{js.3}\tan\varphi_3=48\times1.02=49(\text{kvar})$$

d. 电焊机的计算负荷

$$P_{s4}=90\text{kW},K_{d4}=0.35,\cos\varphi_4=0.6,\tan\varphi_4=1.33$$

$$P_{js.4}=K_{d4}P_{s4}=0.35\times90=31.5(\text{kW})$$

$$Q_{js.4}=P_{js.4}\tan\varphi_4=31.5\times1.33=41.9(\text{kvar})$$

② 考虑同时系数后的总计算负荷

$$\sum P_{js} = K_{\sum p}(P_{js.1} + P_{js.2} + P_{js.3} + P_{js.4})$$
$$= 0.9 \times (14.7 + 24.7 + 48 + 31.5)$$
$$= 0.9 \times 118.9$$
$$= 107(kW)$$

$$\sum Q_{js} = K_{\sum q}(Q_{js.1} + Q_{js.2} + Q_{js.3} + Q_{js.4})$$
$$= 0.97 \times (24.5 + 18.5 + 49 + 41.9)$$
$$= 0.97 \times 134.8$$
$$= 131(kvar)$$

$$S_{js} = \sqrt{(\sum P_{js})^2 + (\sum Q_{js})^2} = \sqrt{(107)^2 + (131)^2} = 169(kV \cdot A)$$

③ 变压器损耗

$$\Delta P_{T1} = 0.02 S_{js} = 0.02 \times 169 = 3.4(kW)$$

$$\Delta Q_{T1} = 0.1 S_{js} = 0.1 \times 169 = 16.9(kvar)$$

④ 1号变电所计入同时系数 $K_{\sum p}$ 和 $K_{\sum q}$ 并加入变压器损耗、线路损耗后的计算负荷

$$1P_{js} = \sum P_{js} + \Delta P_{T1} + \Delta P_L = 107 + 3.4 + 9.2 = 119.6(kW)$$

$$1Q_{js} = \sum Q_{js} + \Delta Q_{T1} + \Delta Q_L = 131 + 16.9 + 7.1 = 155(kvar)$$

$$1S_{js} = \sqrt{(1P_{js})^2 + (1Q_{js})^2} = \sqrt{(119.6)^2 + (155)^2} = 196(kV \cdot A)$$

⑤ 1号、2号、3号、4号变电所计入同时系数 $K_{\sum p} = 0.9$ 和 $K_{\sum q} = 0.95$ 后合计

$$P_{js.z} = K_{\sum p} \sum(1P_{js} + 2P_{js} + 3P_{js} + 4P_{js})$$
$$= 0.9 \times (119.6 + 439 + 398 + 320)$$
$$= 1148.9(kW)$$

$$Q_{js.z} = K_{\sum q} \sum(1Q_{js} + 2Q_{js} + 3Q_{js} + 4Q_{js})$$
$$= 0.95 \times (155 + 264 + 157 + 210)$$
$$= 746.7(kvar)$$

$$S_{js.z} = \sqrt{(P_{js.z})^2 + (Q_{js.z})^2} = \sqrt{(1148.9)^2 + (746.7)^2}$$
$$= 1370 \ (kV \cdot A)$$

⑥ 全厂补偿后合计　全厂补偿低压电力电容器总功率为 $Q_C = 350kvar$，因此补偿后全厂总的视在功率为

$$P_{js.10} = P_{js.z} = 1148.9(kW)$$

$$Q_{js.10} = Q_{js.z} - Q_C = 746.7 - 350 = 396.7(kvar)$$

$$S_{js.10} = \sqrt{(P_{js.10})^2 + (Q_{js.10})^2} = \sqrt{(1148.9)^2 + (396.7)^2} = 1215(kV \cdot A)$$

⑦ 全厂高压侧合计　总降变电所的变压器损耗为

$$\Delta P_{T2}=0.02S_{js.10}=0.02\times1215=24.3(kW)$$

$$\Delta Q_{T2}=0.1S_{js.10}=0.1\times1215=121.5(kvar)$$

全厂高压侧计算负荷

$$P_{js.35}=P_{js.10}+\Delta P_{T2}=1148.9+24.3=1173.2(kW)$$

$$Q_{js.35}=Q_{js.10}+\Delta Q_{T2}=396.7+121.5=518.2(kvar)$$

$$S_{js.35}=\sqrt{(P_{js.35})^2+(Q_{js.35})^2}=\sqrt{(1163.2)^2+(518.2)^2}=1283(kV\cdot A)$$

1.4.3 某矿井总降压变电所的负荷计算

某煤矿年产量为 150 万吨，地区电源电压为 63kV，矿井全部用电设备的技术数据见负荷统计表 1-11 和表 1-12。

（1）负荷统计

① 低压负荷的统计 负荷统计应从线路末端开始逐级向电源侧统计。这时应先统计各低压负荷组的计算负荷，选出配电变压器；求出变压器一次负荷后，将计算结果填入表 1-11，然后再参与全矿负荷的统计。

下面以求取表 1-12 中地面工业广场的计算负荷为例说明计算低压负荷组的计算负荷过程。

a. 用电设备功率的确定 由于煤矿企业大量负荷都为长时或短时工作制的负荷，其设备功率等于其额定功率，即 $P_s=P_e$，所以不需要进行功率换算。

b. 单相负荷换算为三相负荷 如果用电设备中有单相设备，其单相负荷可用式(1-23)～式(1-28)之间的公式换算为三相负荷。由于煤矿单相用电设备占总负荷比例很少，可均按三相平衡负荷计算。

c. 用电设备（组）的计算负荷 用需用系数法统计计算负荷，查表 1-3 和表 1-4，查出对应电气设备（组）的需用系数 K_d、功率因数 $\cos\varphi$ 及正切值，填于负荷统计表的第 8、第 9 及第 10 列中。然后按式(1-13)～式(1-16)分别计算单台或成组三相用电设备的计算负荷，分别填于表第 11、第 12、第 13 及第 14 列内。下面以求取主井提升辅助设备的计算负荷为例说明求取用电设备（组）的计算负荷过程。

查表 1-4 可知：$K_d=0.7$，$\cos\varphi=0.7$，$\tan\varphi=1.02$；查表 1-12 可知：主井提升辅助用电设备组中各设备的设备容量总和 $P_s=259.8kW$，最大负荷利用小时数 $T_{max}=3500h$。则主井提升辅助设备的计算负荷为

$$P_{js}=K_dP_s=0.7\times259.8=181.9(kW)$$

$$Q_{js}=P_{js}\tan\varphi=181.9\times1.02=185.5(kvar)$$

$$S_{js}=\sqrt{(P_{js})^2+(Q_{js})^2}=\sqrt{(181.9)^2+(185.5)^2}=259.9(kV\cdot A)$$

$$I_{js}=\frac{S_{js}}{\sqrt{3}U_N}=\frac{259.9}{\sqrt{3}\times0.38}=394.9(A)$$

$$E=P_{js}T_{max}=181.9\times3500=636.7(MW\cdot h)$$

将上面计算结果分别填入负荷统计表 1-12 中第 11～第 14 列和第 16 列内。其他各组用电设备计算负荷与求取过程上面的计算过程相同。

d. 地面工业广场低压负荷统计

表 1-11　某矿负荷统计表

序号	用电设备名称	额定电压/kV	设备台数 安装台数	设备台数 工作台数	设备容量/kW 安装容量	设备容量/kW 工作容量	需用系数 K_d	功率因数 $\cos\varphi$	正切值 $\tan\varphi$	计算负荷 有功功率/kW	计算负荷 无功功率/kvar	计算负荷 视在功率/kV·A	计算负荷 计算电流/A	年最大负荷利用小时数/h	年电能损耗 MW·h	备注
1	2	3	4	5	6	7	8	9	10	11	12	13	14	15	16	17
	一、地面高压															
1	主井提升机	6	1	1	2000	2000	0.9	0.85	0.62	1800.0	1116.0	2117.6	203.8	3000	5400.0	
2	副井提升机	6	1	1	1600	1600	0.8	0.85	0.62	1280.0	793.6	1505.9	144.9	1500	1920.0	
3	压风机	6	3	2	1800	1200	0.8	0.9	-0.48	960.0	-460.8	1066.7	102.6	3600	3456.0	
	二、南风井															
1	通风机	6	2	1	1600	800	0.7	0.8	0.75	560.0	-420.0	700.0	67.4	8760	4905.6	
2	压风机	6	3	2	750	500	0.7	0.8	0.75	350.0	262.5	437.5	42.1	3000	1050.0	
3	低压设备	0.38				539	0.7	0.8	0.75	377.3	283.0	471.6	45.4	3500	1320.6	
	三、北风井															
1	通风机	6	2	1	1600	800	0.7	0.8	0.75	560.0	-420.0	700.0	67.4	8760	4905.6	
2	压风机	6	3	2	750	500	0.7	0.8	0.75	350.0	262.5	437.5	42.1	3000	1050.0	
3	低压设备	0.38				539	0.7	0.8	0.75	377.3	283.0	471.6	45.4	3500	1320.6	
	四、地面低压															
1	地面工业广场	0.38				1879.6	0.678	0.773	0.821	1273.5	1044.3	1646.9	158.5		5305.0	
2	所用变压器	0.38				4.3	0.7	0.7	1.02	3.0	3.1	4.3	0.4	4000	12.0	
3	立井锅炉房	0.38				914	0.6	0.7	1.02	548.4	559.4	783.4	75.4	3000	1645.2	
4	机修厂	0.38				888	0.4	0.65	1.169	355.2	415.2	546.5	52.6	2000	710.4	
5	坑木厂	0.38				247	0.4	0.7	1.02	98.8	100.8	141.1	13.6	1000	98.8	
6	选煤厂	0.38				3164	0.6	0.8	0.75	1898.4	1423.8	2373.0	228.3	4000	7593.6	
7	水源井	0.38				175	0.8	0.8	0.75	140.0	105.0	175.0	16.8	5000	700.0	
8	工人村	0.38				735	0.5	0.7	1.02	367.5	374.9	525.0	50.5	2000	735.0	
9	其他用电设备	0.38				682	0.5	0.7	1.02	341.0	347.8	487.1	46.9	2000	682.0	
	五、井下高压															
1	主排水泵（最大涌水量）	6	5	3	6250	3750	0.85	0.85	0.62	3187.5	1976.3	3750.0	360.9	2000	6375.0	
2	主排水泵（最大涌水量）	6	5	2	6250	2500	0.85	0.85	0.62	2125.0	1317.5	2500.3	204.6	5000	10625.0	

续表

序号	用电设备名称	额定电压/kV	设备合数		设备容量/kW		需用系数 K_d	功率因数 $\cos\varphi$	正切值 $\tan\varphi$	计算负荷				年最大负荷利用小时数/h	年电能损耗 MW·h	备注
			安装合数	工作合数	安装容量	工作容量				有功功率/kW	无功功率/kvar	视在功率/kV·A	计算电流/A			
	六、井下低压															
1	-650井底车场	0.66				642	0.6	0.8	0.75	385.2	288.9	481.5	46.3	4200	1617.8	
2	111采区	0.66				912	0.6	0.7	1.02	547.2	558.1	781.7	75.2	4200	2298.2	
3	113采区	0.66				905	0.6	0.7	1.02	543.0	553.9	775.7	74.6	4200	2280.6	
4	124采区	0.66				899	0.62	0.7	1.02	557.4	568.5	796.3	76.6	4200	2341.1	
5	156采区	1.14				1617	0.75	0.75	0.88	1212.8	1067.2	1617.1	155.6	4200	5093.8	
	七、综合计算结果															
1	全矿合计					25891.9		0.839		18073.5	11087.1	21203.2			73441.9	取 $K_{tp}=0.9$ $K_{tq}=0.95$
2	全矿计算负荷									16266.2	10532.7	19378.5				
3	电容器补偿容量					7200kvar					−6530.6					
4	补偿后负荷							0.971		16266.2	4002.1	16751.3	1611.9	8760	803.3	
5	主变压器损耗									91.7	1107.8					
6	全矿总负荷							0.956		16357.9	5109.9	17137.4	157.1		74245.2	

□ 表 1-12　地面工业广场低压负荷统计表

序号	用电设备名称	额定电压/kV	设备合数		设备容量/kW		需用系数 K_d	功率因数 $\cos\varphi$	正切值 $\tan\varphi$	计算负荷				年最大负荷利用小时数/h	年电能损耗/MW·h	备注
			安装合数	工作合数	安装容量	工作容量				有功功率/kW	无功功率/kvar	视在功率/kV·A	计算电流/A			
1	2	3	4	5	6	7	8	9	10	11	12	13	14	15	16	17
1	主井辅助设备	0.38				259.8	0.7	0.7	1.02	181.9	185.5	259.9	394.9	3500	636.7	
2	副井辅助设备	0.38				226.8	0.7	0.7	1.02	158.8	162.0	226.9	344.7	4500	714.6	
3	压风机辅助设备	0.38				483	0.7	0.75	0.88	338.1	297.5	450.8	684.9	4500	1521.5	
4	消防水泵	0.38				55	0.75	0.75	0.75	13.2	9.9	16.5	25.1	3000	39.6	
5	回水泵	0.38				20	0.75	0.75	0.88	15.0	13.2	20.0	30.4	4500	67.5	
6	矿灯房	0.38				45	0.75	0.75	0.88	33.8	29.7	45.1	68.5	4500	152.1	
7	井口地面运输	0.38				60.5	0.7	0.7	1.02	42.4	43.2	60.6	92.1	3600	152.6	
8	广场照明	0.38				353.5	0.75	0.8	0.88	247.5	217.8	330.0	501.4	2000	495.0	
9	广场照明	0.38				320	1.0	0.8	0	256.0	0.0	256.0	389.0	4400	1126.4	
10	其他用电设备	0.38				56	0.7	0.7	1.02	39.2	40.0	56.0	85.1	8760	343.4	
	低压负荷总计	0.38				1879.6	0.7	0.8		1325.9	998.8	1660.0				
	低压计算负荷	0.38				1879.6	0.678	0.793		1259.6	968.8	1589.1	2414.4	4000		取 $K_{tp}=0.95$ $K_{tq}=0.97$
	变压器损耗									13.9	75.5					
	高压侧计算负荷	6				1879.6	0.773	0.821		1273.5	1044.3	1646.9	158.5		5305.0	

低压负荷总计：将表 1-12 中第 1～10 行的相关数据相加，即

$$\sum P_{js}=181.9+158.8+\cdots+39.2=1325.9(\text{kW})$$

$$\sum Q_{js}=185.5+162.0+\cdots+40.0=998.8(\text{kvar})$$

低压计算负荷：工业广场低压侧计算负荷按式(1-17)～式(1-20) 计算，有功、无功同时系数分别取 $K_{tp}=0.95$，$K_{tq}=0.97$，则

$$P_{js.\Sigma}=K_{tp}\sum P_{js}=0.95\times1325.9=1259.6(\text{kW})$$

$$Q_{js.\Sigma}=K_{tq}\sum Q_{js}=0.97\times998.8=968.8(\text{kvar})$$

$$S_{js.\Sigma}=\sqrt{(P_{js.\Sigma})^2+(Q_{js.\Sigma})^2}=\sqrt{(1259.6)^2+(968.8)^2}=1589.1(\text{kV}\cdot\text{A})$$

$$I_{js.\Sigma}=\frac{S_{js.\Sigma}}{\sqrt{3}U_N}=\frac{1589.1}{\sqrt{3}\times0.38}=2414.4(\text{A})$$

$$\cos\varphi_{\Sigma}=\frac{P_{js.\Sigma}}{S_{js.\Sigma}}=\frac{1259.6}{1589.1}=0.793$$

e. 配电变压器的选择　由于工业广场低压负荷有一级负荷的辅助设备，因此，为了保证供电的可靠性需选两台变压器，每台变压器的额定容量不小于总计算负荷的 70%，即

$$S_{N.T}\geqslant0.7S_{js.\Sigma}=0.7\times1589.1=1112.4(\text{kV}\cdot\text{A})$$

查变压器技术数据表，选两台 S_9-1250/10 型变压器，其技术数据如表 1-13 所示。

▣ 表 1-13　S_9-1250/10 型变压器技术数据

| 型号 | 额定容量 /kV·A | 额定电压/kV | | 额定损耗/kW | | 阻抗电压 /% | 空载电流 /% | 连接组 | 质量 /t | 外形尺寸/mm | | |
		高压	低压	空载	短路					长	宽	高
S_9-1250/10	1250	6.3	0.4	2.2	11.8	4.5	1.2	Y，Yn0	4.65	2310	1910	2630

变压器的负荷系数为

$$\beta=\frac{S_{js.\Sigma}}{2S_{N.T}}=\frac{1589.1}{2\times1250}=0.636$$

f. 地面工业广场高压侧计算负荷　工业广场低压计算负荷加上配电变压器的功率损耗，即为 6kV 高压侧的计算负荷。变压器功率损耗计算：

$$\Delta P_T=2\times(\Delta P_{i.T}+\Delta P_{N.T}\beta^2)=2\times(2.2+11.8\times0.636^2)=13.9(\text{kW})$$

$$\Delta Q_T=2\times\left(\frac{I_0\%}{100}S_{N.T}+\frac{u_s\%}{100}S_{N.T}\beta^2\right)$$

$$=2\times\left(\frac{1.2}{100}\times1250+\frac{4.5}{100}\times1250\times0.636^2\right)=75.5(\text{kvar})$$

高压侧计算负荷：

$$P_{js.\Sigma.6}=P_{js.\Sigma}+\Delta P_T=1259.6+13.9=1273.5(\text{kW})$$

$$Q_{js.\Sigma.6}=Q_{js.\Sigma}+\Delta Q_T=968.8+75.5=1044.3(\text{kvar})$$

$$S_{js.\Sigma.6}=\sqrt{(P_{js.\Sigma.6})^2+(Q_{js.\Sigma.6})^2}=\sqrt{(1273.5)^2+(1044.3)^2}=1646.9(\text{kV}\cdot\text{A})$$

$$I_{js.\Sigma.6}=\frac{S_{js.\Sigma.6}}{\sqrt{3}U_N}=\frac{1646.9}{\sqrt{3}\times6}=158.5(\text{A})$$

$$\cos\varphi_{\Sigma.6}=\frac{P_{\mathrm{js}.\Sigma.6}}{S_{\mathrm{js}.\Sigma.6}}=\frac{1273.5}{1646.9}=0.773$$

$$E_{\Sigma}=\sum E=(636.7+714.6+\cdots+55.6)=5305(\mathrm{MW\cdot h})$$

E_{Σ} 为表 1-12 中第 16 列中高压侧计算负荷前面的所有项相加。

将高压侧计算负荷填入表 1-12 中，参与全矿负荷的统计。其他各组低压用电设备的负荷计算方法同上。

② 全矿负荷统计

a. 高压用电设备（组）的计算负荷　计算方法与上述低压主井提升辅助设备负荷计算相同，计算过程略。

b. 全矿高压负荷总计　将全矿各组高压（侧）计算负荷相加（井下高压主排水泵选择最大涌水量时的功率），即

$$\sum P_{\mathrm{js.H}}=1800.0+1280.0+\cdots+1212.8=18073.5(\mathrm{kW})$$

$$\sum Q_{\mathrm{js.H}}=1116.0+793.6+\cdots+1067.3=11087.1(\mathrm{kvar})$$

c. 全矿计算负荷　计算全矿 6kV 侧总的计算负荷，应考虑各组间最大负荷同时系数，取 $K_{\mathrm{tp}}=0.9$，$K_{\mathrm{tq}}=0.95$，则

$$P_{\Sigma}=K_{\mathrm{tp}}\sum P_{\mathrm{js.H}}=0.9\times18073.5=16266.2(\mathrm{kW})$$

$$Q_{\Sigma}=K_{\mathrm{tq}}\sum Q_{\mathrm{js.H}}=0.95\times11087.1=10532.7(\mathrm{kvar})$$

$$S_{\Sigma}=\sqrt{(P_{\Sigma})^2+(Q_{\Sigma})^2}=\sqrt{(16266.2)^2+(10532.7)^2}=19378.5(\mathrm{kV\cdot A})$$

$$\cos\varphi_{\Sigma}=\frac{P_{\Sigma}}{S_{\Sigma}}=\frac{16266.2}{19378.5}=0.839$$

将计算结果填入表 1-11 中。

（2）功率因数的提高

电容器补偿容量计算

a. 电容器所需补偿容量　因为全矿自然功率因数 $\cos\varphi_{\Sigma}=0.839$，低于 0.9，所以应进行人工补偿，补偿后的功率因数应达到 0.95 以上，即 $\cos\varphi_{\Sigma}'=0.95$。则全矿所需补偿容量为

$$Q_{\mathrm{C}}=P_{\Sigma}(\tan\varphi_{\Sigma}-\tan\varphi_{\Sigma}')=16266.2\times(0.649-0.329)=5205.2(\mathrm{kvar})$$

b. 电容器柜及型号的确定　电容器拟采用双星形接线接在变电所的二次母线上，因此，选标称容量为 30kvar、额定电压为 $6.3/\sqrt{3}$ kV 的电容器，装于电容器柜中，每柜装 15 个，每柜容量为 450kvar，则电容器柜总数为

$$N=\frac{Q_{\mathrm{C}}}{q_{\mathrm{N.C}}\left(\dfrac{U_{\mathrm{w}}}{U_{\mathrm{N.C}}}\right)^2}=\frac{5205.2}{450\times\left(\dfrac{6/\sqrt{3}}{6.3/\sqrt{3}}\right)^2}=13$$

由于电容器柜要分接在两段上，且为了在每段母线上构成双星形接线，因此每段母线上的电容器柜也应分成相等的两组，所以每段母线上每组的电容器柜数 n 为

$$n=\frac{N}{4}=\frac{13}{4}=3.25$$

取不小于计算值的整数，则 $n=4$；变电所电容器柜总数 $N=4n=16$ 台。

c. 电容器的实际补偿容量

$$Q_C=q_{N.C}N\left(\frac{U_w}{U_{N.C}}\right)^2=450\times16\times\left(\frac{6/\sqrt{3}}{6.3/\sqrt{3}}\right)^2=6530.6(\text{kvar})$$

d. 人工补偿后的功率因数

$$Q'_\Sigma=Q_\Sigma-Q_C=10532.7-6530.6=4002.1(\text{kvar})$$

$$S'_\Sigma=\sqrt{(P_\Sigma)^2+(Q'_\Sigma)^2}=\sqrt{(16266.2)^2+(4002.1)^2}=16751.3(\text{kV}\cdot\text{A})$$

$$\cos\varphi''_\Sigma=\frac{P_\Sigma}{S'_\Sigma}=\frac{16266.2}{16751.3}=0.971$$

功率因数符合要求。

（3）主变压器的选择

由于本变电所为一级负荷，所以选择两台主变压器。如果运行方式为一台工作，一台备用时，每台变压器的容量为

$$S_{N.T.z}\geqslant0.8\times16751.3=13401.0(\text{kV}\cdot\text{A})$$

查变压器技术参数选择两台 SFL_7-16000/63 型变压器，技术数据如表 1-14 所示。

⊡ **表 1-14　SFL_7-16000/63 型变压器技术数据**

型号	额定容量 /kV·A	额定电压 /kV		额定损耗 /kW		阻抗电压 /%	空载电流 /%	连接组	质量 /t	外形尺寸/mm		
		高压	低压	空载	短路					长	宽	高
SFL_7-16000/63	16000	63	6.3	23.5	81.7	9	1	YN,d11	30.4	4875	3720	4775

变压器的负荷系数为

$$\beta=\frac{S'_\Sigma}{2S_{N.T.z}}=\frac{16751.3}{2\times16000}=0.523$$

（4）全矿总负荷

① 主变压器功率损耗计算　主变压器的有功损耗和无功损耗

$$\Delta P_T=2\times(\Delta P_{i.T}+\Delta P_{N.T}\beta^2)=2\times(23.5+81.7\times0.523^2)=91.7(\text{kW})$$

$$\Delta Q_T=2\times\left(\frac{I_0\%}{100}S_{N.T.z}+\frac{u_s\%}{100}S_{N.T.z}\beta^2\right)$$

$$=2\times\left(\frac{1}{100}\times16000+\frac{9}{100}\times16000\times0.523^2\right)$$

$$=1107.8(\text{kvar})$$

② 全矿总负荷

$$P''_\Sigma = P_\Sigma + \Delta P_T = 16266.2 + 91.7 = 16357.9 \ (\text{kW})$$

$$Q''_\Sigma = Q_\Sigma + \Delta Q_T = 4002.1 + 1107.8 = 5109.9 \ (\text{kvar})$$

$$S''_\Sigma = \sqrt{(P''_\Sigma)^2 + (Q''_\Sigma)^2} = \sqrt{(16357.9)^2 + (5109.9)^2} = 17137.4 \ (\text{kV} \cdot \text{A})$$

$$I''_\Sigma = \frac{S''_\Sigma}{\sqrt{3}\,U_N} = \frac{17137.4}{\sqrt{3} \times 63} = 157.1 \ (\text{A})$$

$$\cos\varphi'''_\Sigma = \frac{P''_\Sigma}{S''_\Sigma} = \frac{16357.9}{17137.4} = 0.956$$

全矿功率因数满足要求。

第2章

电气主接线的设计及变压器的选择

电力系统主要是完成电能的生产、传输、变换、分配和使用，担负上述任务的一次设备有发电机、变压器、母线、断路器、隔离开关、电流和电压互感器、避雷器等。把一次设备相互连接构成完成电能传送任务的电路就称为发电厂或变电所的电气主接线（一次接线或电气主系统）。

电气主接线能够反映各设备的作用和相互之间的连接方式，它构成了电能汇集和分配的完整系统。电气主接线的确定与电力系统整体及发电厂、变电所本身运行的可靠性、灵活性和经济性密切相关，并且对电气设备选择、配电装置布置、继电保护和控制方式的拟定有较大影响。因此，必须正确处理好各方面的关系，全面分析有关影响因素，通过技术经济比较，合理确定主接线方案。

2.1 电气主接线应满足的要求

电气主接线的确定主要取决于发电厂和变电所的规模及其在电力系统中的地位、电压等级和出线回路数、电气设备的特点以及负荷的性质等条件，对电气主接线的基本要求，主要包括可靠性、灵活性和经济性三方面。

2.1.1 可靠性

供电可靠是电力生产和分配的首要任务，电气主接线应首先满足可靠性这一基本要求。可靠性是指电气主接线系统在规定的条件下和规定的时间内，按照一定的质量标准和要求，不间断地向电力系统提供或传送电能量的能力。

　　电气主接线的可靠性是一次部分和相应组成的二次部分在运行中的可靠性的综合；并且在很大程度上取决于设备的可靠程度，采用可靠性高的电气设备可以简化接线；还要考虑所设计的发电厂、变电所与电力系统连接的紧密程度以及在电力系统中的地位和作用。具体要求主要体现在以下几方面：

　　① 断路器检修时，不宜影响对系统的供电；

　　② 断路器或母线故障以及母线或母线隔离开关检修时，尽量减少进出线停运的回路数和停运时间，并要保证对一级负荷及全部或大部分二级负荷的供电；

　　③ 尽量避免发电厂、变电所全部停运的可能性。

　　大型电厂和超高压变电所在系统中的地位非常重要，供电容量大、范围广，发生事故可能使系统稳定破坏，甚至瓦解，造成巨大损失。因此，对大型电厂、超高压变电所的电气主接线的可靠性提出了如下特殊要求。

　　（1）单机容量（或扩大单元）为 300MW 及以上的发电厂

　　① 任何断路器检修，不能影响对系统的连续供电；

　　② 任何一回进出线断路器故障或拒动及母线故障，不应切除一台以上机组和相应的线路；

　　③ 任何一台断路器检修和另一台断路器故障或拒动相叠加，以及当母线分段或母线联络断路器故障或拒动时，不应切除两台以上的机组和相应的线路；

　　④ 对于单机容量为 300MW 的发电厂，经过论证，在保证系统稳定和发电厂不致全停的条件下，允许切除两台以上机组。

　　（2） 300~500kV 变电所

　　① 任何断路器检修，不应影响对系统的连续供电；

　　② 除母联及分段断路器外，任何一台断路器检修期间，同时发生另一台断路器故障或拒动以及母线故障，不宜切除三个以上回路。

2.1.2　灵活性

　　电气主接线应能适应各种运行状态，并能灵活地进行运行方式的转换。主接线的灵活性体现在以下几方面。

　　① 调度运行中，应可以灵活地投入和切除发电机、变压器和线路，调配电源和负荷，满足系统在事故、检修以及特殊运行方式下的系统调度运行要求。

　　② 检修时，可以方便地停运断路器、母线及其继电保护设备，进线安全检修而不致影响电力网的运行和对用户的供电。

　　③ 扩建时，可以适应从初期接线过渡到最终接线。在不影响连续供电或停电时间最短的情况下，投入新装机组、变压器或线路而不相互干扰，并且使一次、二次部分的改建工程量最少。

2.1.3　经济性

　　在设计主接线时，为了保证主接线可靠、灵活，会增加投资选择高质量的设备和现代化的自动装置，这样势必与经济性发生矛盾。因此设计主接线时应综合考虑三者的关系，在满足可靠性和灵活性的前提下做到经济合理。主接线的经济性体现在以下几方面。

① 投资省。主接线应力求简单，以节省断路器、隔离开关、电流互感器和电压互感器、避雷器等一次设备；要能使继电保护和二次回路不过于复杂，以节省二次设备和控制电缆；要能限制短路电流，以便于选择廉价的电气设备或轻型电器。

② 占地面积小。主接线设计要考虑到设备布置的占地面积大小，要力求减少占地，节省配电装置征地的费用。

③ 年运行费用小。年运行费用包括电能损耗费、折旧费及大修费，而电能损耗主要由变压器引起，因此，要经济合理地选择主变压器的种类（双绕组、三绕组或自耦变压器）、容量、数量，避免因两次变压而增加电能损失。

此外，在系统规划设计中，要避免建立复杂的操作枢纽，为简化主接线，发电厂、变电所接入系统的电压等级一般不超过两种。

2.2 电气主接线形式

电气主接线的基本形式是以电源和出线为主体，分为有汇流母线和无汇流母线两大类。由于各个发电厂或变电站的出线回路数和电源数不同，且每路馈线所传输的功率也不一样，为便于电能的汇集和分配，在进出线数较多时（一般超过 4 回），采用母线作为中间环节，可使接线简单清晰，运行方便，有利于安装和扩建，这种接线为有汇流母线的接线；而与有母线的接线相比，无汇流母线的接线使用电气设备较少，配电装置占地面积较小，通常用于进出线回路少，不再扩建和发展的发电厂或变电站。

2.2.1 有汇流母线的接线

有汇流母线的接线包括：单母线接线、单母线分段接线、双母线接线、双母线分段接线、一台半断路器接线和变压器-母线接线等。

（1）单母线接线

单母线接线的特点是设置一条汇流母线，所有电源和出线都接在同一组母线上。单母线接线如图 2-1 所示。

单母线接线的优点是接线简单、设备少、操作方便、造价便宜，可以向两端延伸，便于扩建和采用成套配电装置；它的缺点一方面是可靠性、灵活性差，母线或母线隔离开关（1QS2、2QS2、3QS2、4QS2）故障或检修时，全部回路均需停运，造成全厂或全站长期停电，任一断路器检修时，其所在回路也将停运；另一方面是调度不方便，电源只能并列运行，不能分列运行，线路侧

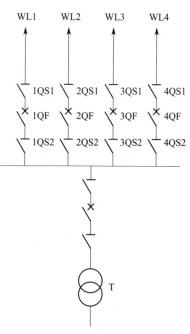

图 2-1 单母线接线

发生短路时，有较大的短路电流。

　　单母线接线一般只适用于一台发电机或一台主变压器的情况，并与不同电压等级的出线回路数有关，一般在下列情况下采用单母线接线：①6～10kV 配电装置的出线回路数不超过 5 回；②35～63kV 配电装置的出线回路数不超过 3 回；③110～220kV 配电装置的出线回路数不超过 2 回。

　　（2）单母线分段接线

　　单母线分段接线如图 2-2 所示。单母线分段接线与单母线接线相比可靠性和灵活性得到提高。此种接线方式是用断路器或隔离开关将单母线分段，分段的数目取决于电源数量和容量，段数分得越多，故障时停电范围越小，但使用断路器的数量也越多，且配电装置和运行也越复杂，通常以 2～3 段为宜。

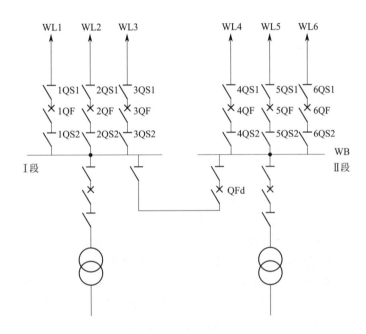

图 2-2　单母线分段接线

　　单母线分段接线的优点是：①用断路器或隔离开关将母线分段后，对重要用户，可从不同母线段引两个回路，有两个电源供电；②当一段母线故障时，分段断路器能自动将故障段母线切除，保证正常段母线不间断供电和不致使重要用户停电。缺点为：①当一段母线或母线隔离开关故障或检修时，该段母线的回路都要在检修期间内停电；②当出线为双回路时，常使架空线出线交叉跨越；③扩建时需向两个方向均衡扩建。

　　单母线分段接线适用于如下情况：①6～10kV 配电装置的出线回路数为 6 回及以上，发电机电压配电装置，每段母线上的发电机容量为 12MW；②35～63kV 配电装置的出线回路数为 4～8 回；③110～220kV 配电装置的出线回路数为 3～4 回。

　　（3）双母线接线

　　双母线接线如图 2-3 所示。双母线接线有两组母线，可以互为备用，以弥补单母线分段接线在母线和母线隔离开关检修时，该段母线上连接的元件都要在检修期间停电的不足。两

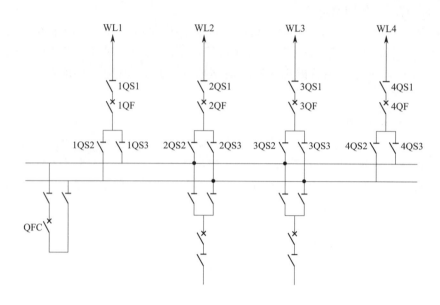

图 2-3　双母线接线

组母线间通过母线联络断路器连接，每一回路都通过一台断路器和两组隔离开关分别连接到两组母线上，其中一台隔离开关闭合，另一台隔离开关断开，使运行的可靠性和灵活性大为提高。

双母线接线的优点主要体现在供电可靠、运行方式和调度灵活、扩建方便等方面。

① 供电可靠。检修任一母线时，可以利用母联把运行于该母线上的全部回路倒换到另一组母线上，不会中断供电；检修任一回路的母线侧隔离开关时，仅造成该回路停电。任一组母线故障失电时，可将所有接于该母线上的进出回路倒换到另一组正常母线上。

② 运行方式和调度灵活。可采用两组母线并列运行方式、两组母线分裂运行方式和一组母线工作而另外一组母线备用的运行方式；各个电源和各回负荷可以任意分配到某一组母线上，能灵活地适应系统中各种运行方式和潮流变化的需要。

③ 扩建方便。向双母线的左右任何一个方向扩建，均不影响两组母线的电源和负荷均匀分配，不会引起原有回路的停电。当有双回架空线路时，可以顺序布置，即使连接不同的母线段时，也不会产生出线交叉跨越。

双母线接线的缺点主要表现在以下几方面。

① 在母线检修或故障时，隔离开关作为倒换操作电器，操作复杂，容易发生误操作。

② 当一组母线故障时仍短时停电，影响范围较大。

③ 检修任一回路的断路器，该回路仍停电。

④ 双母线存在全停的可能，如母联断路器故障（短路）或一组母线检修而另一组母线故障（或出线故障而其断路器拒动）。

⑤ 每一回路都要增加一组母线隔离开关，故该接线使用隔离开关多。

双母线接线主要适用于：①6～10kV 配电装置，当短路电流较大、出线需要带电抗器时；②35～63kV 配电装置，当出线回路数超过 8 回及以上时或连接的电源较多、负荷较大时；③110～220kV 配电装置出线回路数为 5 回及以上时，或当 110～220kV 配电装置在系统中居重要地位，出线回路数为 4 回及以上时。

（4）**双母线单分段接线**

如图 2-4 所示为双母线单分段接线。这种接线是用分段断路器将双母线接线中的一组母线分为两段（有时在分段处加装电抗器），该接线有两种运行方式。

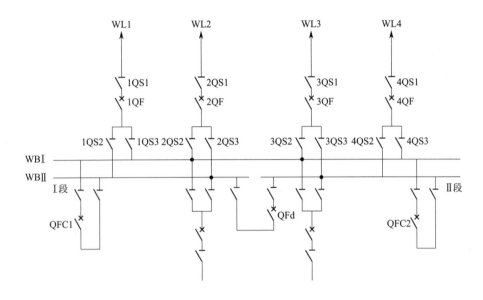

图 2-4　双母线单分段接线

① 母线 WBⅠ作为备用母线，另一组母线 WBⅡ作为工作母线。工作母线 WBⅡ分为Ⅰ段和Ⅱ段，每段工作母线用各自的母联断路器与备用母线相连。电源和出线回路均匀地分配在两段工作母线上，分段断路器合上，两台母联断路器均断开，相当于分段单母线运行。这种方式又称为工作母线分段的双母线接线。

② 母线 WBⅡ作为一个工作段，母线 WBⅠ也作为一个工作段，每个电源和负荷均分在三个母线上运行，母联断路器和分段断路器均合上，这种方式在一段母线故障时，停电的范围约为 1/3。

双母线单分段接线的断路器及配电装置投资较大，用于进出线回路数较多的配电装置。

（5）**双母线双分段接线**

双母线双分段接线如图 2-5 所示。此种接线方式是将双母线接线中的两组母线用分段断路器各分为两段，并且设置两台母联断路器。在正常运行期间，电源和线路大致均分在四段母线上，母联断路器和分段断路器均合上，四段母线同时运行。当任一段母线故障时，只有 1/4 的电源和负荷停电；当任一台母联断路器或分段断路器故障时，只有 1/2 左右的电源和负荷停电。这种接线的断路器及配电装置投资更大，用于进出线回路数量很多的配电装置，当进出线回路数为 15 回及以上时，采用此种接线方式。

（6）**增设旁路母线接线**

为了保证采用单母线分段或双母线的配电装置，在进出线断路器检修时（包括其保护装置的检修和调试），不中断对用户的供电，可增设旁路母线。

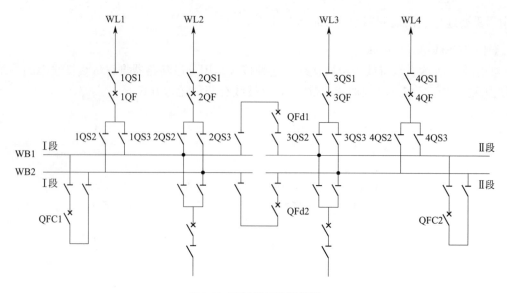

图 2-5 双母线双分段接线

旁路母线有三种接线方式，分别为：有专用旁路断路器的旁路母线接线；母联断路器兼作旁路断路器的旁路母线接线；分段断路器兼作旁路断路器的旁路母线接线。

① 有专用旁路断路器的旁路母线接线

a. 有专用旁路断路器的单母线分段带旁路母线接线　如图 2-6 所示为单母线分段带专用旁路断路器的旁路母线接线。此种接线是在单母线分段接线的基础上增设旁路母线 WP 和旁路断路器 1QFP、2QFP，此外在各出线回路的线路隔离开关的外侧都装有旁路隔离开关 1QS3、2QS3，使旁路母线能与各出线回路相连。电源回路也可以接入旁路，如图中虚线所示。进出线均接入旁路成全旁方式。

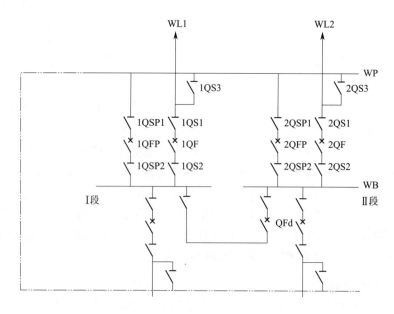

图 2-6 单母线分段带专用旁路断路器的旁路母线接线

正常工作时，旁路断路器 1QFP、2QFP 以及各出线回路上的旁路隔离开关，都是断开的，旁路母线 WP 不带电，旁路断路器 1QFP、2QFP 两侧的隔离开关处于合闸状态，即 1QSP1、1QSP2 和 2QSP1、2QSP2 处于合闸状态。

当需检修断路器 1QF 时，先合上旁路断路器 1QFP，检查旁路母线 WP 是否充电正常，如果正常，那么旁路隔离开关 1QS3 两端电位相同，合上 1QS3，检查旁路断路器 1QFP，如果已经分流，断开 1QF，拉开 1QS1 和 1QS2。线路 WL1 经 1QS3、1QSP1、1QFP 和 1QSP2 接于母线 WB 的 I 段上，线路 WL1 不中断供电，1QF 退出工作进行检修。

经过上面的分析可知，当检修任一接入旁路母线的进、出线断路器时，可以用旁路断路器代替此线路断路器运行，使该线路不停电，提高了供电的可靠性和灵活性。但是由于增加了很多旁路设备，导致投资和占地面积相应增加，并且接线也较复杂。

b. 有专用旁路断路器的双母线带旁路母线接线　如图 2-7 所示为有专用旁路断路器的双母线带旁路母线接线。这种接线方式是在双母线的基础上增设旁路母线 WP 和旁路断路器 QFP。每一条出线都经过各自的旁路隔离开关接到旁路母线上。运行操作方便，不影响双母线的运行。但相应的增加投资和占地面积，并且继电保护整定也较复杂。

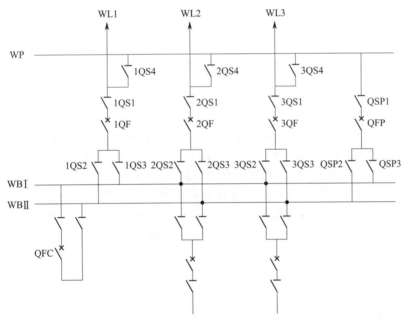

图 2-7　有专用旁路断路器的双母线带旁路母线接线

② 分段断路器兼作旁路断路器的旁路母线接线　如图 2-8 所示为分段断路器兼作旁路断路器的旁路母线接线，此接线方式中的分段断路器 QFD 可兼作旁路断路器。两段母线 W I 和 W II 均可带旁路，即旁路母线 WP 可通过 QS4、QFD、QS1 与 I 段母线连接，也可通过 QS3、QFD、QS2 与 II 段母线连接。

正常运行时 QS3、QS4、QSD 及各出线旁路隔离开关均断开，旁路母线 WP 不带电，QS1、QS2、QFD 闭合，主接线的运行方式为单母线分段方式，QFD 的作用是分段断路器。

检修线路 WL1 的断路器 1QF 时，由于 QS1、QS2、QFD 闭合，I 段母线和 II 段母线等电位，可先合上分段隔离开关 QSD，之后断开分段断路器 QFD 并拉开 QS2，由于此时

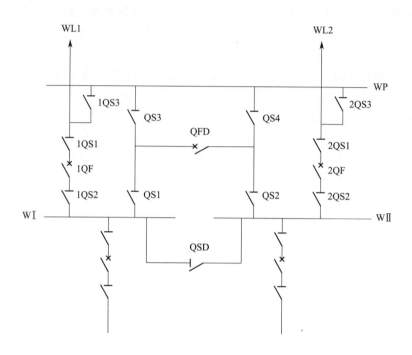

图 2-8 分段断路器兼作旁路断路器的旁路母线接线

QS4 两端没有电压，因此可将 QS4 合上，再重新合上 QFD，检查旁路母线 WP 是否充电，如果充电正常，线路 WL1 的旁路隔离开关 1QS3 两端等电位，可将其合上，检查 QFD 确实分流后，断开断路器 1QF 并拉开 1QS1，线路 WL1 经过 1QS3、QS4、QFD、QS1 接于 I 段母线上，线路不中断供电，1QF 退出工作，进行检修。此时 QFD 起的是旁路断路器的作用。其他线路断路器退出运行时的操作过程同 1QF。

分段断路器兼作旁路断路器的接线还有其他几种形式，接线如图 2-9 所示。图 2-9（a）不装母线分段隔离开关，当分段断路器 QFD 代替出线断路器时，两段母线分裂运行；在图 2-9（b）的接线方式中，正常运行时，QFD 起分段断路器的作用，因此旁路母线带电，当

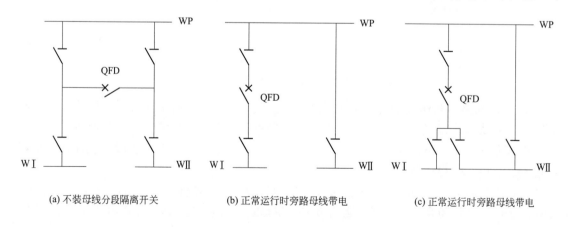

（a）不装母线分段隔离开关　　　　（b）正常运行时旁路母线带电　　　　（c）正常运行时旁路母线带电

图 2-9　分段断路器兼作旁路断路器的其他形式

检修线路断路器而用 QFD 代替出线断路器时，出线都由Ⅰ段母线供电，两段母线分裂运行；在图 2-9(c) 的接线方式中，正常运行时，QFD 起分段断路器的作用，因此旁路母线带电，当检修线路断路器而用 QFD 代替出线断路器时，都可由线路原来所在段供电，两段母线分裂运行。

③ 母联断路器兼作旁路断路器的旁路母线接线　如图 2-10 所示为母联断路器兼作旁路断路器的接线。正常运行时，QFC 起母联的作用，在检修某出线的断路器时，代替该断路器，起旁路断路器的作用。图 2-10(a) 所示的接线，正常运行时，QS 断开，旁路母线 WP 不带电，当出线断路器检修而由 QFC 替代出线断路器时，由于 QFC 接到母线 WⅠ上，所以只有 WⅠ带旁路；图 2-10(b) 所示的接线，正常运行时，QS 断开，旁路母线 WP 不带电，当出线断路器检修而由 QFC 替代出线断路器时，如果 QS1 闭合，则旁路母线从母线 WⅠ上取电，如果 QS2 闭合，则旁路母线从母线 WⅡ上取电，所以母线 WⅠ和母线 WⅡ均能带旁路；图 2-10(c) 所示的接线，正常运行时，旁路母线 WP 带电，母线 WⅠ和母线 WⅡ均能带旁路；图 2-10(d) 所示的接线，正常运行时，QS3 断开，旁路母线 WP 不带电，只有母线 WⅠ能带旁路。

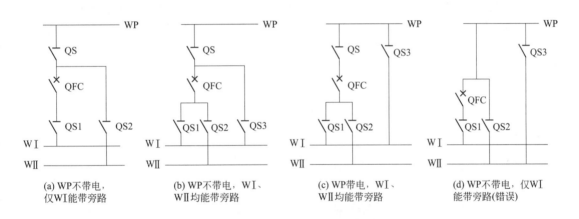

图 2-10　母联断路器兼作旁路断路器的旁路母线接线

母联断路器兼作旁路断路器接线的优点是节约专用旁路断路器和配电装置间隔；缺点是当进出线断路器检修时，就要用母联断路器代替旁路断路器，双母线变成单母线，破坏了双母线固定连接的运行方式，增加了进出线回路母线隔离开关的倒闸操作。

④ 旁路母线或旁路隔离开关的设置原则

a. 110～220kV 配电装置　110～220kV 线路输送功率较多、送电距离较远、停电影响较大，并且 110kV 及 220kV 少油断路器平均每台每年检修时间约需 5～7 天，停电时间长。因此，一般需装设旁路母线或旁路隔离开关。

设置旁路母线时，首先采用以母联或分段断路器兼作旁路断路器。但在下列情况下，则装设专用旁路断路器，即当 110kV 出线为 7 回及以上，220kV 出线为 5 回及以上时，一般装设专用旁路断路器；对于在系统中居重要地位的配电装置，110kV 出线为 6 回及以上，220kV 出线为 4 回及以上时，也可装设专用旁路断路器。变电所主变压器的 110～220kV 侧断路器，宜接入旁路母线。发电厂主变压器的 110～220kV 侧断路器，可随发电机停机检修，一般不接入旁路母线。

　　具备下列条件时，可不设置旁路母线，即采用可靠性高、检修周期长的 SF_6 断路器或采用可以迅速替换的手车式断路器时；系统条件允许线路停电检修时（如双回路或负荷点可由系统的其他电源供电；线路利用小时不高、允许安排断路器检修而不影响供电的）；接线条件允许断路器停电进行检修时（如每回路接有两台断路器的多角形接线等）。

　　在下列情况下，可以采用简易的旁路隔离开关代替旁路母线，即当 110kV 配电装置为屋内型时，为节约配电楼的建筑面积，降低土建造价，可不设旁路母线而用简易的旁路隔离开关代替旁路母线。出线断路器检修时，把一组母线作为旁路母线，以母联断路器作为旁路断路器，再通过该回路的旁路隔离开关供电；110～220kV 屋外配电装置的最终出线回路数较少，不需设专用旁路断路器时，也可采用简易的旁路隔离开关代替旁路母线。

　　b. 35～63kV 配电装置　35～63kV 配电装置采用单母线分段接线且断路器无条件停电检修时，可设置不带专用旁路断路器的旁路母线；当采用双母线接线时，不宜设置旁路母线，有条件时可设置旁路隔离开关，如图 2-11 中出线 WL2 的 QSP。当采用 35kV 单母线手车式成套开关柜时，由于断路器可迅速置换，故可不设旁路设施。

　　c. 6～10kV 配电装置　6～10kV 配电装置一般不设置旁路母线，特别是当采用手车式成套开关柜时，由于断路器可迅速置换，可以不设旁路设施。而 6～10kV 单母线接线及单母线分段接线的配电装置，在采用固定式成套开关柜时，由于容易增设旁路母线，故可考虑装设。在下列情况下，也可设置旁路母线：出线回路数很多，断路器停电检修机会多；多数线路是向用户单独供电，用户内缺少互为备用的电源，不允许停电；均为架空出线，雷雨季节跳闸次数多，增加了断路器检修次数。而双母线接线配电装置都不设旁路母线，在布置上也不便于增设旁路母线。

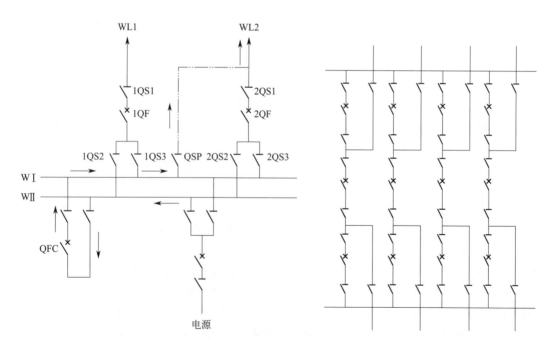

图 2-11　双母线带旁路隔离开关接线　　　　　　图 2-12　一台半断路器接线

（7）一台半断路器接线

一台半断路器接线是一种设有多回路集结点、一个回路由两台断路器供电的双重连接多环形接线，330～550kV 配电装置中，当进出线为 6 回及以上，配电装置在系统中具有重要地位，则宜采用一台半断路器接线。

如图 2-12 所示为一台半断路器接线图。每两个元件（出线、电源）用 3 台断路器构成一串接至两组母线，称为一台半断路器接线，又称 3/2 接线。在一串中，两个元件（进线、出线）各自经 1 台断路器接至不同母线，两回路之间的断路器称为联络断路器。

① 一台半断路器接线的特点

a. 有高度可靠性。每一回路由两台断路器供电，发生母线故障时，只跳开与此母线相连的所有断路器，任何回路不停电。在事故与检修相重合情况下的停电回路不会多于两回。

b. 运行调度灵活。正常时两组母线和全部断路器都投入工作，从而形成多环形供电，运行调度灵活。

c. 操作检修方便。隔离开关仅作检修时用，避免了将隔离开关作操作用时的倒闸操作。检修断路器时，不需带旁路的倒闸操作。检修母线时，回路不需要切换。

② 成串配置原则　为提高一台半断路器接线的可靠性，防止同名回路（双回路出线或两台主变压器）同时停电，可按下述原则成串配置：

a. 同名回路应布置在不同串上，以免当一串的中间断路器故障（或一串中母线侧断路器检修），同时串中另一侧回路故障时，使该串中两个同名回路同时断开。

b. 如有一串配两条线路时，应将电源线路和负荷线路配成一串。

c. 对特别重要的同名回路，可考虑分别交替接入不同侧母线即"交替布置"。由于这种同名回路同时停电的概率甚小，而且一串常需占据两个间隔，增加了架构和引线的复杂性，扩大了占地面积。我国仅限于特别重要的同名回路，如发电厂初期仅为两个串时，才采用这种交替布置；变电所只有两台主变压器时，也宜采用。

（8）变压器-母线接线

变压器-母线接线如图 2-13 所示。各出线回路由 2 台断路器分别接在两组母线上，变压器直接通过隔离开关接到母线上，组成变压器母线组接线。这种接线调度灵活，电源和负荷

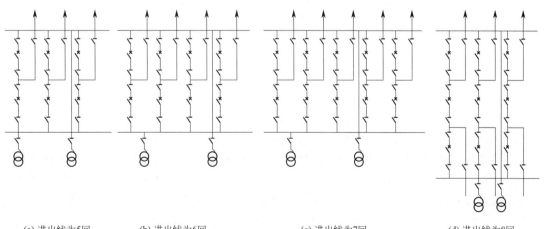

（a）进出线为5回　　　（b）进出线为6回　　　　（c）进出线为7回　　　　（d）进出线为8回

图 2-13　变压器-母线接线

可自由调配，安全可靠，有利于扩建。由于变压器是高可靠性设备，所以直接接入母线，对母线的运行并不产生明显影响。一旦变压器故障时，连接于对应母线上的断路器跳开，但不影响其他回路供电。当出线回路较多时，出线也可采用一台半断路器接线形式。这种接线适用于：①远距离大容量输电系统线路，系统稳定性问题较突出，要求线路有高度可靠性；②主变压器的质量可靠、故障率甚低；③进出线为5～8回。

2.2.2 无汇流母线接线

无汇流母线的接线形式有单元接线、桥形接线、多角形接线等。由于接线中没有母线，因此，配电装置占地面积小，使用的开关电器和投资少，并且没有母线故障和检修问题。但是其中部分接线形式只适用于进出线少并且没有扩建和发展可能的发电厂和变电所。

（1）单元接线

① 变压器-线路单元接线 如图 2-14 所示为变压器-线路单元接线。变压器-线路单元接线的优点是接线简单、设备最少，不需高压配电装置。缺点是线路故障或检修时，变压器停运；变压器故障或检修时，线路停运。此

图 2-14 变压器-线路单元接线

接线方式一般适用如下两种情况：a. 只有一台变压器和一回线路时；b. 当发电厂内不设高压配电装置，直接将电能送至系统枢纽变电所时。

② 发电机-变压器单元接线 发电机和主变压器直接连成一个单元，再经断路器接至高压系统，发电机出口除厂用分支外不再装设母线。接线如图 2-15 所示。

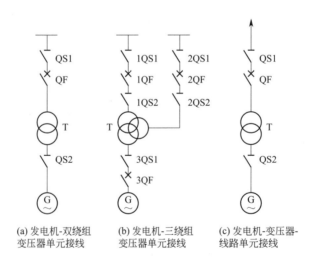

图 2-15 发电机-变压器单元接线

a. 发电机-双绕组变压器单元接线 如图 2-15（a）所示为发电机-双绕组变压器单元接线。由于发电机和变压器不可能单独运行，所以发电机出口一般不装设断路器（如果技术需要也可以装设断路器），当发电机、主变压器故障时，通过断开主变压器高压侧断路器和发电机的励磁回路来切除故障电流，但为调试发电机方便，应在发电机出口装设一组隔离开关。由于 200MW 及以上机组的发电机出口断路器制造困难，价格昂贵，所以 200MW 及以

上大机组一般都采用与双绕组变压器组成单元接线，当大容量机组发电厂具有两种升高电压时，可在两种升高电压母线间装设联络变压器。

b. 发电机-三绕组变压器（或自耦变压器）单元接线　如图 2-15（b）所示为发电机-三绕组变压器（或自耦变压器）单元接线。为了在发电机停运时，不影响高、中压侧电网间的功率交换，在发电机出口应装设断路器及隔离开关。为保证在断路器检修时不停电，高、中压侧断路器两侧均应装设隔离开关。

c. 发电机-变压器-线路单元接线　这种接线最简单，发电机的电能直接由变压器升压后经高压输电线路送入系统，它用于附近有枢纽变电所的大型区域发电厂（线路短），这种发电厂不用建升压变电站，不仅减少了电厂的工作维护量，也节省了投资与占地，但应能从附近引接厂用启动/备用电源。发电机-变压器-线路单元接线如图 2-15（c）所示。

③ 发电机-变压器扩大单元接线　图 2-16 为发电机-变压器扩大单元接线图。如图 2-16（a）所示，当发电机容量不大时，可由两台发电机与一台变压器组成扩大单元接线，减少了变压器及其高压侧断路器的台数，相应的高压配电装置间隔也减少，节约投资与占地。如图 2-16（b）所示为两台发电机与分裂低压绕组变压器组成的扩大单元接线，优点是可以限制其低压侧的短路电流。

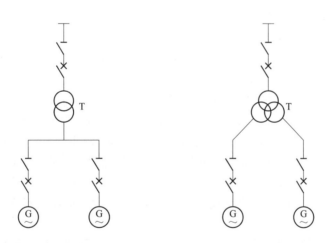

(a) 发电机-双绕组变压器扩大单元接线　　(b) 发电机-分裂绕组变压器扩大单元接线

图 2-16　发电机-变压器扩大单元接线

扩大单元接线的运行灵活性较差，如果检修变压器时，两台发电机必须全停。这种接线常用在需要减少主变压器及相应的高压配电装置间隔的火电厂和中小容量水电厂。

（2）**桥形接线**

当只有 2 台变压器和 2 条线路时，宜采用桥形接线。根据桥连断路器 QF 的安装位置，可分为内桥接线和外桥接线两种，接线如图 2-17(a)、(b) 所示。

① 内桥接线　内桥接线中桥连断路器 QF 在出线断路器 1QF、2QF 的内侧靠近变压器侧，接线如图 2-17(a) 所示。内桥接线的优点是在线路正常投切或切除故障时，不影响其他回路运行；高压断路器数量少，四个元件只需三台断路器。缺点是：a. 变压器的切除和投

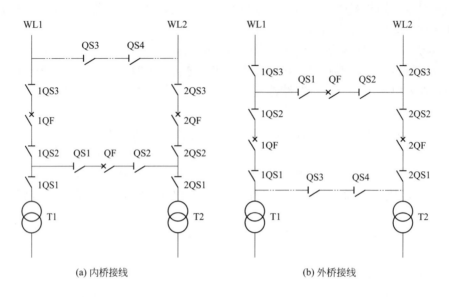

(a) 内桥接线　　　　　　　　　　　　(b) 外桥接线

图 2-17　桥形接线

入较复杂，需要操作两台断路器并且影响一回线路暂时停运；b. 桥连断路器检修时，两个回路需解列运行；c. 出线断路器检修时，线路要在此期间停运。这种接线线适用于容量较小的发电厂、变电所，并且变压器不需要经常切换、输电线路较长（故障率高，故障断开机会多）、电力系统穿越功率较小的场合。

② 外桥接线　外桥接线中桥连断路器 QF 在出线断路器 1QF、2QF 的外侧靠近线路侧，与内桥接线相反，接线如图 2-17(b) 所示。外桥接线的优点是便于变压器的正常投切和故障切除；高压断路器数量少，四个元件只需三台断路器。缺点是：a. 线路的正常投切和故障切除比较复杂，需要操作两台断路器并且有一台变压器要短时停运；b. 桥断路器检修时，两个回路需解列运行；c. 变压器侧断路器检修时，变压器要在此期间停运。这种接线适用于容量较小的发电厂、变电所，线路较短（故障率低）、主变压器需经常投切，以及线路有穿越功率时。

图 2-17 中的虚线部分为跨条及相应隔离开关，加跨条可使断路器检修时穿越功率可从"跨条"中通过，减少了系统的开环机会，正常运行时跨条断开。跨条回路中装设两台隔离开关的目的是可以轮流停电检修任意一台隔离开关。

（3）多角形接线

多角形接线的断路器数等于电源回路和出线回路的总数，断路器相互连接成闭合的环形，是单环形接线。电源回路和出线回路都接在 2 台断路器之间，多角形接线的"角"数等于回路数，也就等于断路器数。多角形接线如图 2-18 所示。

为减少因断路器检修而开环运行的时间，保证多角形接线运行的可靠性，以采用 3～5 角形为宜，并且变压器与出线回路宜对角对称布置。

多角形接线的优点是：所用的断路器数目比单母线分段接线或双母线接线还少 1 台，却具有双母线接线的可靠性，任一台断路器检修时，只需断开其两侧的隔离开关，不会引起任何回路停电；没有母线，因而不存在因母线故障所产生的影响；任

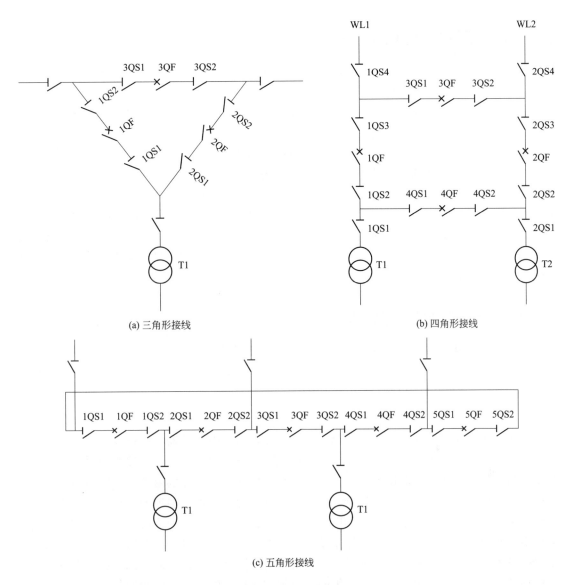

图 2-18　多角形接线

一回路故障时，只跳开与它相连接的 2 台断路器，不会影响其他回路的正常工作；操作方便，所有隔离开关只用于检修时隔离电源，不作操作之用，不会发生带负荷断开隔离开关的事故。

多角形接线的缺点是：检修任何一台断路器时，多角形就开环运行，如果此时出线故障，又有断路器自动跳开，将使供电造成紊乱；由于运行方式变化大，电气设备可能在闭环和开环两种情况下工作，其中所流过的工作电流差别较大，会给电气设备的选择带来困难，并且使继电保护装置复杂化；不便于扩建。

多角形接线适用于最终进出线为 3～5 回的 110kV 及以上配电装置。不宜用于有再扩建可能的发电厂、变电所中。

2.3 发电厂和变电所的变压器选择

变压器是传输电能而不改变其频率的静止电能转换器，是电力系统中数量极多且地位十分重要的电气设备。变压器的功能是将电力系统中的电能电压升高或降低，以利于电能的合理输送、分配和使用。

在发电厂和变电所中，用于向电力系统或用户输送功率的变压器，称为主变压器；只用于两种升高电压等级之间交换功率的变压器，称为联络变压器。

变压器选择的技术条件包括型式、容量、绕组电压、相数、频率、冷却方式、连接组别、短路阻抗、绝缘水平、调压方式、调压范围、励磁涌流、并联运行特性、损耗、温升、过载能力、噪声水平、中性点接地方式、附属设备、特殊要求。同时还要按下列使用环境条件校验：环境温度、日温差、最大风速、相对湿度、污秽、海拔高度、地震烈度、系统电压波形及谐波含量。

2.3.1 选择变压器的一般原则

选择变压器（尤其是大型变压器）的技术参数，应以变压器整体可靠性为基础，综合考虑技术参数的先进性和合理性，结合损耗评价的方式，提出技术经济指标。同时还要考虑可能对系统安全运行、运输和安装空间方面的影响。

（1）变压器的类型

变压器按用途可分为：升压变压器、降压变压器、配电变压器、联络变压器和厂用变压器；按绕组型式可分为：双绕组变压器，三绕组变压器和自耦变压器；按相数可分为：三相变压器和单相变压器；按调压方式可分为：有载调压变压器和无励磁调压变压器；按冷却方式可分为：自冷变压器、风冷变压器、强迫油循环风冷变压器、强迫油循环水冷变压器。

三绕组变压器一般用于具有三种电压的变电所；自耦变压器一般用于联络两种不同电压网络系统或用于两个中性点直接接地系统连接的变压器；发电机升压变压器和变电所降压变压器一般采用三相变压器，若因制造和运输条件限制，在220kV及以上的变电所中，可采用单相变压器组，当选用单相变压器组时，应根据所连接的电力系统和设备情况，考虑是否装设备用相。

（2）额定电压

降压变压器输入端额定电压通常为：3kV、6kV、10kV、35kV、66kV、110kV、220kV、330kV、500kV等。

升压变压器的输入、输出端额定电压如下。

输入电压为：3.15kV、6.3kV、11kV（10.5kV）、13.8kV、15.75kV、18kV、20kV、24kV。

输出电压为：38.5kV、72.5kV、121kV、242kV、363kV、550kV等。

（3）分接头

① 带分接头的绕组选择　分接头一般按以下原则布置：在高压绕组上而不是在低压绕

组上；一般在星形连接绕组上，而不是在三角形连接的绕组上，特殊情况除外；在网络电压变化量大的绕组上。

② 调压方式选择的原则

a. 无励磁调压变压器一般用于电压波动范围较小，且电压变化较少的场所。

b. 有载调压变压器一般用于电压波动范围大，且电压变换频繁的变电所。当 500kV 变压器选用有载调压时，应经过技术经济论证。

c. 在满足使用要求的前提下，能用无励磁调压的尽量不采用有载调压。无励磁分接开关应尽量减少分接数目，可根据电压变动范围只设最大、最小和额定分接。

d. 对大型发电机升压变压器可不设分接头。

e. 自耦变压器采用公共绕组调压，应验算第三绕组电压波动不致超出允许值。在调压范围大，第三绕组电压不允许波动范围大时，推荐采用中压侧线端调压。

（4）冷却方式

主变压器一般采用的冷却方式有：自然风冷却，强迫油循环风冷却，强迫油循环水冷却，强迫导向油循环冷却。

小容量变压器一般采用自然风冷却。大容量变压器一般采用强迫油循环风冷却。在发电厂水源充足的情况下，为了压缩占地面积，大容量变压器也有采用强迫油循环水冷却。

2.3.2　变压器容量和台数的选择

主变压器的容量和台数直接影响主接线的形式和配电装置的结构。主变压器容量选得过大、台数过多，会增加投资，增大占地面积，同时还会增加运行电能损耗；容量选得过小，将可能影响发电机剩余功率的输出或者满足不了变电站负荷的需要。变压器的额定容量是指输入到变压器的视在功率值。选择主变压器容量和台数时，应该遵循以下原则。

（1）发电厂主变压器容量、台数的选择

① 发电厂与主变压器为单元接线时，主变压器容量可按下列条件中的较大者选择。

a. 按发电机的额定容量扣除本机组的厂用负荷后，留有 10% 的裕度。

$$S_N = 1.1 P_{NG}(1 - K_P)/\cos\varphi_G \tag{2-1}$$

式中　S_N——主变压器的计算容量，kV·A 或 MV·A；

P_{NG}——发电机的额定有功功率，在扩大单元接线中为两台发电机额定有功功率之和，kW 或 MW；

$\cos\varphi_G$——发电机额定功率因数；

K_P——厂用电率。

b. 按发电机的最大连续输出容量扣除本机组的高压厂用工作变压器计算负荷确定。发电机的最大连续容量各厂家不相同，约为额定容量的 108%～110%。

当采用扩大单元接线时，应采用分裂绕组变压器，其容量应等于上述 a 或 b 算出的两台机容量之和。

② 接于发电机电压母线与升高电压母线之间的主变压器容量 S_N 按下列条件计算。

a. 当发电机电压母线上的负荷最小时（特别是发电厂投入运行初期，发电机电压负荷不大），扣除厂用电负荷后，应能将发电机的最大剩余功率送至系统，计算中不考虑稀有的

最小负荷情况。当缺乏具体资料时，最小负荷可取为最大负荷的 $60\%\sim70\%$，即

$$S_N = [\sum P_{NG}(1-K_P)/\cos\varphi_G - P_{min}/\cos\varphi]/n \tag{2-2}$$

式中　S_N——发电机电压母线上 1 台主变压器的计算容量，$kV \cdot A$ 或 $MV \cdot A$；

　　　$\sum P_{NG}$——发电机电压母线上的发电机容量之和，kW 或 MW；

　　　P_{min}——发电机电压母线上的最小负荷，kW 或 MW；

　　　$\cos\varphi$——负荷功率因数；

　　　n——发电机电压母线上的主变压器台数。

b. 若发电机电压母线上接有 2 台及以上主变压器，当负荷最小且其中容量最大的一台变压器退出运行时，其他主变压器应能将发电厂最大剩余功率的 70% 以上送至系统，即

$$S_N = [\sum P_{NG}(1-K_P)/\cos\varphi_G - P_{min}/\cos\varphi] \times 70\%/(n-1) \tag{2-3}$$

c. 当发电机电压母线上的负荷最大且其中容量最大的一台机组退出运行时，主变压器应能从系统倒送功率，满足发电机电压母线上最大负荷和厂用电的需要，即

$$S_N = [P_{max}/\cos\varphi - \sum P'_{NG}(1-K_P)/\cos\varphi_G]/n \tag{2-4}$$

式中　$\sum P'_{NG}$——发电机电压母线上除最大一台机组外，其他发电机容量之和，kW 或 MW；

　　　P_{max}——发电机电压母线上的最大负荷，kW 或 MW。

d. 对有水电厂且占比较大的系统，由于经济运行的要求，在丰水期应充分利用水能，这时有可能停用火电厂的部分或全部机组，以节约燃料，火电厂的主变压器应能从系统倒送功率，满足发电机电压母线上最大负荷的需要，即

$$S_N = [P_{max}/\cos\varphi - \sum P''_{NG}(1-K_P)/\cos\varphi_G]/n \tag{2-5}$$

式中　$\sum P''_{NG}$——发电机电压母线上停用部分机组后，其他发电机容量之和，kW 或 MW。

对式(2-2)~式(2-5) 计算结果进行比较，取其中最大者［无 d 项要求者可不计算式(2-5)］。

接于发电机电压母线上的主变压器一般说来不少于 2 台，但对主要向发电机电压供电的地方电厂，系统电源主要作为备用时，可以只装 1 台。

（2）变电所主变压器容量、台数的选择

变电所主变压器的容量一般按变电所建成后 $5\sim10$ 年的规划负荷考虑，并应按照其中 1 台停用时其余变压器能满足变电所最大负荷 S_{max} 的 $60\%\sim70\%$ 或全部重要负荷（当Ⅰ、Ⅱ类负荷超过上述比例时）选择，即

$$S_N \approx (0.6\sim0.7)S_{max}/(n-1) \tag{2-6}$$

式中　n——变电所主变压器台数；

　　　S_N——变压器的容量，$MV \cdot A$。

为了保证供电的可靠性，变电所一般装设 2 台主变压器；枢纽变电所装设 $2\sim4$ 台；地区性孤立的一次变电所或大型工业专用变电所，可装设 3 台。

（3）联络变压器容量的选择

① 联络变压器的容量应满足所联络的两种电压网络之间在各种运行方式下的功率交换。

② 联络变压器的容量一般不应小于所联络的两种电压母线上最大一台机组的容量，以保证最大一台机组故障或检修时，通过联络变压器来满足本侧负荷的需要；同时也可在线路检修或故障时，通过联络变压器将剩余功率送入另一侧系统。

联络变压器一般只装 1 台。按照上述原则计算所需变压器容量后，应选择接近国家标准容量系列的变压器（附录 2）。当据计算结果偏小选择（例如计算结果为 6800kV·A，而选择 6300kV·A 的变压器）时，需要进行过负荷校验。

2.3.3　主变压器型式的选择

变压器可根据安装位置条件，按用途、绝缘介质、绕组型式、相数、调压方式及冷却方式确定变压器的类型。在可能的条件下，优先选用三相变压器、自耦变压器、低损耗变压器、无励磁调压变压器。对大型变压器选型应进行经济技术论证。

（1）相数的选择

选择主变压器的相数，需考虑如下原则。

① 当不受运输条件限制时，在 330kV 及以下的发电厂和变电所，均应选用三相变压器。

② 当发电厂与系统连接的电压为 500kV 时，宜经技术经济比较后，确定选用三相变压器或单相变压器组。对于单机容量为 300MW 并直接升压到 500kV 的，宜选用三相变压器。

③ 对于 500kV 变电所，除需考虑运输条件外，还应根据所供负荷和系统情况，分析一台（或一组）变压器故障或停电检修时的情况，当一台单相变压器故障，会使整组变压器退出，造成全所停电，如用总容量相同的多台三相变压器，则不会造成全所停电。为此，要经过技术经济论证，来确定选用单相变压器还是三相变压器。

（2）绕组数量的选择

① 只有一种升高电压向用户供电或与系统连接的发电厂，以及只有两种电压的变电所，采用双绕组变压器。

② 有两种升高电压向用户供电或与系统连接的发电厂，以及有三种电压的变电所，可以采用双绕组变压器或三绕组变压器（包括自耦变压器）。

a. 当最大机组容量为 125MW 及以下，而且变压器各侧绕组的通过容量均达到变压器额定容量的 15％及以上时（否则绕组的利用率太低），应优先考虑采用三绕组变压器，如图 2-19(a) 所示。因为两台双绕组变压器才能起到联系三种电压级的作用，而一台三绕组变压器的价格、所用的控制电器及辅助设备比两台双绕组变压器少，运行维护也较方便。但一个电厂中的三绕组变压器一般不超过 2 台。当送电方向主要由低压侧送向中、高压侧，或由低、中压侧送向高压侧时，优先选用自耦变压器。

b. 当最大机组容量为 125MW 及以下，但变压器某侧绕组的通过容量小于变压器额定容量的 15％时，可采用发电机-双绕组变压器单元加双绕组联络变压器，如图 2-19(b) 所示。

c. 当最大机组容量为 200MW 及以上时，其升压变压器一般不采用三绕组变压器，而采用发电机-双绕组变压器单元加联络变压器。其联络变压器宜选用三绕组（包括自耦变压器），低压绕组可作为厂用备用电源或启动电源，也可用来连接无功补偿装置，如图 2-19(c) 所示。

d. 当采用扩大单元接线时，应优先选用低压分裂绕组变压器，以限制短路电流。

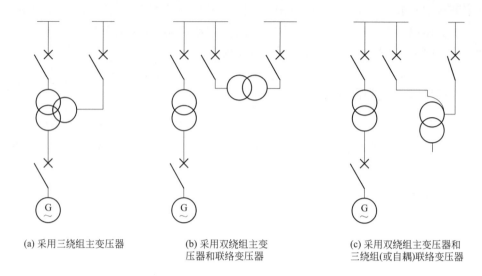

(a) 采用三绕组主变压器   (b) 采用双绕组主变   (c) 采用双绕组主变压器和
压器和联络变压器   三绕组(或自耦)联络变压器

图 2-19 有两种升高电压的发电厂的连接方式

e. 在有三种电压的变电所中，如变压器各侧绕组的通过容量均达到变压器额定容量的 15％ 及以上，或低压侧虽无负荷，但需在该侧装无功补偿设备时，宜采用三绕组变压器。当变压器需要与 110kV 及以上的两个中性点直接接地系统相连接时，可优先选用自耦变压器。

（3）绕组接线组别的确定

变压器的绕组连接方式必须使得其线电压与系统线电压相位一致，否则不能并列运行，电力系统变压器采用绕组的连接方式有星形"Y"和三角形"D"两种。我国电力变压器的三相绕组所采用的连接方式为：110kV 及以上电压侧均为"YN"，即有中性点引出并直接接地；35kV 作为高、中压侧都可能采用"Y"，其中性点不接地或经消弧线圈接地，作为低压侧时可能用"Y"或"D"；35kV 以下电压侧（不含 0.4kV 及以下）一般为"D"，也有"Y"方式。

变压器绕组接线组别（即各侧绕组连接方式的组合），一般考虑系统或机组同步并列要求及限制三次谐波对电源的影响等因素。接线组别的一般情况如下。

① 6～500kV 均有双绕组变压器，其接线组别为"Y，d11"或"YN，d11""YN，y0"或"Y，yn0"。下标 0 和 11，分别表示该侧的线电压与前一侧的线电压相位差 0°和 330°（下同）。组别"I，I0"表示单相双绕组变压器，用在 500kV 系统。

② 110～500kV 均有三绕组变压器，其接线组别为"YN，y0，d11""YN，yn0，d11""YN，yn0，y0""YN，d11-d11"（表示有两个"D"接的低压分裂绕组）及"YN，a0，d11"（表示高、中压侧为自耦方式）等。组别"I，I0，I0"及"I，a0，I0"表示单相三绕组变压器，用在 500kV 系统。

（4）结构型式的选择

三绕组变压器或自耦变压器，在结构上有两种基本型式。

① 升压型。升压型的绕组排列为：铁芯-中压绕组-低压绕组-高压绕组，高、中压绕组间相间较远、阻抗较大、传输功率时损耗较大。

② 降压型。降压型的绕组排列为：铁芯-低压绕组-中压绕组-高压绕组，高、低压绕组间相距较远、阻抗较大、传输功率时损耗较大。

应根据功率的传输方向来选择其结构型式。

发电厂的三绕组变压器，一般为低压侧向高、中压侧供电，应选用升压型。变电所的三绕组变压器，如果以高压侧向中压侧供电为主、向低压侧供电为辅，则选用降压型；如果以高压侧向低压侧供电为主、向中压侧供电为辅，也可选用"升压型"。

（5）调压方式的确定

变压器的电压调整是用分接开关切换变压器的分接头，从而改变变压器的变比来实现。不带电切换的无励磁调压变压器的分接头较少，调压范围只有 10%（±2×2.5%），且分接头必须在停电的情况下才能调节；带负荷切换的有载调压变压器的分接头较多，调压范围可达 30%，且分接头可在带负荷的情况下调节，但其结构复杂、价格贵，在下述情况下采用较为合理。设置有载调压的原则如下。

① 对于 220kV 及以上的降压变压器，仅在电网电压可能有较大变化的情况下，采用有载调压方式，一般不宜采用。

② 对于 110kV 及以下的变压器，宜考虑至少有一级电压的变压器采用有载调压方式。

③ 发电厂的升压变压器，当发电机运行出力昼夜变化大时；发电厂与电网连接的联络变压器，其传输功率的送受方向昼夜变化多时，设计中应优先选用有载调压方式。

（6）冷却方式的选择

电力变压器的冷却方式，随其型式和容量不同而异，有以下几种类型。

① 自然风冷却。无风扇，仅借助冷却器（又称散热器）热辐射和空气自然对流冷却。适用于额定容量在 10000kV·A 及以下的变压器。

② 强迫空气冷却。简称风冷式，在冷却器间加装数台电风扇，使油迅速冷却。适用于额定容量在 8000kV·A 及以上。

③ 强迫油循环风冷却。采用潜油泵强迫油循环，并用风扇对油管进行冷却，额定容量 50000～90000kV·A，电压在 220kV 变压器选用。

④ 强迫油循环水冷却。采用潜油泵强迫油循环，并用水对油管进行冷却，水力发电厂的升压变压器 220kV 及以上、容量 60MV·A 及以上的变压器采用。

⑤ 强迫油循环导向冷却。容量在 75000kV·A 及以上电压在 110kV、容量 120000kV·A 及以上电压在 220kV、330kV 及 500kV 的变压器采用。

⑥ 水内冷。将纯水注入空心绕组中，借助水的不断循环，将变压器的热量带走。

可见，相同容量的变压器可能有不同的冷却方式，所以也有选择问题。

（7）容量比的选择

变压器各绕组容量相对总容量有 100/100/100、100/100/50、100/50/50 等几种形式。由于 110kV 变压器总容量不大，其绕组容量对于造价影响不大，但其中、低压侧的传输功率相对总容量都比较大，为调度灵活，一般采用 100/100/100 的容量比。对于 220kV 及以上变电所的变压器，容量大，低压绕组主要带无功补偿电容器和所用电，容量小，为降低变压器的造价，一般选用 100/100/50。

2.4 主接线中的设备配置

2.4.1 隔离开关的配置

① 中小型发电机出口一般应装设隔离开关；容量为 200MW 及以上大机组与双绕组变压器为单元连接时，其出口不装设隔离开关，但应有可拆连接点。

② 在出线上装设电抗器的 6～10kV 配电装置中，当向不同用户供电的两回线共用一台断路器和一组电抗器时，每回线上应各装设一组出线隔离开关。

③ 在发电机、变压器引出线或中性点上的避雷器可不装设隔离开关。

④ 接在母线上的避雷器和电压互感器宜合用一组隔离开关。

⑤ 一台半断路器接线中，当只有两串时，进出线应装设隔离开关，以便在进出线检修时，保证闭环运行。其他情况下，应根据发变电工程的具体要求，进出线可装设隔离开关也可不装设隔离开关。

⑥ 多角形接线中的进出线应装设隔离开关，以便在进出线检修时，保证闭环运行。

⑦ 桥形接线中的跨条宜用两组隔离开关串联，以便于进行不停电地轮流检修任意一台隔离开关。

⑧ 断路器的两侧均应配置隔离开关，以便在断路器检修时隔离电源。

⑨ 中性点直接接地的普通型变压器均应通过隔离开关接地；自耦变压器的中性点则不必装设隔离开关。

2.4.2 接地刀闸或接地器的配置

① 为保证电器和母线的检修安全，35kV 及以上每段母线根据长度宜装设 1～2 组接地刀闸，两组接地刀闸间的距离应尽量保持适中。母线的接地刀闸宜装设在母线电压互感器的隔离开关上和母联隔离开关上，也可装于其他回路母线隔离开关的基座上。必要时可设置独立式母线接地器。

② 66kV 及以上配电装置的断路器两侧隔离开关和线路隔离开关的线路侧宜配置接地刀闸。双母线接线两组母线隔离开关的断路器侧可共用一组接地刀闸。

③ 旁路母线一般装设一组接地刀闸，设在旁路回路隔离开关的旁路母线侧。

④ 66kV 及以上主变压器进线隔离开关的主变压器侧宜装设一组接地刀闸。

2.4.3 互感器的配置

互感器在主接线中的配置与测量仪表、继电保护和自动装置的要求、同步点的选择及主接线的形式有关。

（1）电压互感器的配置

① 电压互感器的数量和配置与主接线方式有关，并应能满足测量、保护、同期和自动装置的要求。电压互感器的配置应能保证在运行方式改变时，保护装置不得失压，同期点的两侧都能提取到电压。

② 6~220kV 电压等级的每组主母线的三相上应装设电压互感器。旁路母线上是否需要装设电压互感器，应视各回出线外侧装设电压互感器的情况和需要确定。

③ 当需要监视和检测线路侧有无电压时，出线侧的一相上应装设电压互感器。

④ 当需要在 330kV 及以下主变压器回路中提取电压时，可尽量利用变压器电容式套管上的电压提取装置。

⑤ 发电机出口一般装设两组电压互感器，供测量、保护和自动电压调节装置。当发电机配有双套自动电压调整装置，且采用零序电压式匝间保护时，可再增设一组电压互感器。

⑥ 500kV 电压互感器按下述原则配置（330kV 等级也可参照采用）。

a. 对双母线接线，宜在每回出线和每组母线的三相上装设电压互感器。

b. 对一台半断路器接线，应在每回出线的三相上装设电压互感器；在主变压器进线和每组母线上，应根据继电保护装置，自动装置和测量仪表的要求，在一相或三相上装设电压互感器。线路与母线的电压互感器二次回路间不切换。

⑦ 兼作为并联电容器组泄能和限制切断空载长线过电压的电磁式电压互感器，其与电容器组之间和与线路之间不应有开断点。

（2）电流互感器的配置

① 凡装有断路器的回路均应装设电流互感器，其数量应满足测量仪表、保护和自动装置要求。

② 在未设断路器的下列地点也应装设电流互感器：发电机和变压器的中性点、发电机和变压器的出口、桥形接线的跨条上等。

③ 对直接接地系统，一般按三相配置。对非直接接地系统，依具体要求按两相或三相配置。

④ 一台半断路器接线中，线路-线路串可装设四组电流互感器，在能满足保护和测量要求的条件下也可装设三组电流互感器。线路-变压器串，当变压器的套管电流互感器可以利用时，可装设三组电流互感器。

2.4.4　避雷器的配置

避雷器是一种用于保护电气设备免受雷击高瞬态过电压危害，并限制续流时间，也常限制续流幅值的电器。避雷器有时也称为过电压保护器。避雷器的配置原则如下。

（1）母线

① 配电装置的每组母线上，应装设避雷器，但进出线都装设避雷器时除外。

② 旁路母线上是否需要装设避雷器，应视在旁路母线投入运行时，避雷器到被保护设备的电气距离是否满足要求而定。

（2）变压器

① 330kV 及以上变压器和并联电抗器处必须装设避雷器，并应尽可能靠近设备本体。

② 220kV 及以下变压器到避雷器的电气距离超过允许值时，应在变压器附近增设一组避雷器。

③ 自耦变压器必须在其两个自耦合的绕组出线上装设避雷器，并应接在变压器与断路器之间。

④ 三绕组变压器低压侧三相出线的一相上应装设避雷器。

⑤ 下列情况的变压器中性点应装设避雷器。

a. 直接接地系统中，变压器中性点为分级绝缘且未装设保护间隙；变压器中性点为全绝缘，但变电所为单进线且为单台变压器运行。

b. 非直接接地系统中，多雷区的单进线变电所的变压器中性点上。

（3）发电机及调相机

① 单元接线中的发电机出口宜装设一组避雷器。

② 接在发电机电压母线上的发电机，即与直配线连接的发电机（简称直配线发电机），当其容量为 25MW 及以上时，应在发电机出线处装设一组避雷器；当其容量为 25MW 以下时，应尽量将母线上的避雷器靠近电机装设或装在电机出线上。

③ 如直配线发电机中性点能引出且未直接接地，应在中性点装设一组避雷器。

④ 连接在变压器低压侧的调相机出线处应装设一组避雷器。

（4）线路

① 330～500kV 配电装置采用一台半断路器接线时，其线路侧装设一组避雷器。

② 35～220kV 配电装置，应在靠近隔离开关或断路器处装设一组避雷器。

③ 发电厂、变电所的 35kV 及以上电缆进线段，在电缆与架空线的连接处应装设避雷器，其接地端应与电缆金属外皮连接。

④ 3～10kV 配电装置的架空线上，一般装设一组避雷器，有电缆段的架空线，避雷器应装设在电缆头附近。

⑤ SF_6 全封闭电器的架空线路侧必须装设避雷器。

2.4.5　加装限流电抗器

在设计主接线时，应根据具体情况采用限制短路电流的措施，以便在发电厂和用户侧均能合理地选择轻型电器（即其额定电流与所控制电路的额定电流相适应的电器）和截面较小的母线及电缆。在发电厂和变电所 20kV 及以下的某些回路中加装限流电抗器是广泛采用的限制短路电流的方法。

（1）加装普通电抗器

按安装地点和作用，普通电抗器可分为母线电抗器和线路电抗器两种。

① 母线电抗器　母线电抗器装于母线分段上，见图 2-20 中的 L1。

a. 母线电抗器的作用：无论是厂内（见图 2-20 中的 k1、k2 点）或厂外（见图 2-20 中的 k3 点）发生短路，母线电抗器均能起到限制短路电流的作用。

● 它可使发电机出口断路器、母联断路器、分段断路器及主变压器低压侧断路器都能按各自回路的额定电流选择；

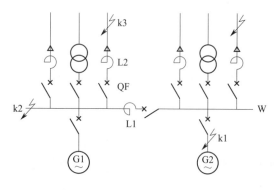

图 2-20　普通电抗器的装设地点
L1—装于母线分段的母线电抗器；L2—装于线路电抗器

● 当电厂和系统容量较小，而母线电抗器的限流作用足够大时，线路断路器也可按相应线路的额定电流选择，这种情况下可以不装设线路电抗器。

b. 百分电抗：电抗器在其额定电流 I_N 下所产生的电压降 $x_N I_N$ 与额定相电压比值的百分数，称为电抗器的百分电抗。即

$$x_L\% = \frac{\sqrt{3}\,x_L I_N}{U_N} \times 100 \tag{2-7}$$

由于正常情况下母线分段处往往电流最小，在此装设电抗器所产生的电压损失和功率损耗最小，因此，在设计主接线时应首先考虑装设母线电抗器，同时，为了有效地限制短路电流，母线电抗器的百分电抗值可选得大一些，一般为 $8\% \sim 12\%$。

② 线路电抗器　当电厂和系统容量较大时，除装设母线电抗器外，还要装设线路电抗器。在馈线上加装电抗器见图 2-20 中的 L2。

a. 线路电抗器的作用：主要用来限制 $6 \sim 10kV$ 电缆馈线的短路电流。这是因为，电缆的电抗值很小且有分布电容，即使在馈线末端短路，其短路电流也和在母线上短路相近。装设线路电抗器的好处如下。

● 可限制该馈线电抗器后发生短路（如图 k3 点短路）时的短路电流，使发电厂引出端和用户处均能选用轻型电器，减少电缆截面；

● 由于短路时电压降主要产生在电抗器中，因而母线能维持较高的剩余电压（或称残压，一般都大于 $65\% U_N$），对提高发电机并联运行稳定性和连接于母线上非故障用户（尤其是电动机负荷）的工作可靠性极为有利。

b. 百分电抗：为了既能限制短路电流，维持较高的母线剩余电压，又不致在正常运行时产生较大的电压损失（一般要求不应大于 $5\% U_N$）和较多的功率损耗，通常线路电抗器的百分电抗值选择 $3\% \sim 6\%$，具体值由计算确定。

c. 线路电抗器的布置位置有如下两种方式。

● 布置在断路器 QF 的线路侧，如图 2-21(a) 所示，这种布置安装较方便，但因断路器

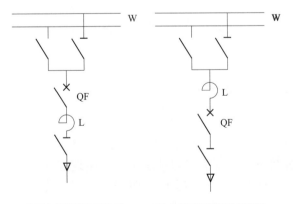

(a) 布置在断路器的线路侧　　　(b) 布置在断路器的母线侧

图 2-21　直配线电抗器布置位置

是按电抗器后的短路电流选择，所以，断路器有可能因切除电抗器故障而损坏；

● 布置在断路器 QF 的母线侧，如图 2-21(b) 所示，这种布置安装不方便，而且使得线路电流互感器（在断路器 QF 的线路侧）至母线的电气距离较长，增加了母线的故障机会。当母线和断路器之间发生单相接地时，寻找接地点所进行的操作较多。

对于架空馈线，一般不装设电抗器，因为其本身的电抗较大，足以把本线路的短路电流限制到装设轻型电器的程度。

（2）加装分裂电抗器

分裂电抗器在结构上与普通电抗器相似，只是在线圈中间有一个抽头作为公共端，将线圈分为两个分支。两臂有互感耦合，而且在电气上是连通的。

分裂电抗器的装设地点如图 2-22 所示。其中，图 2-22(a) 为装于直配电缆馈线上，每臂可以接一回或几回出线；图 2-22(b) 为装于发电机回路中，此时它同时起到母线电抗器和出线电抗器的作用；图 2-22(c) 为装于变压器低压侧回路中，可以是主变压器或厂用变压器回路。

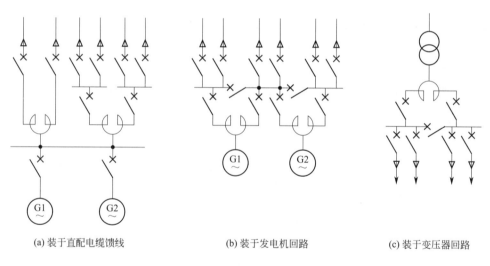

(a) 装于直配电缆馈线　　　　(b) 装于发电机回路　　　　(c) 装于变压器回路

图 2-22　分裂电抗器的装设地点

2.5　电力系统中性点接地方式

电力系统的中性点是指电力系统中发电机和变压器绕组接成星形的中性点。电力系统中性点与大地间的电气连接方式，称为电力系统中性点接地方式。中性点接地方式与电压等级、单相接地短路电流、过电压水平、继电保护配置等有关，直接影响电网的绝缘水平、系统供电的可靠性和连续性、主变压器和发电机的运行安全以及对通信线路的干扰等。

中性点接地方式可以分为两大类：一类是中性点直接接地或经低阻抗接地，称为中性点有效接地，即大电流接地系统，通常这类系统的零序电抗与正序电抗的比值不大于 3，零序电阻与正序电抗的比值不大于 1，即 $X_0/X_1 \leqslant 3$，$R_0/X_1 \leqslant 1$；另一类是中性点不接地、经消弧线圈接地或高阻接地，称为中性点非有效接地，即小电流接地系统，这类系统的零序电抗与正序电抗的比值大于 3，零序电阻与正序电抗的比值大于 1，即 $X_0/X_1>3$，$R_0/X_1>1$。

2.5.1　中性点非有效接地

（1）中性点不接地

中性点不接地方式最简单，此时发电机、变压器绕组的中性点对大地是绝缘的。中性点不接地系统发生单相接地时，接地电流 $\dot{I}_C$ 的大小与网络的电压、频率和相对地电容 C 有关，$\dot{I}_C$ 实际上是该电压级送、受电端有直接电联系的所有线路对地电容电流的相量和。中性点不接地系统单相接地的电容电流可用下式近似估算：

$$I_C=\frac{(l_1+35l_2)U_N}{350}\qquad(2\text{-}8)$$

式中　l_1，l_2——架空线路和电缆线路长度，km；

$\quad\quad U_N$——电网的额定线电压，kV。

接地电流比负荷电流要小很多，不会引起线路继电保护动作跳闸。因此单相接地时允许带故障运行 2h，供电连续性好。但由于过电压水平高，要求有较高的绝缘水平，不宜用于 110kV 及以上电网。

（2）中性点经消弧线圈接地

6～63kV 电网采用中性点不接地方式时，如果出现下列情况，应装设消弧线圈：①单相接地故障电流大于 30A（6～10kV 电网）；②单相接地故障电流大于 10A（20～63kV 电网）。

消弧线圈是一个具有铁芯的可调电感线圈，当发生单相接地故障时，产生一个与接地电容电流 $\dot{I}_C$ 的大小相近，方向相反的电感电流 $\dot{I}_L$，对电容电流进行补偿。通常把 $K=\dot{I}_C/\dot{I}_L$ 称为补偿度或调谐度。中性点经消弧线圈接地的电网又称为补偿电网。整个补偿电网消弧线圈的总容量，是根据该电网的接地电容电流值选择的。选择时应考虑电网 5 年左右的发展远景及过补偿运行的需要，计算公式如下：

$$S=1.35I_C\frac{U_N}{\sqrt{3}}\qquad(2\text{-}9)$$

式中　S——消弧线圈的总容量，kV·A；

$\quad\quad I_C$——接地电容电流，A；

$\quad\quad U_N$——电网的额定电压，kV。

在消弧线圈的台数和配置地点选择上，原则上应使得在各种运行方式下电网每个独立部分都具有足够的补偿容量。在这个前提下，台数应选得少些，以减少投资、运行费用及操作。当采用两台以上时，应尽量选用额定容量不同的消弧线圈，以扩大其所能调节的补偿范围。

消弧线圈应尽可能装在电力系统或它们负责补偿的那部分电网的送电端，以减少消弧线圈被切除的可能性。通常应装在有不少于两回线路供电的变电所内，有时也装在某些发电厂内。采用消弧线圈接地时，应注意以下几点：

① 6～63kV 电网中需要安装的消弧线圈应由系统统筹规划,分散布置。应避免整个电网只装一台消弧线圈,也应避免在一个变电所中装设多台消弧线圈。在任何运行方式下,电网不得失去消弧线圈的补偿。

② 在变电所中,消弧线圈一般装在变压器中性点上,6～10kV 消弧线圈也可装在调相机的中性点上。

③ 当两台变压器合用一台消弧线圈时,应分别经隔离开关与变压器中性点相连。平时运行只合其中一组隔离开关,以避免在单相接地时发生虚幻接地现象。当任一台变压器退出时,应保证消弧线圈不退出。

(3) 中性点经高电阻接地

当接地电容电流超过允许值时,也可采用中性点经高电阻接地方式。中性点经高阻接地方式是在发电机、变压器绕组的中性点与大地之间装设一个高阻值的电阻器,电阻与系统对地电容构成并联回路,增大零序电抗,限制单相接地电流。此接地方式和经消弧线圈接地方式相比,改变了接地电流相位,加速泄放回路的残余电荷,促使接地电弧自熄,从而降低弧光间隙接地过电压,同时可提供足够的电流和零序电压,使接地保护可靠动作,一般用于大中型发电厂发电机中性点。

2.5.2　中性点有效接地

(1) 中性点直接接地

中性点直接接地是将变压器绕组中性点与大地直接连接,强制中性点保持地电位。当发生单相接地故障时,构成单相短路,接地相通过单相短路电流,中性点直接接地方式的单相短路电流很大,线路或设备须立即切除,增加了断路器负担,降低供电连续性。但在单相接地时非故障相的对地电压接近于相电压,从而使电网的绝缘水平和造价降低,特别是在高压和超高压电网,经济效益显著。目前我国 110kV 及以上电网,基本上都采用中性点直接接地。

(2) 中性点经小电抗接地

中性点经小电抗接地就是在变压器绕组中性点与大地之间装设小阻值的电抗器。中性点经小电抗接地方式的特点是降低变压器中性点过电压和绝缘水平,可限制系统单相接地短路电流。中性点经小电抗接地方式多用于单相接地短路电流较大的 110～500kV 系统。

2.6　主接线的设计依据及程序

电气主接线的设计与电力系统、电厂动能参数、原始资料、电厂运行的可靠性及经济性等要求密切相关,是发电厂或变电站电气设计的主体。

2.6.1　主接线设计的依据

设计电气主接线时,所遵循的总原则是应符合设计任务书或委托书的要求,严格遵循国家方针政策、技术规范和标准，因方针政策、技术规范和标准是根据国家实际状况，结合电力工业的技术特点而制定的准则，并且要综合具体的工程特点。设计的主接线在保证供电可靠、调度灵活、满足各项技术要求的前提下，兼顾运行、维护方便，尽可能地节省投资，就近取材，并留有扩建和发展的余地。主接线设计时应以下列情况作为依据。

① 明确发电厂及变电所在电力系统中的地位和作用　各类发电厂或变电所在电力系统中的地位是不同的，如发电厂有大型主力电厂、中小型地区电厂及企业自备电厂三种类型；而变电所有系统枢纽变电所、地区重要变电所和一般变电所三种类型。所以对主接线的可靠性、灵活性和经济性等的要求也不同。

② 发电厂、变电所的分期和最终建设规模　发电厂最大机组的容量以占系统总容量的 $8 \sim 10\%$ 为宜；一个厂房内的机组，其台数以不超过 6 台、容量等级以不超过两种为宜。变电所根据 $5 \sim 10$ 年电力系统发展规划进行设计。一般装设两台主变压器；当技术经济比较合理时，$330 \sim 500 \mathrm{kV}$ 枢纽变电所也可装设 $3 \sim 4$ 台变压器；终端或分支变电所如只有一个电源时可只装设一台变压器。

③ 负荷大小和重要性　由于电力系统的负荷分为一级负荷、二级负荷及三级负荷，对于各级负荷的供电电源有不同要求：对于一级负荷必须有两个独立电源供电，二级负荷一般也要有两个独立电源供电，三级负荷一般只需一个电源供电即可。

④ 系统备用容量大小　系统备用容量的大小将会影响运行方式的变化，设计主接线时应充分考虑这个因数。

⑤ 相关资料　a. 出线的电压等级、回路数、出线方向、每回路输送容量和导线截面等；b. 变压器台数、容量和型式，变压器各侧的额定电压、阻抗、调压范围及各种运行方式下通过变压器的功率潮流，各级电压母线的电压波动值和谐波含量值；c. 调相机、静止补偿装置、并联电抗器、串联电容补偿装置等型式、数量、容量和运行方式的要求；d. 系统的短路容量或归算的电抗值。注明最大、最小运行方式的正、负、零序电抗值，为了进行非周期分量短路电流计算，还需系统的时间常数或电阻 R、电抗 X 值；e. 变压器中性点接地方式及接地点的选择；f. 系统内过电压数值及限制过电压措施；g. 为保证大系统的稳定性，提出对大机组超高压电气主接线可靠性的特殊要求；h. 初期及最终发电厂、变电所与系统的连接方式（包括系统单线接线和地理接线）及推荐的初期和最终主接线方案。

2.6.2　主接线的设计程序

电气主接线的设计应随着发电厂或变电站的整体设计进行，在各阶段中随要求、任务的不同，深度和广度也有差异，但总的设计思路、方法以及步骤基本是相同的。主接线设计包括可行性研究、初步设计、技术设计和施工设计四个阶段。下达设计任务书之前所进行的工作属可行性研究阶段。初步设计主要是确定建设标准、各项技术原则和总概算。具体的设计步骤和内容如下。

（1）对原始资料分析

下发的设计任务书或委托书给出所设计发电厂（变电站）的容量、机组台数、电压等级、出线回路数、主要负荷要求、电力系统参数和对电厂（变电站）的具体要求，以及设计的内容和范围。这些原始资料是设计的依据，必须进行详细的分析和研究，从而可以初步拟定一些主接线方案。对于原始资料的分析需从下面几点考虑。

① 工程情况　包括发电厂类型、规划装机容量（近期、远景）、单机容量及台数、最大负荷利用小时数、可能的运行方式等。

a. 总装机容量及单机容量标志着电厂的规模和在电力系统中的地位及作用。当总装机容量超过系统总容量的 15% 时，该电厂在系统中的地位和作用至关重要。单机容量的选择不宜大于系统总容量的 10%，以保证在该机检修或事故情况下系统供电的可靠性。为了使生产管理及运行、检修方便，一个发电厂内单机容量以不超过两种为宜，台数以不超过 6 台为宜，且同容量的机组应尽量选用同一型号。

b. 运行方式及年最大负荷利用小时数直接影响主接线的设计。对于主要承担基荷的核电厂及单机容量 200MW 以上的火电厂，年最大负荷利用小时数在 5000h 以上，选择主接线应该以保证供电可靠性为主；而有可能承担基荷、腰荷和峰荷的水电厂，年最大负荷利用小时数在 3000~5000h，主接线的选择应以保证供电调度的灵活性为主。

② 电力系统情况　电力系统近远期规划（5~10 年）、发电厂或变电站在电力系统中的位置和作用、本期和远期工程与电力系统的连接方式及各级电压中性点接地方式等。

电厂在系统中处于重要地位时对于主接线的要求也较高。中、小型火电厂通常靠近负荷中心，常会有 6~10kV 地区负荷，仅向系统输送不大的剩余功率，与系统之间可采用单回弱联系方式；大型发电厂通常远离负荷中心，其绝大部分电能向系统输送，与系统之间则采用双回或环形强联系方式。

电网的中性点接地方式决定了主变压器中性点的接地方式。我国 35kV 及以下电网中性点采用非直接接地方式；110kV 及以上电网中性点均采用直接接地方式。发电机中性点采用非直接接地方式，125MW 及以下机组的中性点采用不接地或经消弧线圈接地，200MW 及以上机组的中性点采用经接地变压器接地（其二次侧接有一电阻）。

③ 负荷情况　负荷的性质、地理位置、输电电压等级、出线回路数、输送容量。

④ 环境条件　当地的气温、湿度、覆冰、污秽、风向、水文、地址、海拔高度及地震。

⑤ 设备供货情况　主要设备的性能、制造能力、供货情况价格等。

（2）主接线方案的拟定与选择

依据对电源、出线回路数、变压器台数、电压等级、数量、母线结构等的考虑拟定若干方案。根据主接线的基本要求，从技术上论证各方案的优、缺点，对地位重要的大型发电厂或变电所要进行可靠性的定量计算、比较，先淘汰一些明显不合理的方案，最终保留 2~3 个技术上满足要求的方案，进行经济计算，并进行全面的技术、经济比较。对于地位重要的发电厂或变电站还要进行可靠性比较，最终才能确定技术上合理、经济上可行的最佳方案。

经济比较主要是对各个参加比较的主接线方案的综合总投资 O 和年运行费用 U 两大项进行综合效益比较。比较时，一般只需计算各方案不同部分的综合总投资和年运行费用。

① 综合投资 O 的计算　综合投资 O（万元）一般包括变压器、配电装置等主体设备的综合投资、不可预见的电缆、母线、控制设备等附属费用、主要材料费及安装费等各项费用的总和。配电装置的综合投资中，包括配电装置间隔中的设备价格及设备的建筑安装费用

等。综合投资 O 可按下式计算：

$$O = O_0 \left(1 + \frac{\alpha}{100}\right) \tag{2-10}$$

式中　O_0——主接线方案中主体设备的投资（万元），包括主变压器、开关设备、配电装置
　　　　　　投资及明显的增修桥梁、公路和拆迁等费用；

　　　α——不明显的附加费用比例系数，如设备基础施工、电缆沟道开挖等费用，对
　　　　　　220kV 电压级取 70，对 110kV 电压级取 90。

②　年运行费用 U 的计算　年运行费用 U（万元）主要包括主变压器一年中电能损耗费、
主接线的维修费、折旧费等，可按下式计算：

$$U = \alpha \Delta A + U_1 + U_2 \tag{2-11}$$

式中　ΔA——主变压器的年电能损耗，$kW \cdot h$；

　　　α——电能电价，可参考采用各地区的实际电价，元/$kW \cdot h$；

　　　U_1——年小修、维修费（万元），一般可取为 $(0.022 \sim 0.042)O$；

　　　U_2——年折旧费（万元），一般可取为 $(0.005 \sim 0.058)O$。

U_2 折旧费指在电力设施使用期间逐年缴回的建设投资，以及年大修费用。它和小修、
维修费 U_1 都决定于电力设施的价值，所以，都以综合投资的百分数来计算。

主变压器的年电能损耗 ΔA，可以根据变压器的型式和年负荷曲线进行计算。计算公式
如下。

a. 双绕组变压器

$$\Delta A = \sum_{i=1}^{m} \left[n(\Delta P_0 + K \Delta Q_0) + \frac{1}{n}(\Delta P_k + K \Delta Q_k)\left(\frac{S_i}{S_N}\right)^2 \right] t_i \tag{2-12}$$

式中　　　n——相同型号变压器的台数；

　　　S_N——每台变压器的额定容量，$kV \cdot A$；

ΔP_0，ΔQ_0——每台变压器的空载有功损耗（kW）及空载无功损耗（kvar），$\Delta Q_0 = \dfrac{I_0\%}{100}$

　　　　　　S_N，$I_0\%$ 为变压器空载电流百分数；

ΔP_k，ΔQ_k——每台变压器的短路有功损耗（kW）及短路无功损耗（kvar），$\Delta Q_k = \dfrac{u_k\%}{100}$

　　　　　　S_N，$u_k\%$ 为变压器短路电压百分数；

　　　S_i——在 t_i 小时内 n 台变压器的总负荷，$kV \cdot A$；

　　　t_i——对应于负荷 S_i 的运行时间，h；$\sum\limits_{i=1}^{m} t_i$ 为全年实际运行时间，h；

　　　K——单位无功损耗折算为有功损耗的比例系数，也称为无功当量，kW/kvar，
　　　　　　即变压器每损耗 1kvar 的无功功率，在电力系统中所引起的有功功率损耗的
　　　　　　增加值（kW），一般发电厂取 $0.02 \sim 0.04$，变电所取 $0.07 \sim 0.1$（二次变压
　　　　　　取下限，三次变压取上限）。

b. 三绕组变压器（容量比为 100/100/100、100/100/50、100/50/50）

$$\Delta A = \sum_{i=1}^{m} \left[n(\Delta P_0 + K\Delta Q_0) + \frac{1}{2n}(\Delta P_k + K\Delta Q_k)\left(\frac{S_{i1}^2}{S_N^2} + \frac{S_{i2}^2}{S_N S_{N2}} + \frac{S_{i3}^2}{S_N S_{N3}}\right) \right] t_i$$

(2-13)

式中　S_{N2}，S_{N3}——第 2、3 绕组的额定容量，kV·A；

S_{i1}，S_{i2}，S_{i3}——在 t_i 小时内 n 台变压器第 1、2、3 侧的总负荷，kV·A。

③ 经济比较　参加比较的各主接线方案中，以综合投资 O 和年运行费用 U 均最小的方案为最佳方案，如果各方案中 O 和 U 不同时为最小，需进一步进行经济比较，比较方法有静态比较法和动态比较法两类。

a. 静态比较法　静态比较法就是对建设期的投资、运行期的年运行费和效益都不考虑时间因数的影响，认为设备、材料和人工的经济价值是固定不变的。适用于各方案均采用一次性投资，装机程序相同，主体设备投入情况相近，装机过程在五年内。常采用抵偿年限法。如果有两个方案参加比较，假定第一方案的综合投资 O_{I} 大，而年运行费 U_{I} 小；而第二方案的综合投资 O_{II} 小，而年运行费 U_{II} 大。则抵偿年限 T 为

$$T = \frac{O_{\mathrm{I}} - O_{\mathrm{II}}}{U_{\mathrm{II}} - U_{\mathrm{I}}}$$

(2-14)

式(2-14) 表明，第一方案比第二方案多出的投资费用（分子）可以在 T 年用少花费的年运行费用（分母）给予补偿。将计算出来的抵偿年限 T 与按照国家现阶段的经济技术政策确定的标准抵偿年限（$T_n = 5$ 年）进行比较，如果 $T < T_n$，采用综合投资 O 大的方案；如果 $T > T_n$，采用综合投资 O 小的方案。

b. 动态比较法　动态比较法的依据是基于货币的经济价值随时间而改变，设备、材料和人工费用随市场的供求关系而变化。电力工业推荐采用最小年费用法进行动态经济比较，年费用 AC［式(2-17)］最小者为最佳方案。计算的方法是把工程施工期间各年的投资、部分投产及全部投产后各年的年运行费用都折算到施工结束年，并按复利计算。

折算到施工结束年第 n 年的总投资 O（即第 n 年的本利和）为

$$Q = \sum_{t=1}^{n} O_t (1 + r_0)^{n-t} \quad (万元)$$

(2-15)

式中　t——从工程开工这一年算起的年份（即开始投资年份），$t = 1 \sim n$，即分期投资；

n——工程施工结束（即全部投产）年份；

O_t——第 t 年的投资，万元；

r_0——电力工业投资回收率，或称利润率，目前取 0.1。$(1+r_0)^{n-t}$ 称整体本利和系数。

折算到 n 年的年运行费用 U 为

$$U = \frac{r_0(1+r_0)^m}{(1+r_0)^m - 1} \left[\sum_{t=t'}^{n} U_t (1+r_0)^{n-t} + \sum_{t=n+1}^{n+m} \frac{U_t}{(1+r_0)^{t-n}} \right] \quad (万元)$$

(2-16)

式中　t'——工程部分投产年份；

U_t——第 t 年的年运行费用，万元；

m——电力工程的经济使用年限，水电厂取 50 年，火电厂和核电厂取 25 年，输变电

取 20～25 年。

年运行费用 AC 为

$$AC = \left[\frac{r_0(1+r_0)^m}{(1+r_0)^m - 1} \right] O + U \ (万元) \tag{2-17}$$

式中第一项的系数，称为投资回收系数。AC 最小的方案为经济上最优方案。

2.7　发电厂及变电所主接线设计实例

2.7.1　大型电厂的电气主接线

（1）大型电厂主接线的特点

大型电厂一般指总容量为 1000MW 及以上，单机容量为 200MW 及以上。它的接线特点如下。

① 采用简单可靠的单元接线方式。如发电机-变压器单元接线、扩大单元接线和发电机-变压器-线路单元接线等，直接接入高压或超高压配电装置。

② 大型电厂的所有发电机-变压器单元接线，可以有两种形式与配电装置连接：一种形式是一部分接入超高压配电装置，另一部分接入 220kV 配电装置；另外一种形式是全部接入超高压配电装置。

③ 接入 220kV 配电装置的单机容量最大一般不超过 300MW。

（2）接线实例

某大型火电厂位于某市的城乡结合处，该电厂有 4 台容量为 300MW 和 2 台容量为 600MW 机组，分别以 220kV 电压和 500kV 接入系统，220kV 出线 6 回，500kV 出线 4 回。各电压级接线形式确定如下。

① 发电机电压级主接线　由于机组单机容量较大，对于容量超过 200MW 的发电机，其出口断路器制造困难，且价格昂贵，所以发电机电压级接线均采用发电机-双绕组变压器单元接线形式，发电机与变压器之间采用封闭母线连接。当大容量机组发电厂具有两种升高电压时，可在两种升高电压母线间装设联络变压器。

② 220kV 电压级主接线　2 台 300MW 机组 G1、G2 升压至 220kV 后经 6 回出线接入系统。220kV 出线为 6 回，其主接线即可采用双母线接线也可以采用有专用旁路断路器的双母线带旁路母线的接线，为了保证检修出线断路器时，线路不停电，所以采用有专用旁路断路器的双母线带旁路母线的接线形式。2 台 300MW 机组的厂用高压工作变压器从各自主变的低压侧引接。

③ 500kV 电压级主接线　2 台 300MW 机组 G3、G4 和 2 台 600MW 机组 G5、G6 升压至 500kV 后经 4 回出线接入系统。2 台 300MW 机组和 2 台 600MW 机组容量大，对可靠性要求高，所以 500kV 主接线采用一台半断路器接线。

④ 220kV 和 500kV 之间用自耦变压器联络，自耦变压器的第三绕组 35kV 侧采用单母线接线形式，并接有电厂启动/备用变压器和并联电抗器。

该大型火电厂主接线如图 2-23 所示。

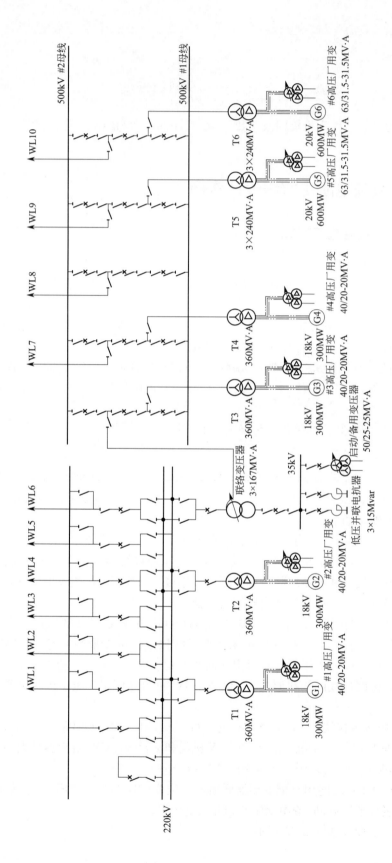

图 2-23 大型火电厂电气主接线

2.7.2　中小型电厂的电气主接线

中型电厂一般指总容量为 200～1000MW 的电厂，安装的单机容量一般为 50～125MW。小型电厂一般指总容量在 200MW 以下，安装的单机容量一般不超过 30MW。中小型电厂一般建设在工业企业或城镇附近，除少数为凝汽式电厂外，多数为热电厂，常设有 6～10kV 发电机电压配电装置向附近供电。

（1）中小型电厂主接线的特点

① 设有发电机电压母线

a. 根据地区网络的要求，其电压采用 6kV 或 10kV。当发电机容量为 12MW 及以下时，采用单母线分段接线；当发电机容量为 25MW 及以上时，采用双母线分段接线。一般不装设旁路母线。

b. 出线回路较多（有时多达数十回），供电距离较短，为避免雷击线路直接威胁发电机，一般多采用电缆供电。

c. 当发电机容量较小时，一般仅装设母线电抗器就可以限制短路电流；当发电机容量较大时，一般需同时装设母线电抗器及出线电抗器。

d. 通常用 2 台及以上主变压器与升高电压级联系，以便向系统输送剩余功率或从系统倒送不足的功率。

② 当发电机容量为 125MW 及以上时，采用单元接线；当原接于发电机电压母线的发电机已满足地区负荷的需要时，虽然后面扩建的发电机容量小于 125MW，也采用单元接线，以减小发电机电压母线的短路电流。

③ 升高电压等级不多于两级，其升高电压部分的接线形式可能采用单母线、单母线分段、双母线、双母线分段，当出线回路较多时，增设旁路母线；当出线不多、最终接线方案已明确时，可以采用桥形、角形接线。

④ 从整体上看，其主接线复杂，且一般屋内和屋外配电装置并存。

（2）接线实例

某热电厂有 4 台发电机，2 台容量为 100MW，2 台容量为 25MW，以 110kV 电压接入系统，以 10kV 向附近负荷供电，如图 2-24 所示。

各电压级接线形式确定：25MW 机组直接接入 10kV 发电机电压母线，机压母线采用接电抗器分段的双母线分段接线形式，以 10kV 电缆馈线向附近用户供电。由于短路容量比较大，为保证出线能选择轻型断路器，在 10kV 馈线上还装设出线电抗器。10kV 系统采用屋内配电装置。2 台 100MW 机组与双绕组变压器组成单元接线，将电能送入 110kV 电网，由于 110kV 出线回路较多，所以采用带专用旁路断路器的双母线带旁路母线接线形式。110kV 采用屋外配电装置。

2.7.3　发电厂互感器配置

如图 2-25 所示为发电厂互感器配置图，下面分别对电压互感器和电流互感器的配置分别进行介绍。

（1）电压互感器的配置

① 母线　一般各段工作母线及备用母线上各装一组电压互感器，必要时旁路母线也装

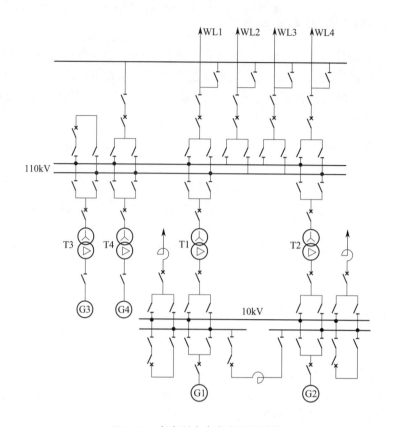

图 2-24　中小型火力发电厂主接线

一组电压互感器；桥形接线中桥的两端应各装一组电压互感器。用于供给母线、主变压器和出线的测量仪表、保护、同步设备、绝缘监察装置（3～35kV 系统）等。

a. 6～220kV 母线在三相上装设。其中，6～20kV 母线的电压互感器，一般为电磁型三相五柱式；35～220kV 母线的电压互感器，一般由三台单相三绕组电压互感器构成，35kV 为电磁式，110～220kV 为电容式或电磁式(为避免铁磁谐振，以电容为主)。

b. 330～500kV 母线，当采用双母线带旁路接线时，在每组母线的三相上装设；当采用一台半断路器接线时，根据继电保护、自动装置和测量仪表要求。在每段母线的一相或三相上装设。其电压互感器为电容式。

② 发电机回路　发电机回路一般装设 2～3 组电压互感器。

a. 1～2 组电压互感器（图 2-25 中 10）（三相五柱式或三台单相三绕组），供电给发电机的测量仪表、保护及同步设备，其开口三角形接一电压表，供发电机启动而未并列前检查接地用。也可设一组不完全星形接线的电压互感器（两台单相双绕组），专供测量仪表用。

b. 另一组电压互感器（图 2-25 中 18）（三台单相双绕组），供电给自动调整励磁装置。

c. 对 50MW 及以上的发电机，中性点常接有一单相电压互感器（图 2-25 中 14），用于 100% 定子接地保护。

③ 主变压器回路　主变压器回路中，一般低压侧装一组电压互感器，供发电厂与系统在低压侧同步用，并供电给主变压器的测量仪表和保护。当发电厂与系统在高压侧同步，或

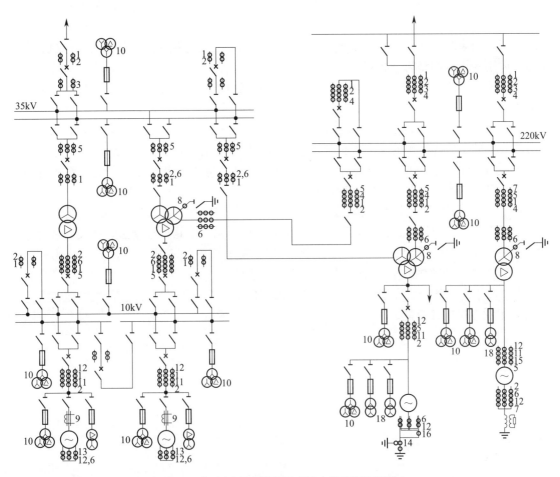

图 2-25　发电厂互感器配置（图中数字标明用途）

1—母线保护；2—测量仪表；3，4—线路保护；5—变压器差动保护；6—过流保护；
7—发电机-变压器差动保护；8—保护零序励磁；9—接地保护发电机差动保护；
10—仪表和保护用 TV；11—自动调节励磁；12—发电机差动；13—测量仪表
（机房）；14—发电机定子 100%接地保护；15—发电机失步保护；16—横差保护

利用 6～10kV 备用母线同步时，这组互感器可不装设。

④ 线路　当对端有电源时，在出线侧上装设一组电压互感器，供监视线路有无电压、进行同步和设置重合闸用。其中，35～220kV 线路在一相上装设；330～500kV 线路在三相上装设。

⑤ 330～500kV 配电装置的主变压器进线　应根据继电保护、自动装置和测量仪表要求，在一相或三相上装设。

（2）电流互感器的配置

① 凡装有断路器的回路均应装设电流互感器；在发电机和变压器的中性点、发电机-双绕组变压器单元的发电机出口、桥形接线的跨条上等，也应装设电流互感器。其数量应满足测量仪表、继电保护和自动装置要求。

② 测量仪表、继电保护和自动装置一般均由单独的电流互感器供电或接于不同的二次

绕组,因为其准确度级要求不同,同时为了防止仪表开路时引起保护的不正确动作。

③ 110kV及以上大接地短路电流系统的各个回路,一般应按三相配置;35kV及以下小接地短路电流系统的各个回路,根据具体要求按两相或三相配置(例如其中的发电机、主变压器、厂用变压器回路为三相式)。

④ 保护用电流互感器的配置应尽量消除保护装置的不保护区。例如,若有两组电流互感器或同一组互感器有几个二次绕组,应使它们之间的部分处于交叉保护范围之中。如在图2-25所示的35kV出线上,互感器1接母线保护,互感器3接线路保护,这样,线路的断路器部分便处于两种保护的交叉保护范围内,其他回路也有类似配置方式。

⑤ 为了防止支持式电流互感器的套管闪络造成母线故障,电流互感器通常布置在线路断路器的出线侧或变压器断路器的变压器侧。

⑥ 为减轻发电机内部故障时对发电机的危害,用于自动励磁装置的电流互感器11应布置在定子绕组的出线侧。这样,当发电机内部故障使其出口断路器跳闸后,便没有故障电流(来自系统)流经互感器11,自励电流不致增加,发电机电势不致过大,从而减小故障电流。若互感器11布置在中性点侧,则不能达到上述目的。

为了便于发现和分析在发电机并入系统前的内部故障,用于机房测量仪表的电流互感器13宜装于发电机中性点侧。

第**3**章

厂用电及其接线

发电厂在电能生产的过程中，有大量电动机拖动的机械设备，用以保证主要设备（如锅炉、汽轮机或水轮机、发电机等）等辅助设备的正常运行，即在此过程中，发电厂一方面向电力系统输送电能，一方面发电厂本身也在消耗电能。这些电动机以及全厂的运行操作、试验、修配、照明、电焊等用电设备的总耗电量，统称为厂用电或自用电。

3.1 概述

3.1.1 厂用电率

厂用电的电量，大多数是由发电厂本身供给且为重要负荷。厂用电耗电量占同一时期发电厂全部发电量的百分数，称为厂用电率。计算公式为

$$K_P = \frac{S_{js}\cos\varphi_{av}}{P_N} \times 100\%$$ (3-1)

式中 K_P——厂用电率，%；

S_{js}——厂用计算负荷，MV·A；

$\cos\varphi_{av}$——平均功率因数；

P_N——发电机的额定功率，kW。

厂用电率是发电厂主要运行经济指标之一，各发电厂可供参考的厂用电率见表1-1。降低厂用电率不仅能降低电能成本，同时也相应地增大了对系统的供电量。

3.1.2 厂用负荷分类

厂用负荷按其用电设备在生产中的作用和突然中断供电所造成的危害程度可分为如下四类。

（1）Ⅰ类厂用负荷

凡是属于短时（包括手动切换恢复供电所需的时间）停电会造成主辅设备损坏、危及人身安全、主机停运及影响大量出力的厂用负荷，都属于Ⅰ类负荷。如火电厂的给水泵、凝结水泵、循环水泵、引风机、送风机、给粉机等以及水电厂的调速器、压油泵、润滑油泵等。通常它们都设有两套设备互为备用，分别接到两个独立电源的母线上，当一个电源断电后，另一个电源就立即自动投入。

（2）Ⅱ类厂用负荷

允许短时停电（几秒至几分钟），恢复供电后，不致造成生产紊乱的厂用负荷，均属于Ⅱ类厂用负荷。如火电厂的工业水泵、疏水泵、灰浆泵、输煤设备和化学水处理设备等，以及水电厂中大部分厂用电动机。一般它们均应由两段母线供电，并采用手动切换。

（3）Ⅲ类厂用负荷

较长时间停电，不会直接影响生产，仅造成生产上不方便的厂用负荷，都属于Ⅲ类厂用负荷。如试验室、修配厂、油处理室的负荷等。通常它们由一个电源供电，但在大型发电厂，也常采用两路电源供电。

（4）事故保安负荷

事故保安负荷是指在事故停机过程中及停机后的一段时间内，仍必须保证供电，否则可能引起主要设备损坏、重要的自动控制失灵或推迟恢复供电，甚至可能危及人身安全的负荷，按对电源要求的不同它又可分为：①直流保安负荷，如发电机的直流润滑油泵、事故氢密封油泵等；②交流保安负荷，如盘车电动机、交流润滑油泵、交流密封油泵、消防水泵等。为满足事故保安负荷的供电要求，对大容量机组应设置事故保安电源。通常，由蓄电池组、柴油发电机组、燃气轮机组或可靠的外部独立电源作为事故保安负荷的备用电源。有时对交流不间断供电负荷如实时控制用的计算机，可接于蓄电池组的逆变装置供电。

火电厂中一般都设有两台及以上的厂用高压（3~10kV）变压器（或电抗器）和两台及以上的厂用低压（0.4kV）变压器，用以满足厂用负荷专用电的需要；在水电厂中，一般只设低压厂用变压器。厂用负荷的供电网络，统称为厂用电系统。

3.1.3　厂用电接线的基本要求

厂用电接线的设计应按照运行、检修和施工的要求，考虑全厂发展规划、积极慎重地采用成熟的新技术和新设备，使设计达到经济合理、技术先进、保证机组安全、经济地运行。

厂用电接线应满足下述要求。

① 各机组的厂用电系统应是独立的。在任何运行方式下，一台机组故障停运或其辅助的电气故障不应影响另一台机组的运行，并要求受厂用电故障影响而停运的机组应能在短期内恢复运行。

② 全厂性公用负荷应分散接入不同机组的厂用母线或公用负荷母线。在厂用电接线中，不应存在可能导致切断多于一个单元机组的故障点。更不应存在导致全厂停电的可能性，应尽量缩小故障影响范围。

③ 充分考虑发电厂正常、事故、检修、启动等运行方式下的供电要求，尽可能地使切换操作简便，启动（备用）电源能在短时内投入。

④ 充分考虑电厂分期建设和连续施工过程中厂用电系统的运行方式，特别要注意对公用负荷供电的影响，要便于过渡、尽量减少改变接线和更换设置。

⑤ 200MW 及以上机组应设置足够容量的交流事故保安电源。当全厂停电时，可以快速启动和自动投入向保安负荷供电。另外，还要设计符合电能质量指标的交流不间断电源，以保证不允许间断供电的热工保护和计算机等负荷的用电。

3.1.4　厂用电的电压等级确定

厂用电的电压等级是根据发电机额定电压、厂用电动机的电压和厂用电供电网络等因素，相互配合，经过技术经济综合比较确定的。

为了简化厂用电接线，且使运行维护方便，厂用电压等级不宜过多。发电厂低压厂用电压常采用 380/220V，高压厂用电压有 3kV、6kV、10kV 等。发电厂中拖动各种厂用机械设备的电动机，在满足技术要求的前提下，优先采用较低电压的电动机，以获得较高的经济效益。但是结合厂用电供电网络综合考虑，电压等级高时，可选择截面较小的电缆或导线，不仅节省有色金属，还能降低供电网络的功率损耗，因此正确选择厂用电的电压等级，还需进行技术经济论证。

（1）按发电机容量、电压确定厂用电压等级

① 单机容量在 50～60MW 级的机组，当发电机电压为 10.5kV，可采用 3kV 或 10kV 作为高压厂用电压，如果发电机电压为 6.3kV，可采用 6kV 作为高压厂用电压；

② 单机容量在 100～300MW 级的机组，宜选用 6kV 作为高压厂用电压；

③ 单机容量为 600MW 级及以上的机组，可根据具体情况采用 6kV 一级，或 10kV 一级，或 10kV/6kV 两级，或 10kV/3kV 两级高压厂用电压；

④ 单机容量在 12MW 及以下的小容量发电厂，只采用 380/220V 一级厂用电压即可。

（2）按厂用电压划分电动机容量范围

厂用电动机的电压一般按容量选择：

① 当厂用电压为 3kV 时，100kW 以上的电动机一般采用 3kV，100kW 以下者一般采用 380V；

② 当厂用电压为 6kV 时，200kW 以上的电动机采用 6kV，200kW 以下者采用 380V；

③ 厂用高压为 3kV 和 10kV 两种电压时，1800kW 及以上的电动机采用 10kV，200～1800kW 的电动机采用 3kV，200kW 以下的电动机采用 380V。

3.2　厂用电系统中性点接地方式

3.2.1　确定中性点接地方式的原则及接地电容电流计算

（1）一般原则

① 单相接地故障对连续供电的影响最小，厂用设备能够继续运行较长时间。

② 单相接地故障时，健全相的过电压倍数较低，不致破坏厂用电系统绝缘水平，发展为相间短路。对于低压厂用电系统，并能减少因熔断器一相熔断造成的电动机两相运行的概率。

③ 发生单相接地故障时，能将故障电流对电动机、电缆等的危害限制到最低限度，同时又能利用灵活而有选择性的接地保护。

④ 尽量减少厂用设备相互间的影响。

（2）单相接地电容电流计算

在确定厂用电系统中性点接地方式时，应首先计算容量最大的一台厂用变压器（高压厂用电系统一般为带有公用负荷的启动、备用变压器）所连接供电网络的单相接地电容电流，以此为确定接地方式的依据。

① 高压厂用电系统的电容以电缆的电容为主。具有金属保护层的三芯电缆的电容值如表 3-1 所示。

⊡ 表 3-1 具有金属保护层的三芯电缆每相接地电容值
μF/km

电缆截面 /mm²	U_N/kV			
	1	3	6	10
10	0.35～0.355	—	0.2	—
16	0.39～0.40	0.3	0.23	—
25	0.50～0.56	0.35	0.28	0.23
35	0.53～0.63	0.42	0.31	0.27
50	0.63～0.82	0.46	0.36	0.29
70	0.72～0.91	0.55	0.40	0.31
95	0.77～1.04	0.56	0.42	0.35
120	0.81～1.16	0.64	0.46	0.37
150	0.86～1.11	0.66	0.51	0.44
185	0.86～1.21	0.74	0.53	0.45
240	1.18	0.81	0.58	0.46

将求得的电缆总电容乘以 1.25 即为全系统总的电容近似值（即包括厂用变压器绕组、电动机以及配电装置等的电容）。单相接地电容电流可按下式计算求出：

$$I_C = \sqrt{3}\,U_N\omega C\times10^{-3} \tag{3-2}$$

式中　I_C——单相接地电容电流，A；

　　U_N——厂用电系统额定线电压，kV；

　　ω——角频率，$\omega=2\pi f_N$，f_N 为额定频率，Hz；

　　C——厂用电系统每相对地电容，μF。

② 6～10kV 电缆和架空线路的单相接地电容电流 I_C 也可通过下式求出近似值：

6kV 电缆线路

$$I_C = \frac{95+2.84S}{2200+6S}U_N\,(\mathrm{A}) \tag{3-3}$$

10kV 电缆线路

$$I_C = \frac{95+1.44S}{2200+0.23S}U_N\,(\mathrm{A}) \tag{3-4}$$

式中　S——电缆截面，mm²；

　　U_N——厂用电系统额定线电压，kV。

6kV 架空线路

$$I_C = 0.015 (\text{A/km}) \tag{3-5}$$

10kV 架空线路

$$I_C = 0.025 (\text{A/km}) \tag{3-6}$$

为简便计算，6～10kV 电缆线路的单相接地电容电流还可采用表 3-2 的数值。

⊡ 表 3-2 6～10kV 电缆线路的单相接地电容电流 ⋅ A/km

电缆截面 /mm^2	U_N/kV	
	6	10
10	0.33	0.46
16	0.37	0.52
25	0.46	0.62
35	0.52	0.69
50	0.59	0.77
70	0.71	0.9
95	0.82(0.98)	1.0
120	0.89(1.15)	1.1
150	1.1(1.33)	1.3
185	1.2(1.5)	1.4
240	1.3(1.7)	—

注：括号内为实测值。

③ 380V 厂用电系统的接地电容电流一般不超过 1A，其数值的大小与电缆的选型有关。当采用全塑型电缆时，其接地电容电流已接近于零。

采用具有金属保护层的 1kV 电缆，其每相对地电容值（μF/km）如表 3-1 所示。根据部分工程低压厂用电系统电缆长度汇总计算，并取平均值。一台低压厂用变压器所属配电网络的单相对地电容和单相电容电流可参考表 3-3 中数值。

⊡ 表 3-3 50～300MW 机组低压厂用网络的单相对地电容和单相接地电容电流

单机容量 /MW	变压器容量 /kV·A	单相对地电容 /μF	单相接地电容电流 /A
50	800	1.0	0.21
100	1000	1.5	0.31
125	1000	2.7	0.56
200	1000	3.7	0.77
300	1000	6.5～8.2	1.35～1.78

3.2.2 高压厂用电系统的中性点接地方式

（1）中性点不接地方式

中性点不接地方式的主要特点是：①发生单相接地故障时，流过故障点的电流为电容性电流；②当厂用电（具有电气联系的）系统的单相接地电容电流小于 10A 时，继续运行 2h；③当厂用电系统单相接地电容电流大于 10A 时，接地电弧不能自动消除，将产生较高的电弧接地过电压（可达额定相电压的 3.5～5 倍），并易发展为多相短路，故接地保护应动作于跳闸，中断对厂用设备的供电；④无需中性点接地装置。

中性点不接地方式曾广泛应用于火力发电机组的高压厂用电系统，今后仍可在接地电容小于 10A 的高压厂用电系统中采用。

（2）中性点经高电阻接地方式

① 主要特点

a. 选择适当的电阻值（数百欧至数千欧），可以抑制单相接地故障健全相的过电压倍数不超过额定相电压的 2.6 倍，避免事故扩大；

b. 单相接地故障时，故障点流过一固定值的电阻性电流，保证馈线的零序保护动作；

c. 接地总电流小于 10A 时动作于信号，大于 10A 时保护动作于跳闸；

d. 常采用二次侧接电阻器的配电变压器接地方式，无需设置大电阻器就可达到预期的要求；

e. 当厂用变压器二次侧为△接线时，必须设置 Y-△接线的专用接地变压器或 Z 形接地变压器。

② 适用范围　中性点经高电阻接地方式用于高压厂用电系统接地电容电流不大于 7A，但为了降低间歇性电弧接地的过电压水平和便于寻找接地故障点的情况。

（3）中性点经消弧线圈接地方式

① 主要特点

a. 单相接地故障时，中性点的位移电压产生感性电流流过接地点，补偿电容电流，将接地点的综合电流限制在 10A 以下，达到自动熄弧、继续供电的目的。

b. 为了提高接地保护的灵敏度和选择性，通常在消弧线圈二次侧并联电阻。电阻值可按下式计算：

$$R_N = \frac{U_N \times 10^3}{\sqrt{3}\, I_R n^2} \tag{3-7}$$

式中　R_N——消耗线圈二次值并联电阻值，Ω；

$\quad\quad U_N$——厂用电系统额定线电压，kV；

$\quad\quad I_R$——要求接地点限制的电流值，A；

$\quad\quad n$——消弧线圈的变比。

当机组的负荷变化时，要改变消弧线圈的分接头以适应厂用电系统电容电流的变化，但消弧线圈变比的变化又改变了接地点的电流值。为了保持接地故障电流不变，必须相应地调节二次侧的电阻值，所以二次侧电阻应有与消弧线圈分接头相匹配的调节分接头。

c. 消弧线圈的电感电流可根据工程的具体情况决定。一般可按机组最大、最小运行方式（不计停机后的运行方式）下，厂用电系统的接地电容电流平均值考虑。

② 适用范围　经消弧线圈接地方式适用于大机组高压厂用电系统接地电容电流大于 10A 时。

（4）中性点经低电阻接地方式

① 主要特点

a. 发生单相接地故障时，流过故障点的电流为电阻性电流；

b. 接地保护应瞬时动作于跳闸，中断对厂用设备的供电，同时避免单相接地产生过电压；

c. 易于实现有选择性的接地保护；

d. 电阻选择一般采用氧化锌阀片电阻或金属电阻，阻值按 40Ω-100A（6kV 系统）或

60Ω-100A（10kV 系统）选择。

② 适用范围　用于高压厂用电系统接地电容电流大于 7A 时。

3.2.3　低压厂用电系统的中性点接地方式

（1）中性点经高电阻接地方式

① 主要特点

a. 单相接地故障时，可以避免开关立即跳闸和电动机停运，也防止了由于熔断器一相熔断造成的电动机两相运转。提高了低压厂用电系统的运行可靠性；

b. 单相接地故障时，单相接地电流值在小范围内变化，可以采用简单的接地保护装置实现有选择性的动作；

c. 必须另设照明、检修网络，需要增加照明和其他单相负荷的供电变压器；

d. 不需要为了满足短路保护的灵敏度而放大馈线电缆的截面；

e. 对采用交流操作的回路，需要设置控制变压器。

② 适用范围　原有低压厂用电系统采用高阻接地的扩建火力发电厂。

（2）中性点直接接地方式

① 主要特点

a. 单相接地故障时，中性点不发生位移，防止了相电压出线不对称或超过 250V，保护装置应立即动作于跳闸，电动机停止运转；

b. 动力和照明、检修网络可以共用（通常用于 200MW 以下的机组）；

c. 用于辅助厂房采用交流操作的场合，可以省去在每一回路上安装控制变压器的费用。

② 适用范围　所有火电厂低压厂用电系统。

3.3　厂用电接线的形式

厂用电接线的设计原则基本上与主接线的设计原则相同。首先，应保证对厂用负荷连续供电，使发电厂主机安全运转；其次，接线应能灵活地适应正常、事故、检修等各种运行方式的要求；还应适当注意其经济性和发展的可能性并积极慎重地采用新技术、新设备，使其具有可行性和先进性。

3.3.1　厂用电源及其引接

厂用电源包括工作电源和备用电源，对于单机容量在 200MW 及以上的发电厂还应考虑设置启动电源和事故保安电源。

（1）厂用工作电源及引接

发电厂的厂用工作电源，是保证正常运行的基本电源。厂用高压工作电源从发电机回路的引接方式与主接线形式有密切关系。当主接线具有发电机电压母线时，则厂用工作电源（厂用变压器或厂用电抗器）一般直接从母线上引接，接线如图 3-1(a) 所示；当发电机和主变压器为单元接线时，则厂用工作电源从主变压器的低压侧引接，接线如图 3-1（b）所示；当主接线为扩大单元接线时，则厂用工作电源应从发电机出口或主变压器低压侧引接，接线如图 3-1(c) 中的实线或虚线所示。

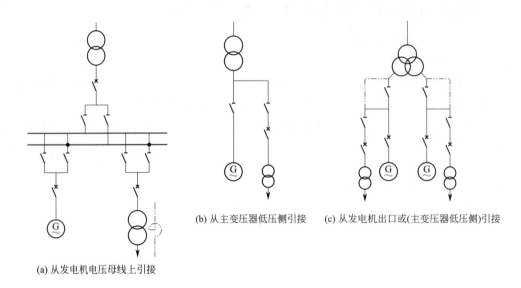

(b) 从主变压器低压侧引接　　(c) 从发电机出口或(主变压器低压侧)引接

(a) 从发电机电压母线上引接

图 3-1　厂用工作电源的引接方式

厂用分支上一般都应装设高压断路器。该断路器应按发电机端短路进行选择，其开断电流可能比发电机出口还要大，对大容量机组往往可能选不到合适的断路器。于是，可加装电抗器或选低压分裂绕组变压器，以限制短路电流，如仍选不出时，对 125MW 及以下机组，一般可在厂用分支上按额定电流装设断路器、隔离开关或连接片，此时若发生故障，应立刻停机。对于 200MW 及以上的机组，通常厂用分支都采用分相封闭母线，故障率较小，可不装设断路器和隔离开关，但应有可拆连接点，以便检修、调试方便。这时，在变压器低压侧务必装设断路器。

厂用低压工作电源，一般均采用 0.4kV 电压等级，从发电机电压母线上引接，通过厂用低压变压器向厂用动力负荷、照明以及其他用电器件供电。或者从发电机出口，经厂用低压变压器获得厂用低压工作电源。

（2）厂用备用电源和启动电源的引接

厂用备用电源主要用于事故情况失去工作电源时，起后备作用，又称事故备用电源。而启动电源是指电厂首次启动或在厂用工作电源完全消失的情况下，为保证使机组快速启动，向必要的辅助设备供电的电源。这些辅助设备在正常运行时由工作电源供电，只有当工作电源消失后，才自动切换到启动电源供电。因此，启动电源实质上兼作事故备用电源，故称启动/备用电源。我国目前对 200MW 以上大型机组，因为其出口不装设断路器，不可能由主变压器倒送电启动（单元并入系统前，主变压器高压侧断路器是断开的）。备用电源的引接应保证其独立性，避免与工作电源由同一电源处引接，并具有足够的供电容量，引接点应有两个及以上电源（包括本厂及系统电源）。

① 高压厂用备用电源的引接方式

a. 从发电机电压母线上引接，但避免与高压厂用工作电源接在同一母线段，接线与

图 3-1(a) 类似;

　　b. 从具有两个及以上电源的最低一级电压母线引接,接线如图 3-2(a)～(c) 所示;

　　c. 从联络变压器的低压绕组引接,但应保证在机组全停情况下,能够获得足够的电源容量,接线如图 3-2(d) 所示;

　　d. 从厂外较低电压电网或区域变电所较低电压母线引接,接线如图 3-2(e)、(f) 所示,其中 3-2(e) 设有备用母线段,向两台备用变压器供电。

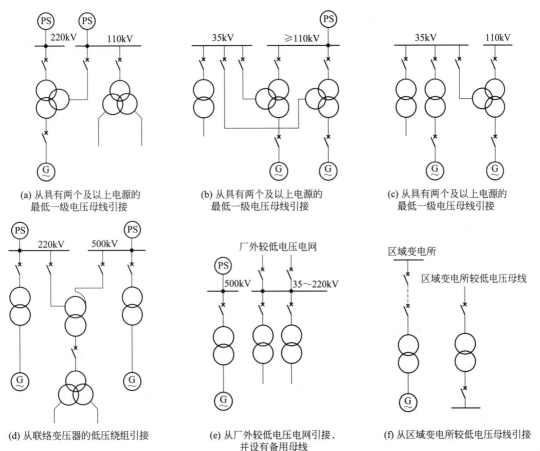

(a) 从具有两个及以上电源的最低一级电压母线引接

(b) 从具有两个及以上电源的最低一级电压母线引接

(c) 从具有两个及以上电源的最低一级电压母线引接

(d) 从联络变压器的低压绕组引接

(e) 从厂外较低电压电网引接,并设有备用母线

(f) 从区域变电所较低电压母线引接

图 3-2　单元接线中高压厂用备用电源的引接方式

　　② 低压厂用备用电源的引接

　　a. 低压厂用备用变压器应避免与需要由它充当备用电源的低压厂用工作变压器接在同一段高压母线上。当低压厂用工作变压器的台数少于高压厂用工作母线段时,低压厂用备用变压器由未接有低压厂用工作变压器的高压厂用母线端上引接,但不接于高压厂用备用母线段。

　　b. 对于 200MW 及以上机组,为了强调低压厂用备用电源供电的可靠性和独立性,低压厂用备用变压器宜由经常带电运行的高压厂用启动/备用变压器引接。

　　c. 当发电机电压母线上的馈线不带电抗器时,低压厂用备用变压器可由该母线引接,但也应满足"a"的要求。

　　③ 备用电源的设置方式

　　a. 明备用。设置专门的备用变压器,正常运行时不承担任何负荷或只承担公用负荷,当某个厂用工作电源故障退出后，备用电源自动投入，恢复对该厂用母线段的供电。

b. 暗备用。不另外设置专门的备用变压器，工作变压器之间互为备用。

在大中型发电厂特别是大型火电厂，由于每台机组机炉的厂用负荷很大，为了不使每台厂用变压器的容量过大，一般均采用明备用方式；中小型水电厂多采用暗备用方式。

备用变压器的台数与发电厂装机台数、单机容量及控制方式等因素有关，一般按表 3-4 中原则配置。

⊡ 表 3-4　发电厂备用厂用变压器台数配置原则

电厂类别	厂用高压变压器	厂用低压变压器
100MW 及以下机组	6 台以下设 1 台备用 6 台及以上设 2 台备用	8 台以下设 1 台备用 8 台及以上设 2 台备用
采用单元控制的 100～125MW 机组	5 台以下设 1 台备用 5 台及以上设 2 台备用	8 台以下设 1 台备用 8 台及以上设 2 台备用
200～300MW 机组	2 台设 1 台备用	200MW 机组，每 2 台机组设 1 台 300MW 机组，每台机组设 1 台
>300MW	每两台设 1 台或 2 台	每台机组设 1 台

（3）事故保安电源和交流不停电电源

对 200MW 及以上的大容量机组，当厂用工作电源和备用电源都消失时，为确保在事故状态下能安全停机，事故消除后又能及时恢复供电，应设置事故保安电源，以保证事故保安负荷。

目前采用的事故保安电源有以下几种类型。

① 柴油发电机组。柴油发电机组是一种广泛采用的事故保安电源，其容量按照事故负荷选择，并采用快速自动程序启动。

② 蓄电池组。正常情况下，蓄电池组承担全厂的操作、信号、保护及其他直流负荷用电，事故情况下，它能提供直流保安负荷用电。

③ 外接电源。当发电厂附近有可靠的变电所或另外的发电厂时，事故保安电源也可以从附近的变电所或发电厂引接。

④ 交流不停电电源。由于快速柴油发电机组的启动和交流电源故障切换需要时间，这种短时的供电中断对于一些负荷也是不允许的。因此可以由蓄电池经静态逆变装置或逆变机组（直流电动机-交流发电机组）将直流变为交流，向不允许间断供电的交流负荷供电。

交流保安电源采用单母线接线，按机组设 1 段或 2 段，供电给本机组的交流保安负荷。交流不停电电源一般按机组设 1 段，供电给本机组的交流不停电负荷。

图 3-3 位某电厂 600MW 发电机组的交流保安电源和交流不间断电源接线示意图。交流保安电源采用 380/220V 电压，每台发电机组设置 1 台柴油发电机组作为交流保安电源，交流保安母线设置 2 段，保安 IA 段和 IB 段，采用单母线接线。

正常运行时，交流保安母线由工作（汽机）PCIA1 和工作（汽机）PCIB1 供电。事故时，柴油发电机组自动投入，一般在 10～15s 内可向断电的交流保安母线供电。

单机容量为 600MW 及以上机组，为提高可靠性，每台机组可配置两台双变换在线式交流不间断电源装置（UPS），并机冗余向交流不停电母线（每台机组设置一段或双母线）供电，其电压为交流 220V。机组的 UPS 装置有三路电源进线：一路交流主电源、一路交流旁

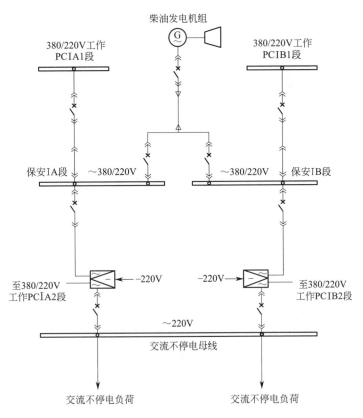

图 3-3 交流保安电源和交流不间断电源接线示意图

路电源和一路直流电源供电，交流旁路电源（交流 220V 或交流 380V）和交流主电源应由不同的厂用母线供电，主要目的是避免两路交流电源同时失电的可能性。两台交流不停电电源装置（UPS）交流主电源（三相交流 380V）由交流保安电源段供电，交流旁路电源由工作（锅炉）PCIA2 和工作（锅炉）PCIB2 供电，直流电源由蓄电池（直流 220V）供电。

3.3.2 厂用电接线的基本形式

发电厂厂用电系统接线通常都采用单母线分段接线形式，厂用母线只接本机组的厂用负荷，这样可以使厂用母线故障的影响范围只限于一台机组，并多以成套配电装置接受和分配电能。

火电厂的高压厂用母线一般都采用"按炉分段"的接线原则，即将高压厂用母线按照锅炉的台数分成若干独立段，既便于运行、检修，又能使事故影响范围局限在一机一炉，不致过多干扰正常运行的完好机炉。当锅炉容量较大（如大于 400t/h），辅助设备容量大时，每台锅炉可由不少于两段的厂用母线供电，厂用负荷在各段上应尽可能分配均匀，且符合生产程序要求，当锅炉容量在 400t/h 以下时，每台锅炉可由一段母线供电。高压厂用母线的接线方式如图 3-4 所示。

全厂公用性负荷应集中，可设立公用厂用母线段。高压厂用工作母线检修时，不影响公用负荷。厂用公用母线一般分两段，以便将互为备用的负荷接于不同公用段。公用段应设工作电源和备用电源，每个公用段由高压厂用电系统引接两个不同电源。正常运行时，可由启

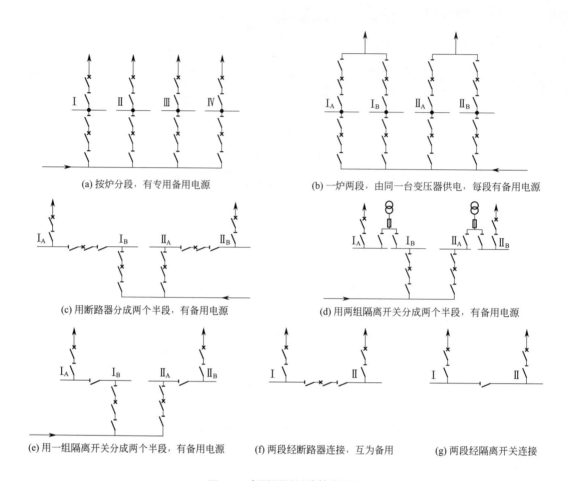

(a) 按炉分段，有专用备用电源

(b) 一炉两段，由同一台变压器供电，每段有备用电源

(c) 用断路器分成两个半段，有备用电源

(d) 用两组隔离开关分成两个半段，有备用电源

(e) 用一组隔离开关分成两个半段，有备用电源

(f) 两段经断路器连接，互为备用

(g) 两段经隔离开关连接

图 3-4　高压厂用母线接线方式

动/备用变压器向公用母线段供电。

低压 380/220V 厂用电的接线，对大型火电厂及大容量水电厂，一般亦采用单母线分段接线，即按炉分段或按水轮发电机组接线；对中、小型电厂和变电所，则根据工程具体情况，厂用低压负荷的大小和重要程度，全厂可只分为二段或三段，仍采用低压成套配电装置供电。

3.3.3　厂用电接线实例

（1）小容量火电厂的厂用电接线

如图 3-5 所示为一小容量火电厂的厂用电接线。电厂装设 2 台 50MW 机组和 2 台锅炉。发电机电压为 10.5kV，发电机电压母线采用单母线分段接线，通过主变压器与 110kV 系统相联系。因为机组容量不大，大功率的厂用电动机数量不多，因此可不设高压厂用母线，少量的大功率厂用电动机直接接在发电机电压母线上，由发电机电压母线供电。小功率的厂用电动机及照明负荷，由 380/220V 低压厂用母线供电。380/220V 低压厂用母线按锅炉台数分为两段，每段低压厂用母线由一台厂用工作变压器供电，引接自对应机组的发电机电压母线上。该电厂厂用电系统的备用电源采用明备用，备用变压器接在与电力系统有联系的发电机电压主母线段上。

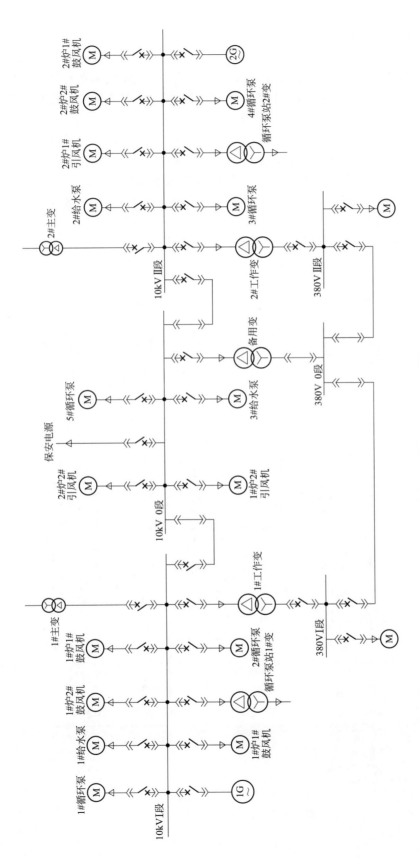

图 3-5　小容量火电厂厂用电接线

（2）中型火电厂厂用电接线

如图 3-6 所示为中型火电厂厂用电接线。厂内装有二机三炉，发电机电压为 10.5kV，有两台升压变压器与 110kV 电力系统相连接。6kV 厂用高压母线为单母线，按锅炉台数分为三段，通过 T11、T12、T13 厂用高压变压器分别接于主母线两个分段上；380/220V 低压厂用母线，由于机组容量不大，未设置启动电源和事故保安电源，低压厂用母线分为两段，备用电源采用明备用方式，即专设一台 T10 备用厂用高压变压器，平时断开，当任一段厂用工作母线（如 I 段）的电源回路发生故障时 QF3 断开，QF1 和 QF2 在备用电源自动投入装置作用下合闸。此时 T10 厂用高压变压器就代替 T11 厂用高压变压器工作。为了在主母线发生故障时，仍有可靠备用电源，运行中可将 T10 备用厂用高压变压器和主变压器 T2 都接到备用母线上，并将主母线第 II 段的母联断路器 QF4 合上。使备用母线和工作母线均带电运行。这样，当主母线发生事故时，QF4 断开，T10 变压器还可通过 T2 供电。

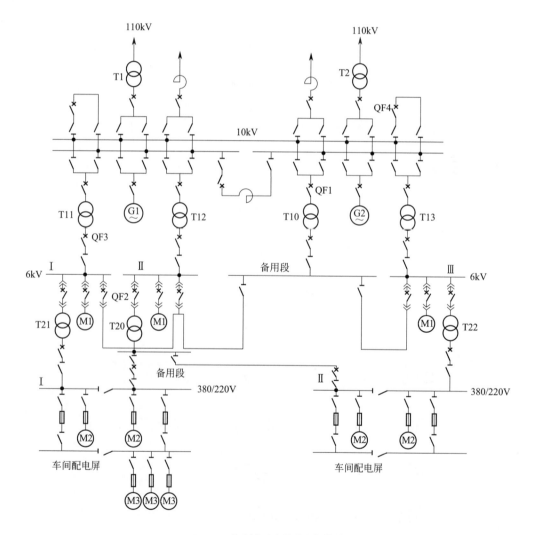

图 3-6　中型火电厂厂用电接线

（3）300MW 汽轮发电机组厂用电接线

① 高压厂用电系统的接线方案

a. 方案 I　不设高压厂用公用负荷母线段，接线如图 3-7（a）所示。将全厂公用负荷分别接在各机组 A、B 段厂用母线上。此方案的优点是高压厂用公用负荷分别接于不同机组的高压厂用母线段上，供电可靠性高，投资省，其不足之处是由于高压厂用公用负荷分接于不同机组的高压厂用母线段上，机组的高压厂用工作母线检修时，将影响公用负荷。此外，由于公用负荷分接于两台机组的厂用工作母线上，一期工程机组 1G 运行发电时，机组 2G 的高压厂用配电装置也需处于能运行状态。

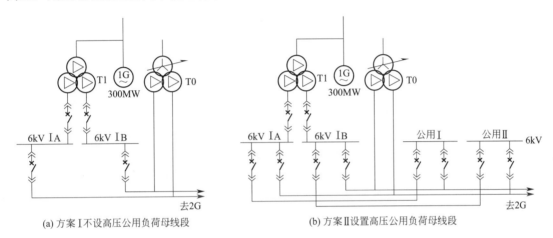

(a) 方案 I 不设高压公用负荷母线段　　　　　　(b) 方案 II 设置高压公用负荷母线段

图 3-7　300MW 机组高压厂用电接线方案

b. 方案 II　设置高压公用负荷母线段，接线如图 3-7（b）所示。特点是将全厂公用负荷分别接在公用厂用母线段 I、II 上，公用负荷集中，无过渡问题，各单元机组独立性强，便于各机组厂用母线的检修。但是，当公用负荷失去一个电源时，可能引起另一电源（厂用工作变压器）过负荷，如果该电厂仅有一台启动/备用变压器时，启动/备用变压器与厂用工作变压器需要相互备用，使得启动/备用变压器与厂用工作变压器的容量都比较大，配电装置也增多，投资较大。

两种方案都有优缺点，需根据工程具体情况，经过技术经济比较后选定。

② 300MW 汽轮发电机组厂用电系统接线　如图 3-8 所示为某 2×330MW 机组热电厂厂用电系统接线。该电厂两台发电机均采用发电机-双绕组变压器单元接线，厂用电从主变压器低压侧引接，高压厂用工作变压器采用无载调压的低压分裂绕组变压器。从与系统有联系的本厂 220kV 母线上引接一台有载调压的低压分裂绕组变压器，作为电厂的启动/备用高压厂用变压器。该厂高压（6kV）厂用电系统中性点（厂用高压工作变压器和启动/备用变压器低压侧）接地方式采用经中电阻（40Ω）接地方式。

a. 高压厂用电部分　厂用高压采用 6kV，每台机组设置 A、B 两段高压厂用母线，分别由各自的高压厂用工作变压器供电，每个分裂绕组带一段，该厂另设置有 6kV 输煤 A、B 段。两台机组的 6kV 输煤段采用单母线分段接线，除从高压工作母线 IB、IIB 段引接电源外，还可以互为备用。启动/备用变压器的两个低压分裂绕组分别接至各段高压厂用工作母线，当某台高压厂用工作变压器故障退出运行时，启动/备用变压器代替其动作。

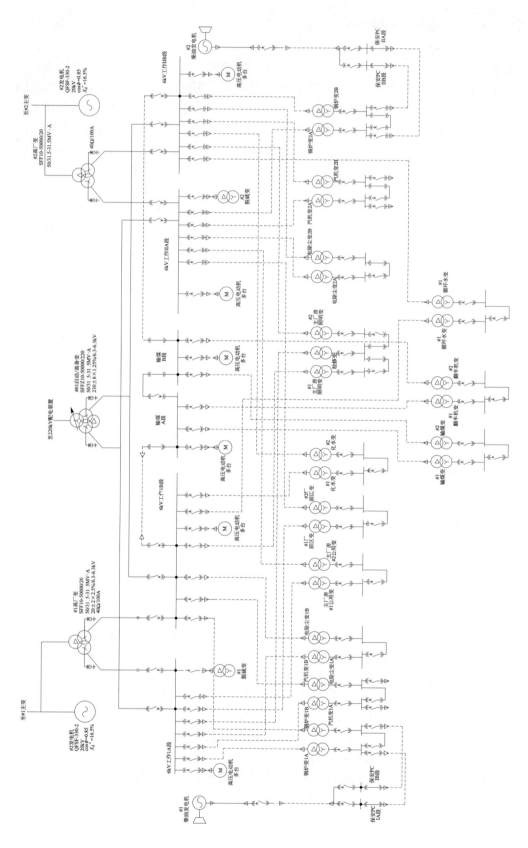

图 3-8　2×330MW 机组热电厂厂用电系统接线

　　当启动/备用变压器正常退出运行时，为避免厂用电停电，其操作上应先合上相应的工作变压器分支断路器，然后断开启动/备用变压器，即启动/备用变压器与高压厂用工作变压器有短时的低压侧并联运行，所以，两者的接线组别应满足低压侧并联（闭合环网）运行要求。

　　b. 低压厂用电部分　厂用低压系统电压采用 380/220V，每台机组汽机和锅炉的动力中心（PC）由两台互为备用（暗备用）的低压厂用变压器供电，采用单母线分段接线，一台变压器故障，分段断路器手动投入，由另一台变压器带全部符合。低压厂用母线段分为锅炉 PC 段、汽机 PC 段、输煤 PC 段、化水 PC 段、主厂房公用 PC 段、厂前区段、电除尘 PC 段、照明与检修段等。为了减少二氧化硫的排放量，各机组设置脱硫装置，由各机组的脱硫变供电。

　　c. 交流保安母线段　每台机组公设两段 380/220V 保安 Ⅰ A 段（Ⅱ A）和 380/220V 保安 Ⅰ B 段（Ⅱ B），正常运行时，分别由两台机组的低压锅炉段供电。厂用系统故障时，由各自机组的自动快速启动柴油发电机组供电。

3.4　厂用变压器的选择

3.4.1　厂用负荷的计算

　　一般厂用变压器连接在厂用母线段上，而用电设备由母线引接。为了合理正确地选择厂用变压器容量，需对每段母线上引接的电动机台数和容量进行统计和计算，厂用负荷的计算常采用"换算系数法"。按下式计算：

$$S = \sum(KP) \tag{3-8}$$

$$K = \frac{K_m K_L}{\eta \cos\varphi}$$

式中　S──厂用分段上的计算负荷，kV·A；

　　　　P──电动机的计算功率，kW；

　　　K_m──同时系数；

　　　K_L──负荷率；

　　　　η──效率；

　$\cos\varphi$──功率因数。

　　换算系数 K，一般取表 3-5 中的数值。

⊡ **表 3-5　换算系数**

机组容量/kW	≤125000	≥200000
给水泵及循环水泵电动机	1.0	1.0
凝结水泵电动机	0.8	1.0
其他高压电动机及低压厂用变压器/kV·A	0.8	0.85
其他低压电动机	0.8	0.7

　　电动机的计算功率 P，应根据负荷的运行方式及特点确定。

① 对经常、连续运行的设备和连续而不经常运行的设备，即连续运行的电动机均应全部计入，按下式计算：

$$P = P_e \tag{3-9}$$

② 对经常短时及经常断续运行的电动机应按下式计算：

$$P = 0.5P_e \tag{3-10}$$

③ 对不经常短时及不经常断续运行的设备，一般可不予计算，取 $P=0$。这类负荷如行车、电焊机等。在选择变压器容量时由于留有裕度，同时亦考虑到变压器具有较大的过载能力，所以该类负荷可以不予计入。但是，若经电抗器供电时，因电抗器一般为空气自然冷却，过载能力很小，这些设备的负荷均应全部计算在内。

④ 对中央修配厂的用电负荷，通常按下式计算：

$$P = 0.14P_{\Sigma} + 0.4P_{\Sigma 5} \tag{3-11}$$

式中　P_{Σ}——全部电动机额定功率总和，kW；

　　　$P_{\Sigma 5}$——其中最大 5 台电动机的额定功率之和，kW。

⑤ 煤场机械负荷中，对大型机械应根据机械工作情况具体分析确定。

中、小型机械　　　　$P = 0.35P_{\Sigma} + 0.6P_{\Sigma 3} \tag{3-12}$

卸煤作用线翻车机系统　$P = 0.22P_{\Sigma} + 0.5P_{\Sigma 5} \tag{3-13}$

斗轮机系统　　　　　$P = 0.13P_{\Sigma} + 0.3P_{\Sigma 5} \tag{3-14}$

式中　$P_{\Sigma 3}$，$P_{\Sigma 5}$——其中最大 3 台、5 台电动机的额定功率之和，kW。

⑥ 对照明系统按下式计算负荷：

$$S = \sum(KP_i) \tag{3-15}$$

式中　K——照明换算系数，一般取 0.8～1.0；

　　　P_i——照明安装容量，kW。

⑦ 电气除尘器的计算负荷可按下式计算：

$$S = KP_{1\Sigma} + P_{2\Sigma} \tag{3-16}$$

式中　K——晶闸管整流设备换算系数，一般取 0.45～0.75；

　　　$P_{1\Sigma}$——晶闸管高压整流设备安装容量之和，kW；

　　　$P_{2\Sigma}$——电加热设备安装容量之和，kW。

3.4.2 厂用变压器容量的选择

厂用变压器容量选择的基本原则和应考虑的因素如下。

① 变压器原、副边额定电压必须与引接电源电压和厂用网络电压相一致。

② 变压器的容量必须满足厂用机械从电源获得足够的功率。因此，对高压厂用工作变压器的容量应按高压厂用电计算负荷的 110％ 与低压厂用电计算负荷之和进行选择．对于高压厂用工作变压器的容量选择如下。

a. 当为双绕组变压器时按下式选择容量，即

$$S_T \geqslant 1.1S_h + S_L \tag{3-17}$$

式中　S_h——高压厂用电计算负荷之和，kV·A；

　　　S_L——低压厂用电计算负荷之和，kV·A。

b. 当选用分裂绕组变压器时，其各绕组容量应满足

高压绕组　　　　　　　　　　　$$S_{TS1} \geq \sum S_C - S_r \qquad (3-18)$$

分裂绕组　　　　　　　　　　　$$S_{TS2} \geq S_C \qquad (3-19)$$

式中　S_{TS1}——厂用变压器高压绕组额定容量，$kV \cdot A$；

　　　S_{TS2}——厂用变压器分裂绕组额定容量，$kV \cdot A$；

　　　S_C——厂用变压器分裂绕组计算负荷，$kV \cdot A$，$S_C = 1.1 S_h + S_L$；

　　　S_r——分裂绕组两分支重复计算负荷，$S_r = 1.1 S_{hr} + S_{lr}$，$S_{hr}$、$S_{lr}$ 分别为 2 个分裂绕组的高、低压重复计算负荷，$kV \cdot A$。

③ 高压启动/备用变压器容量应满足其原有公用负荷及最大一台工作变压器的备用要求。

a. 双绕组变压器可按下式选择容量：

$$S_t \geq S_0 + S_{T.max} \qquad (3-20)$$

式中　S_0——启动/备用变压器本段原有（公用）负荷，$kV \cdot A$；

　　$S_{T.max}$——最大一台工作变压器分支计算负荷之和，$kV \cdot A$。

b. 分裂绕组变压器

分裂绕组容量

$$S_{2ts} \geq S_t = S_0 + S_{T.max} \qquad (3-21)$$

高压绕组容量

$$S_{1ts} \geq \sum S_t - S_r \qquad (3-22)$$

④ 有明备用的低压厂用工作变压器容量按下式确定：

$$S_{tL} \geq S_L / K_\theta \qquad (3-23)$$

式中　K_θ——变压器温度修正系数，一般取 1。

⑤ 低压厂用备用变压器的容量应与最大一台低压厂用工作变压器的容量相同。

⑥ 厂用电抗器的容量应满足最大运行负荷的需求，并留有适当的裕度以防过载。如果环境温度超过设计温度，电抗器允许的工作电流应按下式换算：

$$I = I_N \sqrt{\frac{100 - \theta_m}{100 - \theta_{al}}} \qquad (3-24)$$

式中　I——电抗器允许的工作电流，A；

　　　I_N——电抗器的额定电流，A；

　　　100——电抗器绕组最高允许温度，$℃$；

　　　θ_{al}——电抗器允许的最高空气温度，一般取 $\theta_{al} = 40℃$；

　　　θ_m——周围最高空气温度，即小室排风温度，$℃$。

电抗器的电抗百分值，亦应适当选择。电抗值较大虽然对限制厂用系统短路电流有利，但增大了正常运行时的电压降，因为电抗器不能调压，不能保证厂用电压质量，故通常取电抗值在 8% 以内。此外，对电抗器尚需进行动稳定和热稳定校验。

第4章

短路电流的计算

电力系统在正常运行时，除中性点外，相与地或相与相之间是绝缘的。如果电力系统由于某种原因而使其绝缘遭到破坏，致使相与相之间或相与地之间短接，此时就称电力系统是发生了短路故障。

短路故障会产生十分严重的后果，因此，在发电厂、变电所以及整个电力系统的设计工作中，都必须先进行短路计算，目的是：①在设计和选择电气主接线方案时，确定是否需要采取限制短路电流的措施；②选择有足够机械稳定度和热稳定度的电气设备（例如母线、断路器、隔离开关等）时，需要以短路电流计算的数据作为依据；③可以合理地配置各种继电保护和自动装置并正确整定其参数；④确定中性点接地方式。

4.1　概述

4.1.1　短路的类型

在三相系统中，可能发生的短路形式有：三相短路、两相短路、两相接地短路、单相接地短路。如图 4-1(a) 所示为三相短路的示意图，三相短路是对称性短路，用文字符号 $k^{(3)}$ 表示；如图 4-1(b)、(c)、(d) 所示为两相短路、单相接地短路、两相接地短路示意图，这三种短路属于不对称性短路，分别用文字符号 $k^{(2)}$、$k^{(1)}$、$k^{(1.1)}$ 表示。

4.1.2　短路电流计算的项目

（1）选择导体和电气设备时短路电流计算的项目

① 校验导体和电气设备的动稳定时，应计算短路电流峰值；

② 校验导体和电气设备的热稳定时，应计算短路电流周期分量有效值和非周期分量，

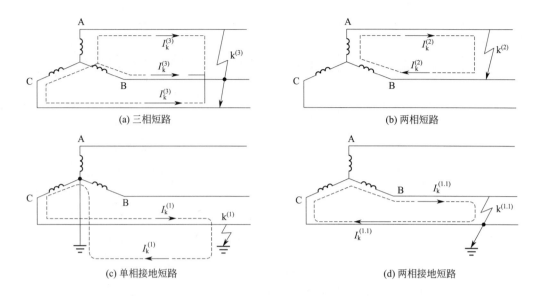

图 4-1　短路类型示意图

采用运算曲线法时，应计算周期分量 $0\mathrm{s}$、$t/2(\mathrm{s})$ 和 $t(\mathrm{s})$ 的值；

③ 校验断路器的开断能力时，应分别计算分闸瞬间的短路电流周期分量和非周期分量；

④ 校验断路器的关合能力时，应计算短路电流峰值；

⑤ 校验非限流熔断器的开断能力时，应计算短路电流的周期分量初始值。

（2）设计接地装置时短路电流计算的项目

设计中性点直接接地系统的接地装置时，应先确定导致短路电流最大的接地短路方式，然后计算流经接地装置的最大入地短路电流。此外还应计算在这种情况下流经主变压器中性点的初始短路电流。

（3）设计继电保护时短路电流计算的项目

① 对于利用短路电流原理的继电保护装置，在计算动作值时，应计算最大运行方式下的最大短路电流，详见表 4-1；

② 对于利用短路电流原理的继电保护装置，在校验灵敏度时，应计算最小运行方式下的最小短路电流，详见表 4-1。

⊡ **表 4-1　继电保护整定时应计算的短路电流**

被保护设备	保护类型	短路电流计算的项目	
		计算动作值时	校验灵敏度时
发电机 （调相机）	纵差	保护范围外三相短路时初始短路电流最大值	—
	过流	—	后备保护区末端（通常为升压变压器高压侧）两相短路时,短路电流最小值
	负序过流	—	后备保护区末端（通常为升压变压器高压侧）两相短路时,短路电流的负序电流最小值

被保护设备	保护类型		短路电流计算的项目	
			计算动作值时	校验灵敏度时
变压器	纵差		保护范围外三相短路时初始短路电流最大值	单侧电源供电,保护范围内初始短路电流最小值(两相短路或单相短路)
	电流速断		二次侧三相短路时初始短路电流最大值	一次侧两相短路时短路电流最小值
	过流		—	后备保护区末端两相短路时短路电流最小值
	负序过流		—	后备保护区末端不平衡短路时短路电流负序分量最小值
	零序电流		—	后备保护区末端接地短路时短路电流零序分量最小值
	零序差动		保护范围外接地短路时流经变压器的短路电流零序分量最大值 保护范围外三相短路时流经变压器的短路电流最大值	内部接地短路时,流经变压器的短路电流零序分量最小值
母线	不完全差动保护	电流速断	无源支路电抗器(或变压器)后三相短路时初始短路电流最大值	母线两相短路时短路电流最小值
		电力闭锁电压速断保护	母线两相短路初始短路电流最小值(用此值和灵敏系数反推动作值)	
		过电流	—	无源支路电抗器(或变压器)末端两相短路时短路电流最小值
	完全差动保护		保护范围外三相短路时初始短路电流最大值	母线两相短路时短路电流最小值
电动机	纵差		—	机端两相短路时短路电流最小值
	电流速断			
并联电容器和静止补偿装置	短延时电流速断			端部两相短路时短路电流最小值
并联电抗器	纵差		—	端部两相短路时短路电流最小值
	电流速断			
线路	阶段式电流保护	Ⅰ段无时限速断	线路末端三相短路时初始短路电流最大值	—
		Ⅱ段有时限速断	—	线路末端两相短路时短路电流最小值
		Ⅲ段过流	—	线路末端两相短路时短路电流最小值(近后备) 相邻线路末端两相短路时短路电流最小值(远后备)
	各种纵联保护		保护范围外三相短路时初始短路电流最大值	保护范围内两相短路时短路电流最小值
	平行线路横差		—	两侧保护灵敏系数相同的位置发生短路时流经两回线路的短路电流最小差值 一回线路末端短路,且短路点附近的断路器已断开时流经两回线路的短路电流最小差值

4.1.3 短路点的选定

① 用短路电流校验导体或电气设备的动稳定和热稳定时，短路点应按下列原则选定：

a. 对于不带电抗器的回路，应选在正常接线方式时短路电流为最大的短路点；

b. 对于带电抗器的 6～10kV 出线和厂用分支回路，除其母线与母线隔离开关之间隔离板前的引线和套管应选择在电抗器之前外，其余导体和电器宜选择在电抗器之后。

② 用短路电流校验电缆热稳定时，短路点应选在通过电缆回路最大短路电流可能发生处。

③ 用短路电流校验开断设备的开断能力时，短路点应选在流经设备的短路电流最大的短路点。

④ 设计继电保护时短路点应按表 4-1 选取。

4.1.4 短路时间的确定

① 校验断路器的额定短路开断电流时，宜采用主保护动作时间与断路器的分闸时间之和。

② 校验导体和电气设备的热稳定时，应遵守下列规定：

a. 裸导体：宜采用主保护动作时间与断路器的分闸时间之和。如果主保护有死区，则采用能对该死区起作用的后备保护动作时间，并采用相应处的短路电流。

b. 电动机馈线电缆：宜采用主保护动作时间与断路器的分闸时间之和。

c. 其他电缆：宜采用后备保护动作时间与断路器分闸时间之和。

d. 高压开关设备：额定电压在 110kV 及以下为 4s，在 220kV 及以上为 2s。

4.1.5 短路电流计算的假定条件和计算步骤

（1）短路电流计算的假定条件

无论是电力系统的设计或是运行和管理，各环节都免不了对短路故障的分析和计算。影响电力系统暂态过程的因素很多，若在实际计算时把这些影响因素统统考虑，是十分复杂的，有时是不可能的。另外，在许多情况下这样做也没有必要。因此，通常是在满足工程要求的前提下，采取一些合理的假设，以便略去次要因素，突出主要矛盾，简化计算分析。不过，在实际计算中由于故障的情况及各种问题对计算分析的要求都可能不同，因而制订完全统一的假设也很难做到，所以只能对于具体的问题进行具体分析，弄清主次，从实际出发来恰当的确定。

对于各种短路、各类断相故障，通常可采用以下的基本假设：

① 正常工作时，三相系统对称运行；

② 所有电源的电动势相位角相同；

③ 系统中的同步和异步电机均为理想电机；

④ 电力系统中各元件的磁路不饱和，即带铁芯的电气设备电抗值不随电流大小发生；

⑤ 同步电机都具有自动调整励磁装置（包括强行励磁）；

⑥ 短路发生在短路电流为最大值的瞬间，不考虑短路点的电弧阻抗和变压器的励磁电流；

⑦ 除计算短路电流的衰减时间常数和低压网络的短路电流外，元件的电阻都略去不计；

⑧ 元件的计算参数均取其额定值，不考虑参数的误差和调整范围；

⑨ 输电线路的电容略去不计，用概率统计法制定短路电流运算曲线。

（2）计算步骤

① 绘制相应的电力系统、发电厂、变电所接线图；

② 确定短路电流有关的运行方式；

③ 计算各元件的正、负及零序阻抗（电抗），系统电抗一般由上级调度部门给出；

④ 绘制相应的短路电流计算阻抗图；

⑤ 根据需要取不同的短路点进行短路电流计算；

⑥ 列出短路电流计算结果表。

4.1.6　元件参数的计算

（1）基准值的计算

高压短路电流计算一般采用标幺值法。标幺值是电气量（如阻抗、电流、电压和功率等）的相对值，即电气量的实际值与同单位基准值之比。标幺值没有单位，可表示为

$$某量的标幺值 = \frac{实际有名值（任意单位）}{基准值（与实际有名值同单位）}$$

用符号 A^* 表示某物理量 A 的标幺值，则

$$A^* = \frac{A}{A_{bs}} \tag{4-1}$$

式中　A——某物理量的实际有名值；

　　　A_{bs}——某物理量选定的基准值，与 A 同单位。

在短路电流计算中经常用到的四个物理量是三相视在功率 S、线电压 U、线电流 I 及阻抗 Z（或电抗 X、电阻 R）。在三相交流系统中，四个物理量之间有下列关系：

$$S = \sqrt{3}UI \tag{4-2}$$

$$U = \sqrt{3}IZ \tag{4-3}$$

从上面公式可以看出，如果能够预先确定两个物理量，那么另外两个物理量即可通过计算求出。为了计算方便，通常选取基准容量为 $S_{bs} = 100\text{MV} \cdot \text{A}$ 或 $S_{bs} = 1000\text{MV} \cdot \text{A}$，有时也可选为某个发电厂各机组容量之和；基准电压 U_{bs} 一般取系统平均电压，即线路始端电压和末端电压的平均值，其值为额定电压的 1.05 倍：

$$U_{bs} = U_p = 1.05U_N \tag{4-4}$$

式中　U_p——平均电压，kV；

　　　U_N——额定电压，kV。

基准容量和基准电压确定之后，电流和阻抗的基准值可根据下式确定：

基准电流　　　　　　　　$$I_{bs} = \frac{S_{bs}}{\sqrt{3}U_{bs}} \tag{4-5}$$

基准电抗　　　　　　　　$$Z_{bs} = \frac{U_{bs}}{\sqrt{3}I_{bs}} = \frac{U_{bs}^2}{S_{bs}} \tag{4-6}$$

电力系统各电压级的额定电压和平均电压如表 4-2 所示。对应基准容量 $S_{bs}=100MV \cdot A$，基准电压对应的电流和电抗基准值如表 4-3 所示。

⊡ **表 4-2　电力系统各电压级的额定电压和平均电压**

额定电压 U_N/kV	1000	750	500	330	220	110	66	35	10	6	3	0.38
平均电压 U_p/kV	1050	787.5	525	345	230	115	69	37	10.5	6.3	3.15	0.4

⊡ **表 4-3　基准电压对应的基准电流和基准电抗　（$S_{bs}=$ 100MV · A）**

基准电压 U_{bs}/kV	3.15	6.3	10.5	15.75	18	20	37
基准电流 I_{bs}/kA	18.33	9.16	5.50	3.67	3.21	2.89	1.56
基准电抗 X_{bs}/Ω	0.0992	0.3969	1.10	2.48	3.24	4.00	13.7
基准电压 U_{bs}/kV	69	115	230	345	525	787.5	1050
基准电流 I_{bs}/kA	0.84	0.50	0.25	0.17	0.11	0.08	0.05
基准电抗 X_{bs}/Ω	47.6	132.3	529.0	1190	2756	5852	11025

（2）各元件参数标幺值的计算

电路元件的标幺值为有名值与基准值之比，计算公式如下：

$$U^* = \frac{U}{U_{bs}} \tag{4-7}$$

$$S^* = \frac{S}{S_{bs}} \tag{4-8}$$

$$I^* = \frac{I}{I_{bs}} = I\frac{\sqrt{3}U_{bs}}{S_{bs}} \tag{4-9}$$

$$X^* = \frac{X}{X_{bs}} = X\frac{S_{bs}}{U_{bs}^2} \tag{4-10}$$

电抗标幺值和有名值的变换公式见表 4-4。

⊡ **表 4-4　电抗标幺值和有名值的变换公式**

序号	元件名称	标幺值	有名值/Ω	备注
1	发电机 调相机 电动机	$X_d''^* = \dfrac{X_d''\%}{100} \times \dfrac{S_{bs}}{P_N/\cos\varphi}$	$X_d'' = \dfrac{X_d''\%}{100} \times \dfrac{U_N^2}{P_N/\cos\varphi}$	$X_d''\%$ 为电机次暂态电抗百分值；P_N 指电机额定容量，单位为 MW
2	变压器	$X_d^* = \dfrac{U_k\%}{100} \times \dfrac{S_{bs}}{S_N}$	$X_d = \dfrac{U_k\%}{100} \times \dfrac{U_N^2}{S_N}$	$U_k\%$ 为变压器短路电压的百分值；S_N 指最大容量绕组的额定容量，单位为 MV · A
3	电抗器	$X_k^* = \dfrac{X_k\%}{100} \times \dfrac{U_N}{\sqrt{3}I_N} \times \dfrac{S_{bs}}{U_{bs}^2}$	$X_k = \dfrac{X_k\%}{100} \times \dfrac{U_N}{\sqrt{3}I_N}$	$X_k\%$ 为电抗器的百分电抗值，分裂电抗器的电抗计算方法与此相同；I_N 的单位为 kA
4	线路	$X^* = X\dfrac{S_{bs}}{U_{bs}^2}$	$X = 0.145\lg\dfrac{D}{0.789r}$ $D = \sqrt[3]{d_{ab}d_{ac}d_{cb}}$	r 为导线半径，cm；D 为导线相间的几何均距，cm；d 为相间距离，cm

从某一基准值容量 S_{1bs} 的标幺值换算到另一基准容量 S_{2bs} 的标幺值:

$$X_2^* = X_1^* \frac{S_{2bs}}{S_{1bs}} \tag{4-11}$$

从某一基准值容量 U_{1bs} 的标幺值换算到另一基准容量 U_{2bs} 的标幺值:

$$X_2^* = X_1^* \frac{U_{1bs}^2}{U_{2bs}^2} \tag{4-12}$$

从已知系统短路容量 S_k'',求该系统的组合电抗标幺值:

$$X^* = \frac{S_{bs}}{S_k''} \tag{4-13}$$

各类元件的电抗平均值见表 4-5。

表 4-5 各类元件的电抗平均值

序号	元件名称	电抗平均值			备注
		X_d'' 或 X_1/%	X_2/%	X_0/%	
1	有阻尼绕组的水轮发电机	21.0	21.5	9.5	
2	无阻尼绕组的水轮发电机	29.0	45.0	11.0	
3	50MW 及以下的汽轮发电机	14.5	17.5	7.5	
4	100MW 及 125MW 的汽轮发电机	17.5	21.0	8.0	
5	200MW 的汽轮发电机	14.5	17.5	8.5	
6	300MW 的汽轮发电机	17.2	19.8	8.4	
7	同步调相机	16.0	16.5	8.5	
8	同步电动机	15.0	16.0	8.0	
9	异步电动机	20.0			
10	6~10kV 三芯电缆	$X_1=X_2=0.08\Omega/km$		$X_0=0.35X_1$	
11	20kV 三芯电缆	$X_1=X_2=0.11\Omega/km$		$X_0=0.35X_1$	
12	35kV 三芯电缆	$X_1=X_2=0.12\Omega/km$		$X_0=3.5X_1$	
13	110kV 和 220kV 单芯电缆	$X_1=X_2=0.18\Omega/km$		$X_0=(0.8\sim1.0)X_1$	
14	无架空地线的输电线路	单回路	单导线 $X_1=X_2=0.4\Omega/km$	$X_0=3.5X_1$	
15		双回路		$X_0=5.5X_1$	系每回路值
16	有钢质架空地线的输电线路	单回路	双分裂导线 $X_1=X_2=0.31\Omega/km$	$X_0=3X_1$	
17		双回路		$X_0=4.7X_1$	系每回路值
18	有良导体架空地线的输电线路	单回路	四分裂导线 $X_1=X_2=0.29\Omega/km$	$X_0=2X_1$	
19		双回路		$X_0=3X_1$	系每回路值

注:X_1—正序电抗;X_2—负序电抗;X_0—零序电抗。

(3)变压器及电抗器的等值电抗计算

三绕组变压器、自耦变压器、分裂绕组变压器及分裂电抗器的等值电抗计算公式见表 4-6。

三绕组变压器的容量组合有 100/100/100、100/100/50、100/50/100 三种方案,自耦变压器也有后两种组合方案。通常，制造单位提供的三绕组变压器的电抗已经归算到以额定容量为基准的数值。但对于自耦变压器有时却未归算，在使用时应予注意，如果制造单位提供的是未经归算的数值，则其高低、中低绕组的电抗应乘以自耦变压器额定容量对低压绕组容量的比值。

普通电抗器的电抗由每相的自感决定，等值电路用自身的电抗表示。由于电抗器的绕组间的互感很小，可看作 $X_0 = X_1 = X_2$。分裂电抗器是在绕组中部有一个抽头，将绕组分成匝数相等的两部分。由于电磁交链，将使分裂电抗器在不同的工作状态下呈现不同的电抗值，计算时应根据运行方式和短路点的位置，选择计算公式。

⊡ 表 4-6　三绕组变压器、自耦变压器、分裂绕组变压器及分裂电抗器的等值电抗计算公式

名称		接线图	等值电抗	等值电抗计算公式	符号说明
双绕组变压器	低压侧有两个分裂绕组			低压绕组分裂 $$X_1 = X_{1\text{-}2} - \frac{1}{4} X_{2'\text{-}2''}$$ $$X_{2'} = X_{2''} = \frac{1}{2} X_{2'-2''}$$	$X_{1\text{-}2}$—高压绕组与总的低压绕组间的穿越电抗；$X_{2'\text{-}2''}$—分裂绕组间的分裂电抗
				普通单相变压器低压两个绕组分别引出使用 $$X_1 = 0$$ $$X_{2'} = X_{2''} = 2X_{1\text{-}2}$$	
三绕组变压器	不分裂绕组			$$X_1 = \frac{1}{2}(X_{1\text{-}2} + X_{1\text{-}3} - X_{2\text{-}3})$$ $$X_2 = \frac{1}{2}(X_{1\text{-}2} + X_{2\text{-}3} - X_{1\text{-}3})$$ $$X_3 = \frac{1}{2}(X_{1\text{-}3} + X_{2\text{-}3} - X_{1\text{-}2})$$	
自耦变压器					

名称		接线图	等值电抗	等值电抗计算公式	符号说明
三绕组变压器 / 自耦变压器	低压侧有两个分裂绕组			$X_1=\dfrac{1}{2}(X_{1\text{-}2}+X_{1\text{-}3'}-X_{2\text{-}3'})$ $X_2=\dfrac{1}{2}(X_{1\text{-}2}+X_{2\text{-}3'}-X_{1\text{-}3'})$ $X_3=\dfrac{1}{2}(X_{1\text{-}3'}+X_{2\text{-}3'}-X_{1\text{-}2}-X_{3'\text{-}3''})$ $X_{3'}=X_{3''}=\dfrac{1}{2}X_{3'\text{-}3''}$	$X_{1\text{-}2}$—高中压绕组间的穿越电抗； $X_{3'\text{-}3''}$—分裂绕组间的分裂电抗 $X_{1\text{-}3'}=X_{1\text{-}3''}$—高压绕组与分裂绕组间的穿越电抗 $X_{2\text{-}3'}=X_{2\text{-}3''}$—中压绕组与分裂绕组间的穿越电抗
分裂电抗器	仅由一臂向另一臂供给电流			$X=2X_L(1+f_0)$	
	由中间向两臂或由两臂向中间供给电流			$X_1=X_2=X_L(1-f_0)$ （两臂电流相等）	X_L—其中一个分支的电抗 f_0—互感系数，在 $0.4\sim0.6$ 之间取值 X_3—互感电抗
	由中间和一臂同时向另一臂供给电流			$X_1=X_2=X_L(1+f_0)$ $X_3=-X_Lf_0$	

4.2　网络变换与化简

由于电力系统接线较为复杂，为了便于短路电流计算，通常先将原始等值电路进行适当网络变换及化简再进行短路电流计算。

4.2.1　常用网络阻抗变换

网络变换基本方法的公式如表 4-7 所示。

⊡ **表 4-7　常用网络变换公式**

变换名称	变换前的网络	变换后等效网络	等效网络的阻抗	变换前网络中电流计算公式
串联			$Z_{eq} = Z_1 + Z_2 + \cdots + Z_n$	$\dot{I}_1 = \dot{I}_2 \cdots \dot{I}_n = \dot{I}$
并联			$Z_{eq} = \dfrac{1}{\dfrac{1}{Z_1} + \dfrac{1}{Z_2} + \cdots + \dfrac{1}{Z_n}}$	$\dot{I}_n = \dfrac{Z_{eq}}{Z_n} \dot{I}$
三角形变等值星形			$Z_L = \dfrac{Z_{ML} Z_{LN}}{Z_{ML} + Z_{LN} + Z_{NM}}$ $Z_M = \dfrac{Z_{NM} Z_{ML}}{Z_{ML} + Z_{LN} + Z_{NM}}$ $Z_N = \dfrac{Z_{LN} Z_{NM}}{Z_{ML} + Z_{LN} + Z_{NM}}$	$\dot{I}_{ML} = \dfrac{\dot{I}_M Z_M - \dot{I}_L Z_L}{Z_{ML}}$ $\dot{I}_{LN} = \dfrac{\dot{I}_L Z_L - \dot{I}_N Z_N}{Z_{LN}}$ $\dot{I}_{NM} = \dfrac{\dot{I}_N Z_N - \dot{I}_M Z_M}{Z_{NM}}$
星形变等值三角形			$Z_{ML} = Z_M + Z_L + \dfrac{Z_M Z_L}{Z_N}$ $Z_{LN} = Z_L + Z_N + \dfrac{Z_L Z_N}{Z_M}$ $Z_{NM} = Z_N + Z_M + \dfrac{Z_N Z_M}{Z_L}$	$\dot{I}_L = \dot{I}_{LN} - \dot{I}_{ML}$ $\dot{I}_N = \dot{I}_{NM} - \dot{I}_{LN}$ $\dot{I}_M = \dot{I}_{ML} - \dot{I}_{NM}$
多支路星形变对角连接的星形			$Z_{AB} = Z_A Z_B \sum \dfrac{1}{Z}$ $Z_{BC} = Z_B Z_C \sum \dfrac{1}{Z}$ $\cdots\cdots\cdots\cdots$ 式中 $\sum \dfrac{1}{Z} = \dfrac{1}{Z_A} + \dfrac{1}{Z_B} + \dfrac{1}{Z_C} + \dfrac{1}{Z_D}$	$\dot{I}_A = \dot{I}_{AC} + \dot{I}_{AB} - \dot{I}_{DA}$ $\dot{I}_B = \dot{I}_{BD} + \dot{I}_{BC} - \dot{I}_{AB}$ $\cdots\cdots\cdots\cdots\cdots$ $\cdots\cdots\cdots\cdots\cdots$

4.2.2 网络的化简

（1）对称性网络的简化

在电力系统中，常常会遇到网络对于某些短路点具有对称性的情况，在对称网络的对应点上，其电位必然相同。具有对称性的网络中对应回路的结构相同，电源一样，阻抗参数相等，以及短路电流的走向一致。网络中不直接连接的同电位点，依据简化的需要，可以认为是直接连接的；网络中同电位的点之间如有电抗存在，则可根据需要将它短接或拆除。

如图 4-2(a) 所示的网络中，如果所有发电机的电动势都等于 $\dot{E}$，电抗都等于 X_G，所有变压器 10kV 侧的绕组漏抗都等于 X_{T1}，110kV 侧的绕组漏抗都等于 X_{T2}，35kV 侧的绕组的漏抗都等于 X_{T3}，电抗器的电抗都为 X_r，这时的网络在它的某些点上发生短路时就存在着上面所说的对称关系。

如图 4-2(b) 中的 35kV 母线 k_1 点短路时，网络对于短路点是对称的，因而网络中各对称部分相应点上的电位是一样的，即Ⅰ、Ⅱ、Ⅲ点的电位一样，Ⅳ、Ⅴ、Ⅵ三点的电位一样，所以可将Ⅰ、Ⅱ、Ⅲ点直接相连，Ⅳ、Ⅴ、Ⅵ三点直接相连。这样可以得到图 4-2(c) 所示的网络。同样，如果 k_2 点发生短路，网络也是对称的。

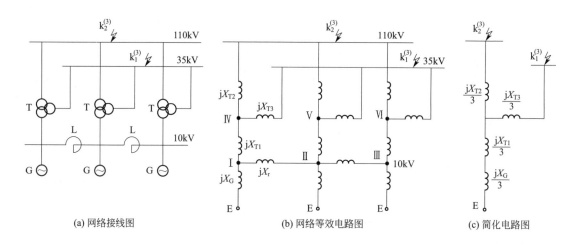

(a) 网络接线图   (b) 网络等效电路图   (c) 简化电路图

图 4-2　利用电路的对称性进行网络简化

（2）有源支路的并联变换

多条有源支路并联的网络变换为一条有源支路，示意图如图 4-3 所示。变换的依据是戴维南定律。并联电源支路可按下式进行合并：

$$\left.\begin{aligned}\dot{E}_{eq}&=X_{eq}\times\left(\frac{\dot{E}_1}{X_1}+\frac{\dot{E}_2}{X_2}+\cdots+\frac{\dot{E}_n}{X_n}\right)\\X_{eq}&=\frac{1}{\dfrac{1}{X_1}+\dfrac{1}{X_2}+\cdots+\dfrac{1}{X_n}}\end{aligned}\right\}\qquad(4\text{-}14)$$

如果只有两个电源支路，则

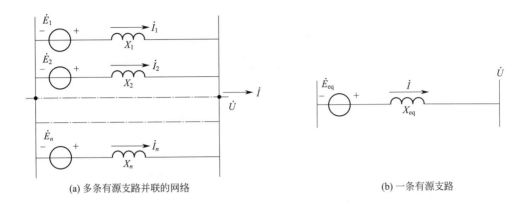

(a) 多条有源支路并联的网络   (b) 一条有源支路

图 4-3 多条有源支路并联的网络变换为一条有源支路示意图

$$\left.\begin{aligned} E_{eq} &= \frac{E_1 X_2 + E_2 X_1}{X_1 + X_2} \\ X_{eq} &= \frac{X_1 X_2}{X_1 + X_2} \end{aligned}\right\} \tag{4-15}$$

式中 E_{eq} ——合成电势；

      X_{eq} ——合成电抗。

$$\left.\begin{aligned} \dot{I}_n &= \frac{\dot{E}_n - \dot{U}}{X_n} \\ \dot{I} &= \frac{\dot{E}_{eq} - \dot{U}}{X_{eq}} \end{aligned}\right\} \tag{4-16}$$

（3）分布系数法

有些情况下，所有电源不允许都合并一个等值电动势和电抗来计算短路电流，而是需要保留若干个等值电源。如果求得短路点到各电源间的总结合电抗后，为了求出短路点到各电源的转移电抗及网络内电流分布，可利用分布系数 C。将短路处的总电流当作单位电流，则可求得每支路中对单位电流的比值，这些比值称为分布系数，用符号 C_1、C_2、$\cdots$、C_n 代表。

任一电源 n 和短路点 k 间的转移电抗 X_{nk}，可由该电源的分布系数 C_n 和网络的总结合电抗 X_{Σ} 来决定：

$$X_{nk} = \frac{X_{\Sigma}}{C_n} \tag{4-17}$$

任一电源供给的短路电流 I_n 也可由该电源的分布系数 C_n 和短路点的总短路电流 I_k 来决定：

$$I_n = C_n I_k \tag{4-18}$$

以图 4-4 为例说明分布系数法。

$$X_4 = \frac{X_1 X_2}{X_1 + X_2}$$

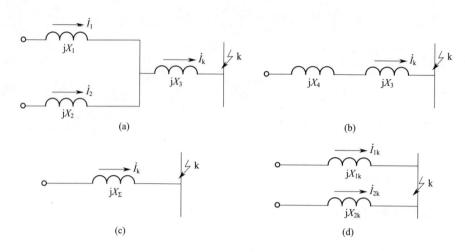

图 4-4 求电流分布系数的示意图

$$X_{\Sigma} = X_3 + X_4 = X_3 + \frac{X_1 X_2}{X_1 + X_2}$$

$$C_1 = \frac{X_4}{X_1} = \frac{X_2}{X_1 + X_2}$$

$$C_2 = \frac{X_4}{X_2} = \frac{X_1}{X_1 + X_2}$$

则

$$X_{1k} = \frac{X_{\Sigma}}{C_1} \qquad I_{1k} = C_1 I_k$$

$$X_{2k} = \frac{X_{\Sigma}}{C_2} \qquad I_{2k} = C_2 I_k$$

验证利用分布系数是否计算正确，可以看对于一个点，其所有支路的分布系数之和是否为 1，如果为 1 即说明计算正确。如上面的分布系数之和为

$$C_1 + C_2 = \frac{X_1}{X_1 + X_2} + \frac{X_2}{X_1 + X_2} = 1$$

（4）多支路星形网络化简（ΣY 法）

如果各电源点的电势是相等的，即电源点间的转移电抗中将不会有短路电流流过，根据这样的概念，在网络变换中应用由多支路星形变为具有对角线的多角形公式推导出 ΣY 法，即

$$X_{nk} = X_n \Sigma Y \qquad\qquad (4\text{-}19)$$

在实用计算中，利用式(4-19)及倒数法（即合成电抗为各并联电抗倒数和之倒数）则会使计算极为简便。

如图 4-5 所示为 ΣY 法示意图，令

$$\left.\begin{array}{l} \Sigma Y = \dfrac{1}{X_1} + \dfrac{1}{X_2} + \cdots + \dfrac{1}{X_n} + \dfrac{1}{X} \\[2mm] W = X \Sigma Y \end{array}\right\} \qquad\qquad (4\text{-}20)$$

则 $\qquad X_{1k} = X_1 W \qquad X_{2k} = X_2 W \qquad X_{nk} = X_n W$

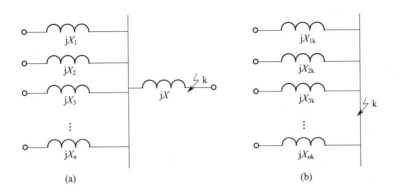

图 4-5 ∑Y 法示意图

4.3　三相短路电流周期分量计算

短路电流是由周期分量短路电流和非周期分量短路电流构成。对于周期分量的计算，可以根据故障点距离电源的电气距离远近分两种情况考虑。

① 有限电源系统。距离电源较近的故障点对电源的影响较大，发电机端电压下降很多，故障电流很大，发电机电枢去磁作用很强，致使短路电流的周期分量随时间而衰减。

② 无限大电源系统。无限大功率电源是一个相对的概念，真正的无限大功率电源在实际电力系统中是不存在的。如果存在下面两种情况，就可将其等值电源近似看做无限大功率电源。一种情况是当许多个有限容量的发电机并联运行，如果等值电源的内阻抗小于短路回路总阻抗的 10% 时，就可以认为该电源为无限大功率电源；另外一种情况是电源距短路点的电气距离很远时，如果电源与短路点间的电抗是以电源额定容量作基准容量时的标幺值，并且此电抗标幺值大于 3，则认为该电源是无限大功率电源。

4.3.1　无限大电源供给的短路电流

无限大电源供给的短路电流，可不考虑短路电流周期分量的衰减，此时短路电流周期分量有效值为

$$
\left.
\begin{aligned}
X_{js} &= X_{\Sigma}^{*} \frac{S_{N}}{S_{bs}} \\[2mm]
I_{z}^{*} &= I''^{*} = I_{\infty}^{*} = \frac{1}{X_{\Sigma}^{*}} \\[2mm]
I_{z} &= \frac{I_{N}}{X_{js}} = \frac{U_{P}}{\sqrt{3} X_{\Sigma}} = \frac{I_{bs}}{X_{\Sigma}^{*}} = I''^{*} I_{bs} \\[2mm]
S'' &= \frac{S_{N}}{X_{js}} = \frac{S_{bs}}{X_{\Sigma}^{*}} = I''^{*} S_{bs}
\end{aligned}
\right\}
\tag{4-21}
$$

式中　X_{Σ}^{*}——电源对短路点的等值电抗标幺值；

　　　X_{js}——额定容量 S_N 下的计算电抗；

　　　S_N——电源的额定容量，MV·A；

　　　I_z^{*}——短路电流周期分量的标幺值；

　　　I_z——短路电流周期分量的有效值，kA；

　　　I''^{*}——0s 短路电流周期分量的标幺值；

　　　I_{∞}^{*}——时间为∞短路电流周期分量的标幺值；

　　　X_{Σ}——电源对短路点的等值电抗有名值，Ω；

　　　I_N——电源的额定电流，kA；

　　　U_P——电网的平均额定电压，kV；

　　　S''——短路容量，MV·A。

上式忽略了电阻，但是当回路总电阻 $R_{\Sigma} > \dfrac{1}{3} X_{\Sigma}$ 时，则不能忽略电阻对短路电流的作用。此时，须用阻抗的标幺值 $Z_{\Sigma}^{*} = \sqrt{(X_{\Sigma}^{*})^2 + (R_{\Sigma}^{*})^2}$ 来代替式（4-21）中的 X_{Σ}^{*}。

4.3.2　有限电源供给的短路电流

有限电源系统在短路过程中短路电流周期分量的幅值是随时间变化的，因此在实际计算过程中，应首先把计算出的电源对短路点的等值电抗 X_{Σ}^{*} 归算到以电源容量为基准的计算电抗 X_{js}，然后按 X_{js} 值查相应的发电机运算曲线或查相应的发电机运算曲线数字表，即可得到任意时刻短路电流周期分量的标幺值 I_z^{*}，根据标幺值即可算出任意时刻短路电流周期分量有效值。

有名值按下式计算：

$$\left.\begin{aligned}I'' &= I''^{*} I_N \\ I_{pt} &= I_{pt}^{*} I_N\end{aligned}\right\} \tag{4-22}$$

式中　I''——短路次暂态电流，kA；

　　　I_{pt}——短路任意时刻的短路电流周期分量，kA。

若发电机的形式和容量不相同，电源归并按同一计算法时，查容量占多数的那种类型的发电机运算曲线。当水轮发电机和汽轮发电机的容量相当时，可分别按两种类型查用曲线，然后取其算术平均值。发电机运算曲线数字表见附录3。

4.4　三相短路电流非周期分量计算

4.4.1　单支路的短路电流非周期分量

一个支路的短路电流非周期分量可按下面的公式计算。

起始值：

$$i_{fz(0)} = -\sqrt{2}\,I''\qquad(4\text{-}23)$$

$t\,(\mathrm{s})$ 值：

$$\left.\begin{aligned}
i_{fz(t)} &= i_{fz(0)}\mathrm{e}^{-\frac{\omega t}{T_a}} = -\sqrt{2}\,I''\mathrm{e}^{-\frac{\omega t}{T_a}}\\
\omega &= 2\pi f = 314.16\\
T_a &= \frac{X_\Sigma}{R_\Sigma}
\end{aligned}\right\}\qquad(4\text{-}24)$$

式中　$i_{fz(0)}$ ——0s 短路电流非周期分量，kA；

　　　$i_{fz(t)}$ ——$t\,(\mathrm{s})$ 短路电流非周期分量，kA；

　　　T_a ——衰减时间常数；

　　　X_Σ ——短路点的等值总电抗，Ω；

　　　R_Σ ——短路点的等值总电阻，Ω。

4.4.2　多支路的短路电流非周期分量

复杂网络中各独立支路的 T_a 值相差较大时，可采用多支路叠加法计算短路电流的非周期分量。衰减时间常数 T_a 相近的分支可以归并化简。复杂网络常常能够近似地化简为具有 3~4 个独立分支的等效网络，多数情况下甚至可以化简为二支等效网络，一支是系统支路，通常 $T_a \leqslant 15$；另一支路是发电机支路，通常 $15 < T_a < 80$。

两个及以上支路的短路电流非周期分量为各个支路的非周期分量的代数和。可按下式计算。

起始值：

$$i_{fz(0)} = -\sqrt{2}\,(I_1'' + I_2'' + \cdots + I_n'')\qquad(4\text{-}25)$$

$t\,(\mathrm{s})$ 值：

$$i_{fz(t)} = -\sqrt{2}\,(I_1''\mathrm{e}^{-\frac{\omega t}{T_{a1}}} + I_2''\mathrm{e}^{-\frac{\omega t}{T_{a2}}} + \cdots + I_n''\mathrm{e}^{-\frac{\omega t}{T_{an}}})\qquad(4\text{-}26)$$

式中　I_1'', I_2'', $\cdots$, I_n''——各支路短路电流周期分量起始值，kA；

　　　T_{a1}, T_{a2}, $\cdots$, T_{an}——各支路衰减时间常数。

4.4.3　等效衰减时间常数 T_a

在进行各个支路衰减时间常数计算时，其电抗应取归并到短路点的等值电抗（归并时，假定各元件的电阻为零）；其电阻应取归并到短路点的等值电阻（归并时，假定各元件的电抗为零）。

在做粗略计算时，T_a 可直接选用表 4-8 中推荐的数值。在做精确计算时，可根据式(4-26)求出 $i_{fz(t)}$ 代入式(4-24)，反算 T_a。在求算短路点的等效衰减时间常数时，如果缺乏电力系统各元件本身的 R 或 X/R 数据，可选用表 4-9 所列推荐值。

⊡ 表 4-8　不同短路点等效时间常数的推荐值

短路点位置	T_a	短路点位置	T_a
汽轮发电机端	80	高压侧母线（主变在 10～100MV·A 之间）	35
水轮发电机端	60	远离发电厂的短路点	15
高压侧母线（主变在 100MV·A 以上）	40	发电机出线电抗器之后	40

⊡ 表 4-9　　电力系统各元件的 X/R 值

名称	变化范围	推荐值
有阻尼绕组的水轮发电机	35～95	60
75MW 及以上的汽轮发电机	65～120	90
75MW 以下的汽轮发电机	40～95	70
变压器（100～360MV·A）	17～36	25
变压器（10～90MV·A）	10～20	15
电抗器（1000A 及以下）	15～52	25
电抗器（大于 1000A）	40～65	40
架空线路	0.2～1.4	6
三芯电缆	0.1～1.1	0.8
同步调相机	34～56	40
同步电动机	9～34	20

4.5　冲击电流和全电流的计算

4.5.1　冲击电流的计算

三相短路发生后的半个周期（$t=0.01\text{s}$），短路电流的瞬时值达到最大，称为冲击电流 i_{ch}。其值按下式计算：

$$i_{\text{ch}} = i_{z0.01} + i_{\text{fz}(0)} \text{e}^{-\frac{0.01\omega}{T_a}} \tag{4-27}$$

当不计周期分量的衰减时：

$$\left.\begin{array}{l} i_{\text{ch}} = \sqrt{2}\,K_{\text{ch}}\,I'' \\ K_{\text{ch}} = 1 + \text{e}^{-\frac{0.01\omega}{T_a}} \end{array}\right\} \tag{4-28}$$

式中　K_{ch}——冲击系数，可选用表 4-10 中的推荐值。

⊡ 表 4-10　不同短路点的冲击系数

短路点	K_{ch} 推荐值	$\sqrt{2}\,K_{\text{ch}}$
发电机端	1.90	2.69
发电厂高压侧母线及发电机电压电抗器后	1.85	2.62
远离发电厂的地点	1.80	2.55

注：表中推荐的数值已考虑了周期分量的衰减。

4.5.2　全电流的计算

短路电流全电流最大有效值 I_{ch}，出现在三相短路后的第一个周期内，其值为

$$I_{ch} = \sqrt{I_{z0.01}^2 + i_{fz0.01}^2} \tag{4-29}$$

当不计周期分量的衰减时：

$$I_{ch} = I'' \sqrt{1 + 2(K_{ch} - 1)^2} \tag{4-30}$$

4.6　不对称短路电流计算

当系统发生三相短路时，系统中的三相电流和三相电压同正常运行时一样，仍然是对称的，所以称为对称性短路。而其他形式的短路，电路对称性受到破坏，三相处于不同情况，每相电路中的电流和电压的数值不相等，它们之的相角也不相同，因此称为不对性短路。不对称短路电流计算一般采用对称分量法。

4.6.1　对称分量法

对称分量法的基本原理是任何一组不对称三相系统的相量 $\dot{F}_A$、$\dot{F}_B$、$\dot{F}_C$，都可以分解成相序各不相同的三组对称三相系统的相量，即正序相量 $\dot{F}_{A1}$、$\dot{F}_{B1}$、$\dot{F}_{C1}$，负序相量 $\dot{F}_{A2}$、$\dot{F}_{B2}$、$\dot{F}_{C2}$ 和零序相量 $\dot{F}_{A0}$、$\dot{F}_{B0}$、$\dot{F}_{C0}$。正序、负序、零序相量图如图 4-6 所示，图中的相量可以是电势、电压或电流。

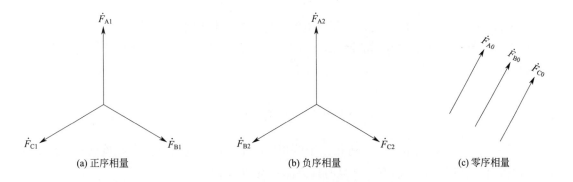

(a) 正序相量　　　　　　　(b) 负序相量　　　　　　　(c) 零序相量

图 4-6　正序、负序、零序相量图

从图 4-6(a) 中可以看出正序系统的三相量大小相等，彼此相位互差 120°，相序为顺时针方向 A1、B1、C1；图 4-6(b) 中的负序系统，三相量大小相等，彼此相位也互差 120°，但相序为逆时针方向 A2、B2、C2；图 4-6(c) 中的零序系统，是由三个大小相等，相位相同的 A0、B0、C0 相量组成。这三组对称系统的相量叫作该不对称三相系统相量的对称分

量，分别称为正序分量、负序分量和零序分量。任何一组不对称三相系统的相量均可以表示为

$$
\begin{bmatrix} \dot{F}_A \\ \dot{F}_B \\ \dot{F}_C \end{bmatrix} = \begin{bmatrix} \dot{F}_{A0}+\dot{F}_{A1}+\dot{F}_{A2} \\ \dot{F}_{B0}+\dot{F}_{B1}+\dot{F}_{B2} \\ \dot{F}_{C0}+\dot{F}_{C1}+\dot{F}_{C2} \end{bmatrix}
$$

$$
= \begin{bmatrix} 1 & 1 & 1 \\ 1 & \alpha^2 & \alpha \\ 1 & \alpha & \alpha^2 \end{bmatrix} \begin{bmatrix} \dot{F}_0 \\ \dot{F}_1 \\ \dot{F}_2 \end{bmatrix} \qquad (4\text{-}31)
$$

$$
= \begin{bmatrix} \dot{F}_0+\dot{F}_1+\dot{F}_2 \\ \dot{F}_0+\alpha^2\dot{F}_1+\alpha\dot{F}_2 \\ \dot{F}_0+\alpha\dot{F}_1+\alpha^2\dot{F}_2 \end{bmatrix}
$$

式中　$\dot{F}_A$，$\dot{F}_B$，$\dot{F}_C$——A、B、C 三相（电流、电压）相量；

$\dot{F}_{A0}$，$\dot{F}_{B0}$，$\dot{F}_{C0}$——A、B、C 三相零序（电流、电压）分量相量，$\dot{F}_{A0}=\dot{F}_{B0}=\dot{F}_{C0}=\dot{F}_0$；

$\dot{F}_{A1}$，$\dot{F}_{B1}$，$\dot{F}_{C1}$——A、B、C 三相正序（电流、电压）分量相量，$\dot{F}_{A1}=\dot{F}_1$、$\dot{F}_{B1}=\alpha^2\dot{F}_1$、$\dot{F}_{C1}=\alpha\dot{F}_1$；

$\dot{F}_{A2}$，$\dot{F}_{B2}$，$\dot{F}_{C2}$——A、B、C 三相负序（电流、电压）分量相量，$\dot{F}_{A2}=\dot{F}_2$、$\dot{F}_{B2}=\alpha\dot{F}_2$、$\dot{F}_{C2}=\alpha^2\dot{F}_2$；

$\dot{F}_1$，$\dot{F}_2$，$\dot{F}_0$——正、负、零序（电流、电压）分量相量。

在对称分量法中常用一专用的运算符号"α"，运算符号"α"是一个复数，它的模是 1，幅角为 120°，α 可表示为

$$
\alpha = \mathrm{e}^{\mathrm{j}120°} = -\frac{1}{2} + \mathrm{j}\frac{\sqrt{3}}{2} \qquad (4\text{-}32)
$$

将任一相量乘以运算符号 α，将相当于该相量沿正方向（逆时针方向）旋转达 120°，乘以 α^2 就相当于该相量沿负的方向（顺时针方向）旋转达 120°。

求解式(4-31)可得各序（电流、电压）的基本表达式：

$$
\begin{bmatrix} \dot{F}_0 \\ \dot{F}_1 \\ \dot{F}_2 \end{bmatrix} = \begin{bmatrix} 1 & 1 & 1 \\ 1 & \alpha^2 & \alpha \\ 1 & \alpha & \alpha^2 \end{bmatrix}^{-1} \begin{bmatrix} \dot{F}_A \\ \dot{F}_B \\ \dot{F}_C \end{bmatrix}
$$

$$=\frac{1}{3}\begin{bmatrix}1 & 1 & 1\\1 & \alpha & \alpha^2\\1 & \alpha^2 & \alpha\end{bmatrix}\begin{bmatrix}\dot{F}_A\\\dot{F}_B\\\dot{F}_C\end{bmatrix} \tag{4-33}$$

$$=\frac{1}{3}\begin{bmatrix}\dot{F}_A & \dot{F}_B & \dot{F}_C\\\dot{F}_A & \alpha\dot{F}_B & \alpha^2\dot{F}_C\\\dot{F}_A & \alpha^2\dot{F}_B & \alpha\dot{F}_C\end{bmatrix}$$

4.6.2　对称分量电压和电流的基本关系

（1）三相基本电路

不对称短路的三相电路各序阻抗基本电路如图 4-7 所示。图 4-7 以单相 A 相为例画出，图中 S 为电源，L 为任一阻抗元件（如输电线路），电源具有正、负、零序电抗（阻抗）$X_{1.S}$、$X_{2.S}$、$X_{0.S}$；阻抗元件（如输电线路）具有正、负、零序电抗（阻抗）$X_{1.L}$、$X_{2.L}$、$X_{0.L}$。

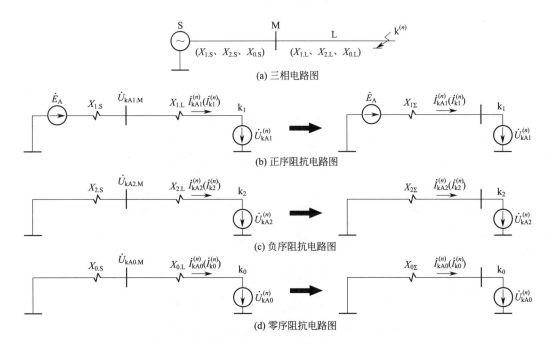

(a) 三相电路图

(b) 正序阻抗电路图

(c) 负序阻抗电路图

(d) 零序阻抗电路图

图 4-7　不对称短路的三相电路各序阻抗基本电路图

图中

$$\left.\begin{array}{l}X_{1\Sigma}=X_{1.S}+X_{1.L}\\X_{2\Sigma}=X_{2.S}+X_{2.L}\\X_{0\Sigma}=X_{0.S}+X_{0.L}\end{array}\right\} \tag{4-34}$$

式中 $X_{1\Sigma}$，$X_{2\Sigma}$，$X_{0\Sigma}$——分别为短路点的正、负、零序综合电抗。

（2）各序电流和各序电压的基本关系

① 短路点各序电流和各序电压的基本关系 发生不对称短路时，短路点的三个相电压或三个相对地电压可以分解为对称分量 $\dot{U}_{kA1}^{(n)}$、$\dot{U}_{kA2}^{(n)}$、$\dot{U}_{kA0}^{(n)}$。短路点各序电压和各序电流的基本关系式为

$$
\left.
\begin{aligned}
\dot{U}_{kA1}^{(n)} &= \dot{E}_A - \dot{I}_{k1}^{(n)} jX_{1\Sigma} \\
\dot{U}_{kA2}^{(n)} &= 0 - \dot{I}_{k2}^{(n)} jX_{2\Sigma} \\
\dot{U}_{kA0}^{(n)} &= 0 - \dot{I}_{k0}^{(n)} jX_{0\Sigma}
\end{aligned}
\right\}
\tag{4-35}
$$

式中 $\dot{U}_{kA1}^{(n)}$，$\dot{U}_{kA2}^{(n)}$，$\dot{U}_{kA0}^{(n)}$——短路点相电压或相对地电压的正序、负序和零序分量；

$\dot{I}_{k1}^{(n)}$，$\dot{I}_{k2}^{(n)}$，$\dot{I}_{k0}^{(n)}$——流到短路点的正序、负序和零序电流；

$X_{1\Sigma}$，$X_{2\Sigma}$，$X_{0\Sigma}$——短路回路的正序、负序和零序总电抗（包括电源电抗）；

$\dot{E}_A$——电源的相综合电动势。

② M 点各序电压各序电流的关系式为

$$
\left.
\begin{aligned}
\dot{U}_{kA1.M}^{(n)} &= \dot{U}_{kA1}^{(n)} + j\dot{I}_{k1}^{(n)} X_{1.L} = \dot{E} - j\dot{I}_{k1}^{(n)} X_{1.S} \\
\dot{U}_{kA2.M}^{(n)} &= \dot{U}_{kA2}^{(n)} + j\dot{I}_{k2}^{(n)} X_{2.L} = 0 - j\dot{I}_{k2}^{(n)} X_{2.S} \\
\dot{U}_{kA0.M}^{(n)} &= \dot{U}_{kA0}^{(n)} + j\dot{I}_{k0}^{(n)} X_{0.L} = 0 - j\dot{I}_{k0}^{(n)} X_{0.S}
\end{aligned}
\right\}
\tag{4-36}
$$

式中 $\dot{U}_{kA1.M}^{(n)}$，$\dot{U}_{kA2.M}^{(n)}$，$\dot{U}_{kA0.M}^{(n)}$——分别为 M 点的正序、负序和零序分量。

（3）M 点各相电压计算

① M 点各相电压用 M 点各序电压叠加计算。将式（4-35）代入式（4-30），可计算 M 点各相电压，计算公式为

$$
\left.
\begin{aligned}
\dot{U}_{kA.M}^{(n)} &= \dot{U}_{kA1.M}^{(n)} + \dot{U}_{kA2.M}^{(n)} + \dot{U}_{kA0.M}^{(n)} \\
\dot{U}_{kB.M}^{(n)} &= \alpha^2 \dot{U}_{kA1.M}^{(n)} + \alpha \dot{U}_{kA2.M}^{(n)} + \dot{U}_{kA0.M}^{(n)} \\
\dot{U}_{kC.M}^{(n)} &= \alpha \dot{U}_{kA1.M}^{(n)} + \alpha^2 \dot{U}_{kA2.M}^{(n)} + \dot{U}_{kA0.M}^{(n)}
\end{aligned}
\right\}
\tag{4-37}
$$

② M 点各相电压用短路点电压叠加各序电压降计算。计算公式为

$$
\left.
\begin{aligned}
\dot{U}_{kA.M}^{(n)} &= \dot{U}_{kA}^{(n)} + j\dot{I}_{k1}^{(n)} X_{1.L} + j\dot{I}_{k2}^{(n)} X_{2.L} + j\dot{I}_{k0}^{(n)} X_{0.L} \\
\dot{U}_{kB.M}^{(n)} &= \dot{U}_{kB}^{(n)} + \alpha^2 j\dot{I}_{k1}^{(n)} X_{1.L} + \alpha j\dot{I}_{k2}^{(n)} X_{2.L} + j\dot{I}_{k0}^{(n)} X_{0.L} \\
\dot{U}_{kC.M}^{(n)} &= \dot{U}_{kC}^{(n)} + \alpha j\dot{I}_{k1}^{(n)} X_{1.L} + \alpha^2 j\dot{I}_{k2}^{(n)} X_{2.L} + j\dot{I}_{k0}^{(n)} X_{0.L}
\end{aligned}
\right\}
\tag{4-38}
$$

电流和电压对称分量的基本关系如表 4-11 所示。

⊡ 表 4-11　电流和电压对称分量的基本关系

电流 I 的对称分量		电压 U 的对称分量		算子 "α" 的性质
相量	$\dot{I}_A = \dot{I}_{A1} + \dot{I}_{A2} + \dot{I}_{A0}$ $\dot{I}_B = \alpha^2 \dot{I}_{B1} + \alpha \dot{I}_{B2} + \dot{I}_{B0}$ $\dot{I}_C = \alpha \dot{I}_{C1} + \alpha^2 \dot{I}_{C2} + \dot{I}_{C0}$	电压降	$\Delta\dot{U}_1 = \dot{I}_1 jX_1$ $\Delta\dot{U}_2 = \dot{I}_2 jX_2$ $\Delta\dot{U}_0 = \dot{I}_0 jX_0$	$\alpha = e^{j120°} = -\dfrac{1}{2} + j\dfrac{\sqrt{3}}{2}$ $\alpha^2 = e^{j240°} = e^{-j120°} = -\dfrac{1}{2} - j\dfrac{\sqrt{3}}{2}$ $\alpha^3 = e^{j360°} = 1$
序分量	$\dot{I}_{A0} = \dfrac{1}{3}(\dot{I}_A + \dot{I}_B + \dot{I}_C)$ $\dot{I}_{A1} = \dfrac{1}{3}(\dot{I}_A + \alpha\dot{I}_B + \alpha^2\dot{I}_C)$ $\dot{I}_{A2} = \dfrac{1}{3}(\dot{I}_A + \alpha^2\dot{I}_B + \alpha\dot{I}_C)$	短路处电压分量	$\dot{U}_{k1} = \dot{E} - \dot{I}_{k1} jX_{1\Sigma}$ $\dot{U}_{k2} = -\dot{I}_{k2} jX_{2\Sigma}$ $\dot{U}_{k0} = -\dot{I}_{k0} jX_{0\Sigma}$	$\alpha^2 + \alpha + 1 = 0$ $\alpha^2 - \alpha = \sqrt{3}\,e^{-j90°} = -j\sqrt{3}$ $\alpha - \alpha^2 = \sqrt{3}\,e^{j90°} = j\sqrt{3}$ $1 - \alpha = \sqrt{3}\,e^{-j30°} = \sqrt{3}\left(\dfrac{\sqrt{3}}{2} - j\dfrac{1}{2}\right)$ $1 - \alpha^2 = \sqrt{3}\,e^{j30°} = \sqrt{3}\left(\dfrac{\sqrt{3}}{2} + j\dfrac{1}{2}\right)$

4.6.3　序阻抗的计算

利用对称分量法计算不对称短路电流和电压时，应先知道网络中各元件的正序、负序和零序电抗。具有静止磁耦合电路的任何元件（如变压器、电抗器、架空线路、电缆线路），其负序电抗和正序电抗相等。

（1）同步发电机的序阻抗

发电机厂家给出的 X_d'' 为发电机的正序电抗，即 $X_1 = X_d''$。发电机的负序电抗不等于正序电抗，在短路电流计算中，同步发电机本身的负序电抗取 "纵轴次暂态电抗 X_d''" 和 "横轴次暂态电抗 X_q''" 的算术平均值，即 $X_2 = \dfrac{1}{2}(X_d'' + X_q'')$。近似计算中，汽轮发电机及有阻尼绕组的水轮发电机的负序阻抗可表示为 $X_2 \approx (1 \sim 1.22)X_d''$，对于没有阻尼绕组的发电机可表示为 $X_2 = 1.45X_d''$。

同步发电机的零序电抗由定子绕组的漏磁通确定，可表示为 $X_0 = (0.15 \sim 0.6)X_d''$，同步补偿机与大型同步电动机可取 $X_0^* = 0.08X_d''$（标幺额定值）。

（2）变压器的序阻抗

变压器的负序电抗和正序电抗是相等的，即 $X_2 = X_1$。变压器的零序电抗与它的型式、构造以及绕组的接线组别有关。

① 双绕组变压器　当零序电压加在绕组接成三角形或者中性点不接地的星形一侧时，无论变压器另外一侧的绕组如何连接，其各侧绕组中都没有零序电流通过，此时，变压器的零序电抗 $X_0 = \infty$。

当零序电压加在绕组接成中性点接地的星形一侧时，由于另外一侧绕组接法的不同，零序电流在各绕组的分布情况也是不一样的，因此变压器零序电抗也不同，具体情况如下。

a. $Y_0/\triangle$ 接线的变压器　如图 4-8 所示为 $Y_0/\triangle$ 接线的变压器示意图。当零序电压加在变压器 Y_0 一次侧（Ⅰ侧）时，零序电流由一次侧绕组经中性点入地形成回路。图 4-8(b) 中 $X_Ⅱ$ 的一端接零电位，并不表示绕组Ⅱ的一端接地，仅仅是表明该支路完成了零序电流的

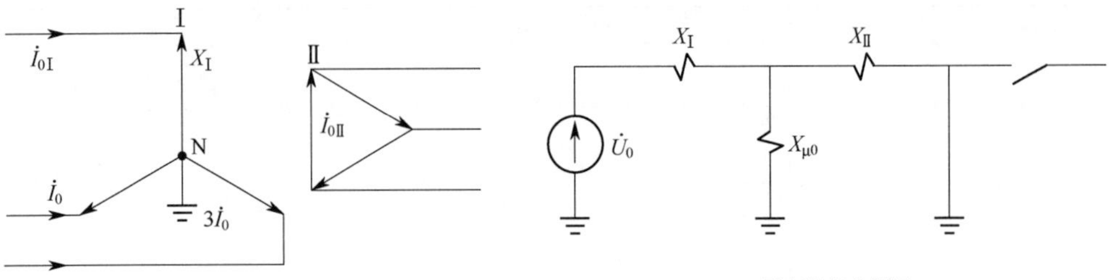

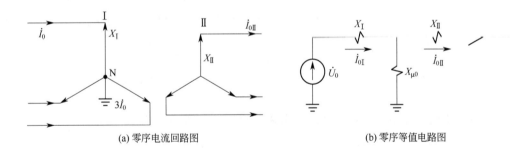

（a）零序电流回路图　　　　　　　　　　　（b）零序等值电路图

图 4-8　$Y_0/\triangle$ 接线的变压器示意图

闭合回路，而且在 X_{II} 上的电压降与励磁电抗 $X_{\mu0}$ 上的电压降相等而已。

零序等值电抗为

$$X_0 = X_{\text{I}} + \frac{X_{\text{II}} X_{\mu0}}{X_{\text{II}} + X_{\mu0}} \tag{4-39}$$

式中　X_{I}——表示变压器 Y_0 侧漏抗；

　　　X_{II}——表示变压器 $\triangle$ 侧漏抗；

　　　$X_{\mu0}$——变压器零序励磁电抗。

b. Y_0/Y 接线的变压器　Y_0/Y 接线的变压器示意图如图 4-9 所示。尽管在绕组 II 中会感应出零序电动势，但是绕组 II 中没有零序电流，其零序等值电抗为

$$X_0 = X_{\text{I}} + X_{\mu0} \tag{4-40}$$

（a）零序电流回路图　　　　　　　　　　　（b）零序等值电路图

图 4-9　Y_0/Y 接线的变压器示意图

c. Y_0/Y_0 接线的变压器　Y_0/Y_0 接线的变压器如图 4-10 所示。当变压器绕组 I 中有零序电流通过，并在绕组 II 中感应出零序电动势时，要使绕组 II 内也流过零序电流，则必须在绕组 II 的外电路中至少有一个接地的中性点，如图虚线后面部分。此时在 X_{I}、X_{II}、$X_{\mu0}$ 中都有零序电流通过，因此在等值网络中应该画出这些电抗。此时的零序等值电抗公式为

$$X_0 = X_{\text{I}} + \frac{(X_{\text{II}} + X) X_{\mu0}}{X_{\text{II}} + X + X_{\mu0}} \tag{4-41}$$

如果绕组 II 的外电路中没有接地的中性点，则其中便没有零序电流，应在等值网络中将 X_{II} 的末端断开。

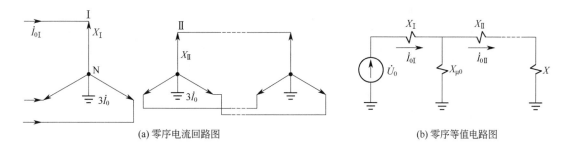

(a) 零序电流回路图　　　　　　　　　　(b) 零序等值电路图

图 4-10 Y_0/Y_0 接线的变压器示意图

d. 上述等值电路中各个电抗值的选取 对于双绕组变压器,因漏磁通是各相独立的,因此漏电抗同电流的序别无关,双绕组变压器每一绕组的漏抗值(归算到任一侧)几乎相等,约为正序电抗 X_I 的一半,即 $X_I = X_{II} = \dfrac{1}{2} X_1$。

励磁电抗 $X_{\mu0}$ 是一个等值电抗,反映铁芯中交变磁通所消耗的功率,其值约和励磁电流的平方成反比,并且和变压器的结构有关。

对于三个单相变压器组成的变压器组及三相五柱式或壳式变压器,其 $X_{\mu0} = \infty$,零序等值网络中的零序电抗如下:

当接线为 $Y_0/\triangle$ 时,$X_0 = X_I + X_{II} = X_1$;

当接线为 Y_0/Y 时,$X_0 = X_I + X_{\mu0} = \infty$;

当接线为 Y_0/Y_0 且二次侧有另一个接地中性点时,$X_0 = X_I + X_{II} + \cdots = X_1 + \cdots$。

对于三相三柱式变压器,由于 $X_{\mu0} \neq \infty$,因此需计入 $X_{\mu0}$ 的具体值。此时的情况为:

当接线为 $Y_0/\triangle$ 时,$X_0 = X_I + \dfrac{X_{II} X_{\mu0}}{X_{II} + X_{\mu0}}$;

当接线为 Y_0/Y 时,$X_0 = X_I + X_{\mu0}$;

当接线为 Y_0/Y_0 时,$X_0 = X_I + \cdots$。

② 三绕组变压器 如果零序电压施加在三绕组变压器绕组连接成三角形或不接地星形一侧时,不论其他两侧绕组的接线方式如何,和双绕组变压器一样,变压器中都没有零序电流流通,变压器的零序电抗 $X_0 = \infty$。

如果零序电压施加在绕组连接成接地星形一侧时,零序电流通过三相绕组并经中性点流入大地,构成回路。其他两侧零序电流流通情况则与该侧绕组的接线方式有关。为了提供三次谐波电流的通路以改善电动势波形,三绕组变压器中往往有一侧绕组连接成△形。剩余的一侧绕组可连接成△形、Y 形或 Y_0 形。这样就形成了 $Y_0/\triangle/\triangle$、$Y_0/\triangle/Y_0$ 和 $Y_0/\triangle/Y$ 三种接线方式。零序电抗情况如下。

a. $Y_0/\triangle/\triangle$ 接线的三绕组变压器 $Y_0/\triangle/\triangle$ 接线的变压器的示意图如图 4-11 所示。其零序等值电抗为

$$X_0 = X_I + \frac{X_{II} X_{III}}{X_{II} + X_{III}} \tag{4-42}$$

b. $Y_0/\triangle/Y_0$ 接线的三绕组变压器 $Y_0/\triangle/Y_0$ 接线的变压器的示意图如图 4-12 所示。

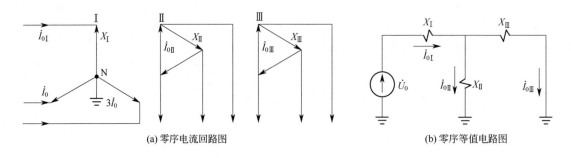

(a) 零序电流回路图　　　　　　　　(b) 零序等值电路图

图 4-11　$Y_0/\triangle/\triangle$ 接线的变压器

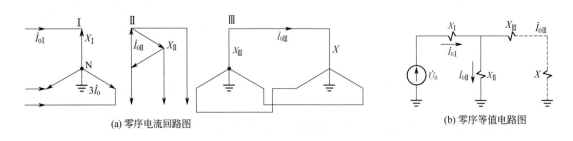

(a) 零序电流回路图　　　　　　　　(b) 零序等值电路图

图 4-12　$Y_0/\triangle/Y_0$ 接线的变压器

其零序等值电抗为

$$X_0 = X_{\rm I} + \frac{X_{\rm II}(X + X_{\rm III})}{X_{\rm II} + X_{\rm III} + X} \tag{4-43}$$

c. $Y_0/\triangle/Y$ 接线的变压器　$Y_0/\triangle/Y$ 接线的变压器的示意图如图 4-13 所示。其零序等值电抗为

$$X_0 = X_{\rm I} + X_{\rm II} \tag{4-44}$$

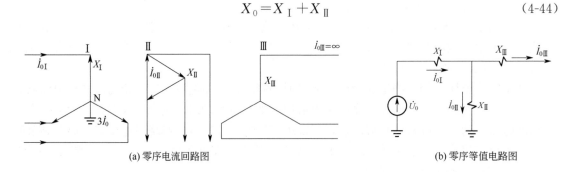

(a) 零序电流回路图　　　　　　　　(b) 零序等值电路图

图 4-13　$Y_0/\triangle/Y$ 接线的变压器

三绕组变压器零序等值网络中的电抗 $X_{\rm I}$、$X_{\rm II}$、$X_{\rm III}$ 与双绕组变压器等值网络中的漏抗 $X_{\rm I}$、$X_{\rm II}$ 从性质上看有所不同，它们是各绕组间的自感和互感的组合电抗，即是等值电抗而不是漏电抗。

$X_{\rm I}$、$X_{\rm II}$、$X_{\rm III}$ 一般通过实验求得：

$$
\left.\begin{aligned}
X_{\text{I}} &= \frac{X_{\text{I-II}} + X_{\text{I-III}} - X_{\text{II-III}}}{2} \\
X_{\text{II}} &= \frac{X_{\text{I-II}} + X_{\text{II-III}} - X_{\text{I-III}}}{2} \\
X_{\text{III}} &= \frac{X_{\text{I-III}} + X_{\text{II-III}} - X_{\text{I-II}}}{2}
\end{aligned}\right\}
\tag{4-45}
$$

$X_{\text{I-II}}$，$X_{\text{II-III}}$，$X_{\text{I-III}}$ 分别由短路试验求得两绕组间的漏电抗。

（3）输电线路及电抗器

① 架空线路　电力线路的负序阻抗和正序阻抗相等，但它的零序阻抗和正序、负序阻抗不同。在中性点直接接地系统中，线路每一相的零序电抗 X_0 由"导线-地"回路的自感电抗 X_{L} 和另外两根导线之间的平均互感电抗 X_{m} 决定，即

$$
X_0 = X_{\text{L}} + 2X_{\text{m}}
\tag{4-46}
$$

架空线路的零序阻抗计算是比较复杂的，在近似计算中可参看表 4-5 中架空电力线路各序电抗平均值。

② 电力电缆　电缆线路零序阻抗的准确计算比较困难，在近似计算中，电缆线路的电抗平均值可取表 4-5 中的平均值。

③ 电抗器　电抗器各相线圈之间的距离较大，互感较小，所以，电抗器的零序电抗主要决定于各相线圈的自感，可近似地认为等于正序电抗，即 $X_0 = X_1$。电气元件各序电抗平均值参见表 4-5。

4.6.4　合成阻抗

计算不对称短路，首先应求出正序短路电流。正序短路电流的合成阻抗标幺值可由下式计算：

$$
\left.\begin{aligned}
& X^{*} = X_{1\Sigma} + X_{\Delta}^{(n)} \\
\text{三相短路：}\quad & X_{\Delta}^{(3)} = 0 \\
\text{二相短路：}\quad & X_{\Delta}^{(2)} = X_{2\Sigma} \\
\text{单相短路：}\quad & X_{\Delta}^{(1)} = X_{2\Sigma} + X_{0\Sigma} \\
\text{二相接地短路：}\quad & X_{\Delta}^{(1.1)} = \frac{X_{2\Sigma} X_{0\Sigma}}{X_{2\Sigma} + X_{0\Sigma}}
\end{aligned}\right\}
\tag{4-47}
$$

式中　$X_{1\Sigma}$——正序网络的合成阻抗标幺值，即三相短路时合成阻抗的标幺值；

　　　$X_{2\Sigma}$——负序网络的合成阻抗标幺值；

　　　$X_{0\Sigma}$——零序网络的合成阻抗标幺值；

　　　$X_{\Delta}^{(n)}$——附加阻抗，与短路类型有关，上角符号表示短路的类型。

计算电抗为

$$
\left.\begin{aligned}
X_{\text{js}} &= \left(1 + \frac{X_{\Delta}^{(n)}}{X_{1\Sigma}}\right) X_{\text{js}}^{(3)} \\
&= X^{*} \frac{S_{\text{N}}}{S_{\text{bs}}}
\end{aligned}\right\}
\tag{4-48}
$$

4.6.5 正序电流 $I_{k1}^{(n)}$

各种短路形式的正序短路电流 $I_{k1}^{(n)}$ 的计算方法与三相短路电流相同。

当计算电抗 $X_{js}^{(n)} \geqslant 3$ 时，可按系统为无穷大计算，其标幺值为

$$I_{k1}^{(n)*} = \frac{1}{X_{1\Sigma} + X_{\Delta}^{(n)}} \tag{4-49}$$

在有限电源系统中，按 $X_{js}^{(n)}$ 直接查发电机运算曲线，即得不对称短路的正序电流标幺值 $I_{k1(t)}^{(n)*}$。

正序电流的有名值为

$$I_{k1(t)}^{(n)} = I_{k1(t)}^{(n)*} I_N \tag{4-50}$$

4.6.6 合成电流

短路点的短路合成电流按下式计算：

$$\left. \begin{array}{ll} I_d^{(n)} = m I_{d1}^{(n)} \\ \text{三相短路：} & m = 1 \\ \text{二相短路：} & m = \sqrt{3} \\ \text{单相短路：} & m = 3 \\ \text{二相接地短路：} & m = \sqrt{3}\sqrt{1 - \dfrac{X_{2\Sigma} X_{0\Sigma}}{(X_{2\Sigma} + X_{0\Sigma})^2}} \end{array} \right\} \tag{4-51}$$

在非直接接地电网中，两相接地短路电流的计算方法与两相短路的情况相同。在估算时，常取 $X_2 \approx X_1$。$t = 0$ 时和短路点很远时的两相短路电流可简化为

$$I^{(2)} = \frac{\sqrt{3}}{2} I^{(3)} \tag{4-52}$$

4.7 短路电流热效应计算

4.7.1 基本计算公式

短路电流热效应 Q_K 的定义为

$$Q_K = \int_0^{t_K} i_{Kt}^2 \, dt \tag{4-53}$$

由于

$$i_{Kt} = \sqrt{2} I_{Zt} \cos(\omega t) + i_{fZ0} e^{\frac{-\omega t}{T_a}}$$

所以

$$Q_K = \int_0^{t_K} \left(\sqrt{2} I_{Zt} \cos(\omega t) + i_{fZ0} e^{\frac{-\omega t}{T_a}} \right)^2 dt$$

$$\approx Q_Z + Q_{fZ} \tag{4-54}$$

式中　t_K——短路电流持续时间，s；

i_{Kt}——短路电流瞬时值，kA；

I_{Zt}——短路电流周期分量有效值，kA；

i_{fZ0}——短路电流非周期分量 0s 值，kA；

Q_Z——短路电流周期分量引起的热效应（简称周期分量热效应），$kA^2 \cdot s$；

Q_{fZ}——短路电流非周期分量引起的热效应（简称非周期分量热效应），$kA^2 \cdot s$。

4.7.2 短路电流周期分量和非周期分量热效应

（1）短路电流周期分量热效应 Q_Z

短路电流在导体和电器中引起的热效应 Q_Z 按下式计算：

$$Q_Z = \frac{I''^2 + 10I_{Z(t/2)}^2 + I_{Z(t)}^2}{12} t \tag{4-55}$$

式中 $I_{Z(t/2)}$——短路电流在 $\frac{t}{2}$ 秒时的周期分量有效值，kA。

当为多支路向短路点供给短路电流时，不能采用先算出每个支路的热效应然后再相加的叠加法则。而应先求电流和，再求总的热效应。在利用式（4-55）时，I''、$I_{Z(t/2)}$ 及 $I_{Z(t)}$ 分别为各个支路短路电流之和，即

$$Q_Z = \frac{(\sum I'')^2 + 10(\sum I''_{Z(t/2)})^2 + (\sum I''_{Z(t)})^2}{12} t \tag{4-56}$$

（2）短路电流非周期分量热效应

短路电流在导体和电器中引起的热效应 Q_{fZ} 按下式计算：

$$Q_{fZ} = \frac{T_a}{\omega}(1 - e^{\frac{-2\omega t}{T_a}}) I''^2 = TI''^2 \tag{4-57}$$

式中，T 为等效时间，s。为了简化计算，可以查表 4-12。

⊡ 表 4-12 非周期分量等效时间　　　　　　　　　　　　　　　　　　　　　　　　　　　　s

短路点	T	
	$t_k \leq 0.1$	$t_k > 0.1$
发电机出口及母线	0.15	0.2
发电厂升高电压母线及出线发电机电压电抗器后	0.08	0.1
变电站各级电压母线及出线	0.05	

注：T 为非周期分量等效时间（s），t_k 为短路电流持续时间。

当为多支向短路点供给短路电流时，仍不能采用叠加法。在利用式（4-57）计算时，I'' 应取各个支路短路电流之和，T_a 取多支路的等效衰减时间常数。

4.8 短路电流计算实例

4.8.1 算例 1

某供电系统如图 4-14 所示。电力系统出口处的短路容量 $S_k = 250MV \cdot A$，线路为无架

空地线的单导线输电线路。分别计算工厂变电所 10kV 母线上 k_1 点短路和两台变压器并列运行情况下低压 380V 母线 k_2 点短路的三相短路电流和短路容量。

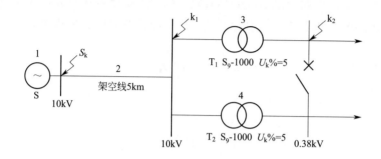

图 4-14　某供电系统接线图

（1）确定基准值

确定基准容量 $S_{bs}=100MV \cdot A$，查表 4-2 可知 10kV 侧和 0.38kV 侧的基准电压分别为：$U_{bs1}=10.5kV$，$U_{bs2}=0.4kV$。根据查表 4-3 可知 10kV 侧基准电流为 $I_{bs1}=5.5kA$，0.38kV 侧的基准电流为

$$I_{bs2}=\frac{S_{bs}}{\sqrt{3}U_{bs2}}=\frac{100}{\sqrt{3} \times 0.4}=144.3(kA)$$

（2）计算短路电路中各主要元件的电抗标幺值

① 电力系统的电抗标幺值　计算公式为

$$X_1^*=\frac{S_{bs}}{S_k}$$

式中，$S_k=250MV \cdot A$、$S_{bs}=100MV \cdot A$，因此，系统电抗标幺值为

$$X_1^*=\frac{S_{bs}}{S_k}=\frac{100}{250}=0.4$$

② 电力线路的电抗标幺值　查表 4-4 可知架空线路电抗标幺值的计算公式为

$$X_2^*=x_0L \times \frac{S_{bs}}{(U_{bs1})^2}$$

式中，x_0 为架空线路每公里电抗，查表 4-5 可知无架空地线的单导线线路每公里正序电抗为 0.4Ω/km；架空线路长度 $L=5km$，$S_{bs}=100MV \cdot A$，$U_{bs1}=10.5kV$，因此，线路电抗标幺值为：

$$X_2^*=x_0L \times \frac{S_{bs}}{(U_{bs1})^2}=0.4 \times 5 \times \frac{100}{(10.5)^2}=1.81$$

③ 电力变压器的电抗标幺值　查表 4-4 可知变压器电抗标幺值的计算公式为

$$X_3^*=X_4^*=\frac{U_k\%}{100} \times \frac{S_{bs}}{S_{N.T}}$$

式中，$S_{N.T}$ 为变压器的额定容量，$S_{N.T}=1000kV \cdot A$；$U_k\%=5$，因此，变压器的电抗标幺值为

$$X_3^* = X_4^* = \frac{5}{100} \times \frac{100 \times 10^3}{1000} = 5$$

供电系统的等值电路图如图 4-15 所示。

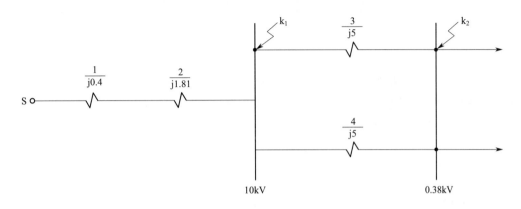

图 4-15　等值电路图

（3）k_1 点的短路电路总阻抗标幺值及三相短路电流和短路容量

① 总电抗标幺值

$$X_{\Sigma k1}^* = X_1^* + X_2^* = 0.4 + 1.81 = 2.21$$

② 三相短路电流周期分量有效值

$$I_{k1}^{(3)} = \frac{I_{bs1}}{X_{\Sigma k1}^*} = \frac{5.5}{2.21} = 2.49(kA)$$

③ 其他三相短路电流

$$I_{k1}''^{(3)} = I_{\infty k1}^{(3)} = I_{k1}^{(3)} = 2.49(kA)$$

$$i_{sh}^{(3)} = 2.55 I_{k1}''^{(3)} = 2.55 \times 2.49 = 6.35(kA)$$

$$I_{sh}^{(3)} = 1.51 I_{k1}''^{(3)} = 1.51 \times 2.49 = 3.76(kA)$$

④ 三相短路容量

$$S_{k1}^{(3)} = \frac{S_{bs}}{X_{\Sigma k1}^*} = \frac{100}{2.21} = 45.25(MV \cdot A)$$

（4）两台变压器并列运行情况下 k_2 的短路电路总阻抗标幺值及三相短路电流和短路容量

① 总电抗标幺值　因为 $X_3^* = X_4^*$，所以

$$X_{\Sigma k2}^* = X_{\Sigma k1}^* + \frac{X_3^*}{2} = 2.21 + \frac{5}{2} = 4.71$$

② 三相短路电流周期分量有效值

$$I_{k2}^{(3)} = \frac{I_{bs2}}{X_{\Sigma k2}^*} = \frac{144.34}{4.71} = 30.64(kA)$$

③ 其他三相短路电流

$$I_{k2}''^{(3)} = I_{\infty k2}^{(3)} = I_{k2}^{(3)} = 30.64(kA)$$

$$i_{sh}^{(3)} = 2.55 I_{k2}''^{(3)} = 2.55 \times 30.64 = 78.13(kA)$$

$$I_{sh}^{(3)} = 1.51 I_{k1}''^{(3)} = 1.51 \times 30.64 = 46.27 (\text{kA})$$

④ 三相短路容量

$$S_{k2}^{(3)} = \frac{S_{bs}}{X_{\Sigma k2}^*} = \frac{100}{4.71} = 21.23 (\text{MV} \cdot \text{A})$$

4.8.2 算例2

图 4-16 中所有发电机均为汽轮发电机，发电机母线断路器是断开的，系统侧发电机端电压为 6.3kV。分别计算在 k_1 点和 k_2 发生三相短路后 0.2s 时的短路电流。

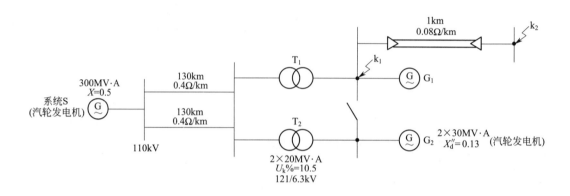

图 4-16　系统图

（1）确定基准值

确定基准容量 $S_{bs} = 100\text{MV} \cdot \text{A}$，查表 4-2 可知：$U_{bs1} = 115\text{kV}$，$U_{bs2} = 6.3\text{kV}$。根据查表 4-3 可知 $I_{bs1} = 0.5\text{kA}$，$I_{bs2} = 9.16\text{kA}$。

（2）计算短路电路中各主要元件的电抗标幺值

① 发电机 G_1、G_2 的电抗标幺值　查表 4-4 可知发电机电抗标幺值的计算公式为

$$X_1^* = X_2^* = \frac{X_d''\%}{100} \times \frac{S_{bs}}{S_{GN}}$$

已知条件中给出 $X_d'' = 0.13$；$S_{G1N} = S_{G2N} = 30\text{MV} \cdot \text{A}$，因此，发电机的电抗标幺值为

$$X_1^* = X_2^* = \frac{X_d''\%}{100} \times \frac{S_{bs}}{S_{GN}} = X_d'' \frac{S_{bs}}{S_{GN}} = 0.13 \times \frac{100}{30} = 0.43$$

② 电力系统的电抗标幺值　电力系统给出以 $300\text{MV} \cdot \text{A}$ 为基准容量的电抗标幺值为 $X = 0.5$，根据式(4-11) 可将以 $300\text{MV} \cdot \text{A}$ 为基准容量的电抗标幺值变换为以 $S_{bs} = 100\text{MV} \cdot \text{A}$ 为基准容量的电抗标幺值，即

$$X_3^* = X \frac{S_{bs}}{S_{SN}} = 0.5 \times \frac{100}{300} = 0.17$$

③ 电力变压器的电抗标幺值　根据表 4-4 中变压器电抗标幺值的计算公式可计算出变压器的电抗标幺值为

$$X_4^* = X_5^* = \frac{U_k\%}{100} \times \frac{S_{bs}}{S_{N.T}} = \frac{10.5}{100} \times \frac{100}{20} = 0.53$$

④ 电力线路的电抗标幺值　根据表 4-4 中输电线路电抗标幺值的计算公式可分别计算架空线路和电缆线路的电抗标幺值。

a. 架空线路　由于架空线路为双回路线路，其电抗标幺值为

$$X_6^* = \frac{1}{2} x_0 L \frac{S_{bs}}{U_{bs1}^2} = \frac{1}{2} \times 0.4 \times 130 \times \frac{100}{115^2} = 0.2$$

b. 电缆线路

$$X_7^* = X_0 L \frac{S_{bs}}{U_{bs2}^2} = 0.08 \times 1 \times \frac{100}{6.3^2} = 0.2$$

等值电路图如图 4-17 所示。

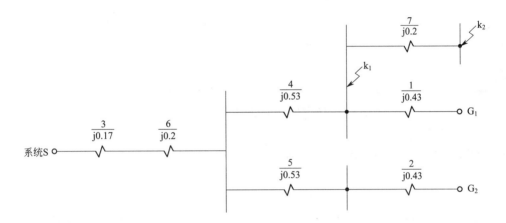

图 4-17　等值电路图

（3）k_1 点短路电流计算

① 网络化简　采用表 4-7 中的星形等值变换三角形方式，化简图如图 4-18 所示。
阻抗变换过程如下：

$$X_8^* = X_3^* + X_6^* = 0.17 + 0.2 = 0.37$$
$$X_9^* = X_2^* + X_5^* = 0.43 + 0.53 = 0.96$$

将 X_4、X_8、X_9 组成的星形化成三角形 X_{10}、X_{11}、X_{12}：

$$X_{10}^* = X_8^* + X_9^* + \frac{X_8^* X_9^*}{X_4^*} = 0.37 + 0.96 + \frac{0.37 \times 0.96}{0.53} = 2$$

$$X_{11}^* = X_8^* + X_4^* + \frac{X_8^* X_4^*}{X_9^*} = 0.37 + 0.53 + \frac{0.37 \times 0.53}{0.96} = 1.1$$

$$X_{12}^* = X_4^* + X_9^* + \frac{X_4^* X_9^*}{X_8^*} = 0.53 + 0.96 + \frac{0.53 \times 0.96}{0.37} = 2.87$$

X_{11} 为系统 S 对 k_1 点的转移电抗，X_{12} 为发电机 G_2 对 k_1 点的转移电抗，X_1 为发电机 G_1 对 k_1 点的转移电抗。

② 求各电源的计算电抗　根据式(4-21)可分别计算出系统 S、发电机 G_1、G_2 的计算电抗。

系统 S 的计算电抗：$X_{Sjs}^* = 1.1 \times \frac{300}{100} = 3.3$

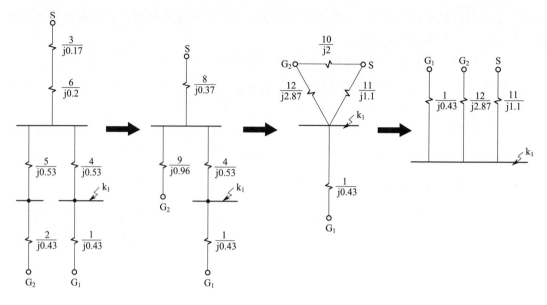

图 4-18 k_1 点短路网络化简

发电机 G_1 的计算电抗：$X_{1js}^* = 0.43 \times \dfrac{30}{100} = 0.13$

发电机 G_2 的计算电抗：$X_{2js}^* = 2.87 \times \dfrac{30}{100} = 0.86$

③ 由计算电抗查附录 3 中的附表 3-1，可知各电源在 0.2s 时短路电流标幺值。

发电机 G_1 的短路电流标幺值：$I_1^* = 5.049$

发电机 G_2 的短路电流标幺值：$I_2^* = 1.1022$

由于系统 S 的计算电抗大于 3，因此，各时刻的短路电流均相等，即周期分量是恒定值，相当于无限大电源的短路电流计算，这时，周期分量可以用下式计算：

$$I_S^* = \frac{1}{X_{Sjs}^*} = \frac{1}{3.3} = 0.303$$

④ k_1 点总电流

$$I_{0.2} = 0.303 \times \frac{300}{\sqrt{3} \times 6.3} + 5.049 \times \frac{30}{\sqrt{3} \times 6.3} + 1.1022 \times \frac{30}{\sqrt{3} \times 6.3} = 25.24 \text{(kA)}$$

（4）当 k_2 点短路时

① 在 k_1 点短路时的网络化简图的基础上进一步化简，采用分布系数法求解各电源对短路点的转移阻抗。k_2 点短路时网络化简如图 4-19 所示。

采用分布系数法计算转移电抗的过程如下：

$$X_{13}^* = X_1^* // X_{11}^* // X_{12}^* = \frac{1}{\dfrac{1}{0.43} + \dfrac{1}{1.1} + \dfrac{1}{2.87}} = 0.28$$

$$X_{14}^* = X_{13}^* + X_7^* = 0.28 + 0.2 = 0.48$$

$$C_1 = \frac{X_{13}^*}{X_1^*} = \frac{0.28}{0.43} = 0.651$$

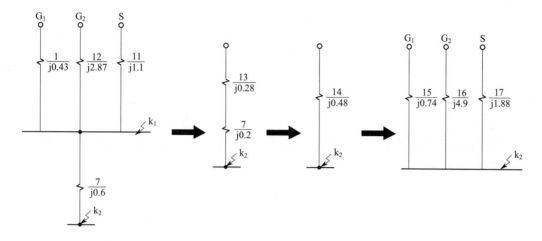

图 4-19 k_2 点短路网络化简

$$C_2=\frac{X_{13}^*}{X_{12}^*}=\frac{0.28}{2.87}=0.098$$

$$C_3=\frac{X_{13}^*}{X_{11}^*}=\frac{0.28}{1.1}=0.255$$

$$X_{15}^*=\frac{X_{14}^*}{C_1}=\frac{0.48}{0.651}=0.74$$

$$X_{16}^*=\frac{X_{14}^*}{C_2}=\frac{0.48}{0.098}=4.9$$

$$X_{17}^*=\frac{X_{14}^*}{C_3}=\frac{0.48}{0.255}=1.88$$

X_{15}^* 为 G_1 对 k_2 点的转移电抗，X_{16}^* 为 G_2 对 k_2 点的转移电抗，X_{17}^* 为 S 对 k_2 点的转移电抗。

② 求各电源的计算电抗

$$X_{1js}^*=X_{15}^*\frac{S_{GN}}{S_{bs}}=0.74\times\frac{30}{100}=0.22$$

$$X_{2js}^*=X_{16}^*\frac{S_{GN}}{S_{bs}}=4.9\times\frac{30}{100}=1.47$$

$$X_{Sjs}^*=X_{17}^*\frac{S_S}{S_{bs}}=1.88\times\frac{300}{100}=5.64$$

③ 由计算电抗查附录 3 中附表 3-1 和附表 3-2 可得各电源在 0.2s 时短路电流标幺值

发电机 G_1 的短路电流标幺值：$I_1^*=3.487$

发电机 G_2 的短路电流标幺值：$I_2^*=0.657$

由于系统 S 的计算电抗大于 3，因此，各时刻的短路电流均相等，即周期分量是恒定值，相当于无限大电源的短路电流计算，这时，周期分量可以用下式计算：

$$I_S^*=\frac{1}{X_{Sjs}^*}=\frac{1}{5.64}=0.18$$

④ k_2 点总电流

$$I_{0.2}=0.18\times\frac{300}{\sqrt{3}\times6.3}+3.487\times\frac{30}{\sqrt{3}\times6.3}+0.657\times\frac{30}{\sqrt{3}\times6.3}=16.34(\text{kA})$$

4.8.3 算例 3

某热电厂有四台机组，其中两台 200MW，两台 25MW。短路电流计算如图 4-20 及图 4-21 所示，各设备元件参数见表 4-13。根据电气设备选择的实际工程需要，短路点选择 6 点，本例只计算 k_1 点和 k_2 点。（计算中标幺值省去 "*"）

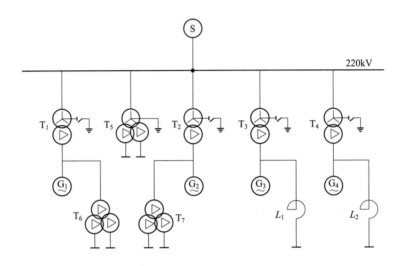

图 4-20　短路电流计算电路图

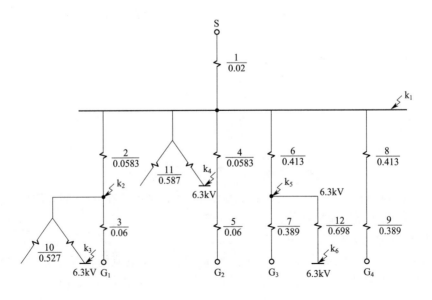

图 4-21　短路电流计算电抗图

⊙ 表4-13　各设备元件参数

符号	名称	型号	参数	$S_{bs}=100MV\cdot A$ 参数
G_1, G_2	汽轮发电机	QFSN-200-2 $S_N=235MV\cdot A$ $U_N=15.75kV$ $I_N=8625A$ $\cos\varphi=0.85$	$X_d''=14.13\%$ $X_2=17.42\%$ $R=2.288\times10^{-3}\Omega(75℃)$ $X_N=\dfrac{15750}{\sqrt{3}\times8625}=1.054(\Omega)$ $T_a=\dfrac{X_2}{R}=80.25$	$X_d''=14.13\%\times\dfrac{100}{235}=0.06$ $X_2=17.42\%\times\dfrac{100}{235}=0.07413$ $R=\dfrac{X_2}{T_a}=\dfrac{0.07413}{80.25}=9.2373\times10^{-4}$
G_3, G_4	汽轮发电机	QF-25-2 $S_N=31.25MV\cdot A$ $U_N=6.3kV$ $I_N=2860A$ $\cos\varphi=0.8$	$X_d''=12.15\%$ $X_2=14.9\%$ $R=2.97\times10^{-3}\Omega(75℃)$ $X_N=1.27\Omega$ $T_a=\dfrac{X_2}{R}=63.7$	$X_d''=12.15\%\times\dfrac{100}{31.25}=0.389$ $X_2=14.9\%\times\dfrac{100}{31.25}=0.477$ $R=\dfrac{X_2}{T_a}=\dfrac{0.477}{63.7}=7.48\times10^{-3}$
T_1, T_2	主变压器	SFP7-240000/220 $S_N=240MV\cdot A$ $U_N=231/15.75kV$ $I_N=599.8/8797.72A$	$U_k=14\%$ $R_h=0.2117\Omega(75℃)$ $R_L=1.6\times10^{-3}\Omega(75℃)$ $R_\Sigma=2.584\times10^{-3}\Omega$ $X_N=1.0336\Omega$ $T_a=\dfrac{X_d}{R_\Sigma}=56$	$X_k''=14\%\times\dfrac{100}{240}=0.0583$ $X_2=0.0583$ $R_\Sigma=\dfrac{X_2}{T_a}=\dfrac{0.0583}{56}=1.0411\times10^{-3}$
T_3, T_4	主变压器	$S_N=31.5MV\cdot A$ $U_N=231/6.3kV$ $I_N=78.73/2886.75A$	$U_k=13\%$ $R_h=2.717\Omega(75℃)$ $R_L=0.00135\Omega(75℃)$ $R_\Sigma=0.003371\Omega$ $X_N=\dfrac{6300}{\sqrt{3}\times2886.75}=1.26(\Omega)$ $T_a=\dfrac{X_d}{R_\Sigma}=48.6$	$X_k''=13\%\times\dfrac{100}{31.5}=0.413$ $X_2=0.413$ $R_\Sigma=\dfrac{X_2}{T_a}=\dfrac{0.413}{48.6}=8.498\times10^{-3}$
T_5	启动/备用变压器	SFPFZ3-31500/220 $S_N=31.5MV\cdot A$ $U_N=220\pm5\times1.5\%/$ $6.3\sim6.3kV$	半穿越电抗 $X_{d1-2'}=X_{d1-2''}=18.5\%$	$X_{d1-2'}=X_{d1-2''}=0.587$
T_6, T_7	高压工作变压器	SFF7-31500/20 $S_N=31.5MV\cdot A$ $U_N=15.75/6.3\sim6.3kV$	半穿越电抗 $X_{d1-2'}=X_{d1-2''}=16.6\%$	$X_{d1-2'}=X_{d1-2''}=0.527$
L_1, L_2	电抗器	NKL6-500-4 $I_N=500A$ $U_N=6kV$	$X_k=4\%$ $X_N=\dfrac{6000}{\sqrt{3}\times500}=6.928(\Omega)$ $X_k=4$　$X_N'=0.277\Omega$	$X=0.277\dfrac{S_{bs}}{U_{bs}^2}=0.277\times\dfrac{100}{6.3^2}=0.698$

（1）k_1 点短路（220kV 母线）

计算电抗如图 4-22(a) 所示。G_1、G_2 合并，G_3、G_4 合并，等效电抗图如图 4-22(b) 所示。

① 周期电流及冲击电流

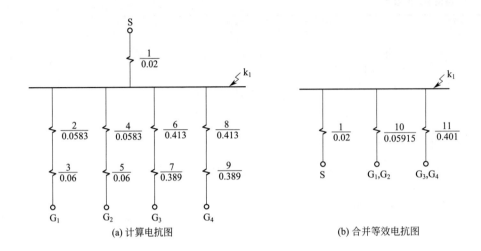

图 4-22 k_1 点短路电流计算电抗图

a. 系统供给短路电流　支路基准电流 $I_{bs}=\dfrac{S_{bs}}{\sqrt{3}U_{bs}}=\dfrac{100}{\sqrt{3}\times230}=0.251(kA)$。视系统为无穷大电源，其电抗 $X_1=0.02$，$T_a=15$，各时间短路电流的周期分量为

$$I''_{z1}=I_{1z0.01}=I_{1z0.1}=I_{1z0.2}=I_{1z2}=I_{1z4}=\frac{I_{bs}}{X_1}=\frac{0.251}{0.02}=12.55(kA)$$

冲击电流值（$T_a=15$，$t=0.01s$）为

$$i_{ch1}=\sqrt{2}\,(I_{z0.01}+I''_z e^{-\frac{\omega t}{T_a}})=\sqrt{2}\,(12.55+12.55e^{-\frac{314\times0.01}{15}})=32.14(kA)$$

b. G_1、G_2 供给短路电流

支路基准容量：$S'_{bs}=\dfrac{2P_N}{\cos\varphi}=\dfrac{2\times200}{0.85}=470.59(MV\cdot A)$

支路基准电流：$I'_{bs}=\dfrac{S'_{bs}}{\sqrt{3}\times U_{bs}}=\dfrac{470.59}{\sqrt{3}\times230}=1.181(kA)$

支路计算电抗：$X'_{js}=\dfrac{1}{2}(X_2+X_3)\dfrac{S'_{bs}}{S_{bs}}=\dfrac{X_{10}S'_{bs}}{100}=\dfrac{1}{2}(0.0583+0.06)\dfrac{470.59}{100}=0.28$

支路时间常数：$T_a=\dfrac{X_\Sigma}{R_\Sigma}=\dfrac{0.07413+0.0583}{(9.2373+10.411)\times10^{-4}}=67.4$

发电机电抗取负序电抗 X_2。以 $X'_{js}=0.28$，查附录 3 中的附表 3-1 得各时刻短路电流周期分量，$I''_{z2}=3.872I'_{bs}=4.573(kA)$，$I_{2z0.01}=3.705I'_{bs}=4.376(kA)$，$I_{2z0.1}=3.274I'_{bs}=3.867(kA)$，$I_{2z0.2}=2.939I'_{bs}=3.471(kA)$，$I_{2z2}=2.415I'_{bs}=2.852(kA)$，$I_{2z4}=2.378I'_{bs}=2.808(kA)$。

冲击电流（$T_a=67.4$，$t=0.01s$）

$$i_{ch2}=\sqrt{2}\,(I_{z0.01}+I''_z e^{-\frac{\omega t}{T_a}})=\sqrt{2}\,(4.376+4.573e^{-\frac{314\times0.01}{67.4}})=12.36(kA)$$

c. G_3、G_4 供给短路电流

支路基准容量：$S''_{\text{bs}} = \dfrac{2P_N}{\cos\varphi} = \dfrac{2 \times 25}{0.8} = 62.5(\text{MV} \cdot \text{A})$

支路基准电流：$I''_{\text{bs}} = \dfrac{S''_{\text{bs}}}{\sqrt{3} \times U_{\text{bs}}} = \dfrac{62.5}{\sqrt{3} \times 230} = 0.157(\text{kA})$

支路计算电抗：$X''_{\text{js}} = \dfrac{1}{2}(X_6 + X_7)\dfrac{S''_{\text{bs}}}{S_{\text{bs}}} = \dfrac{X_{11}S''_{\text{bs}}}{100} = \dfrac{1}{2}(0.413 + 0.389)\dfrac{62.5}{100} = 0.25$

支路时间常数：$T_a = \dfrac{X_\Sigma}{R_\Sigma} = \dfrac{0.477 + 0.413}{(7.48 + 8.493) \times 10^{-3}} = 55.7$

发电机电抗取负序电抗 X_2。以 $X'_{\text{js}} = 0.25$，查附录 3 中的附表 3-1 得各时刻短路电流周期分量，$I''_{z3} = 4.352 I''_{\text{bs}} = 0.683(\text{kA})$，$I_{3z0.01} = 4.255 I''_{\text{bs}} = 0.668(\text{kA})$，$I_{3z0.1} = 3.604 I''_{\text{bs}} = 0.566(\text{kA})$，$I_{3z0.2} = 3.196 I''_{\text{bs}} = 0.502(\text{kA})$，$I_{3z2} = 2.491 I''_{\text{bs}} = 0.391（\text{kA}）$，$I_{3z4} = 2.414 I''_{\text{bs}} = 0.379(\text{kA})$。

冲击电流（$T_a = 55.7$，$t = 0.01\text{s}$）

$$i_{\text{ch}3} = \sqrt{2}\left(I_{z0.01} + I''_z e^{-\frac{\omega t}{T_a}}\right) = \sqrt{2}\left(0.668 + 0.683 e^{-\frac{314 \times 0.01}{55.7}}\right) = 1.857(\text{kA})$$

d. 短路点的合成总电流

$$I''_z = I''_{z1} + I''_{z2} + I''_{z3} = 17.806(\text{kA})$$
$$I_{z0.1} = I_{1z0.1} + I_{2z0.1} + I_{3z0.1} = 16.983(\text{kA})$$
$$I_{z0.2} = I_{1z0.2} + I_{2z0.2} + I_{3z0.2} = 16.523(\text{kA})$$
$$I_{z2} = I_{1z2} + I_{2z2} + I_{3z2} = 15.793(\text{kA})$$
$$I_{z4} = I_{1z4} + I_{2z4} + I_{3z4} = 15.737(\text{kA})$$
$$i_{\text{ch}} = i_{\text{ch}1} + i_{\text{ch}2} + i_{\text{ch}3} = 46.357(\text{kA})$$

② 短路电流周期分量的热效应　电气设备校验一般取 $t = 0.2\text{s}$ 及 $t = 4\text{s}$ 的热效应值。短路电流周期分量热效应：

$$Q_z = \frac{I''^2_z + 10I''^2_{zt/2} + I''^2_{zt}}{12}t$$

a. 系统　$I''_z = I_{z0.1} = I_{z0.2} = I_{z2} = I_{z4} = 12.55(\text{kA})$，各支路热效应值分别计算如下。

$t = 0.2\text{s}$ 时的热效应 $Q_{z0.2}$：

$$Q_{z0.2} = \frac{I''^2_z + 10I^2_{z0.1} + I^2_{z0.2}}{12}t = \frac{12.55^2 + 10 \times 12.55^2 + 12.55^2}{12} \times 0.2 = 31.5(\text{kA}^2 \cdot \text{s})$$

$t = 4\text{s}$ 时的热效应 Q_{z4}：

$$Q_{z4} = \frac{I''^2_z + 10I^2_{z2} + I^2_{z4}}{12}t = \frac{12.55^2 + 10 \times 12.55^2 + 12.55^2}{12} \times 4 = 630(\text{kA}^2 \cdot \text{s})$$

b. G_1 与 G_2 并联运行时，应采用单机计算，然后乘以 2：

$I''_z = \dfrac{4.573}{2}(\text{kA})$，$I_{z0.1} = \dfrac{3.867}{2}(\text{kA})$，$I_{z0.2} = \dfrac{3.471}{2}(\text{kA})$，$I_{z2} = \dfrac{2.852}{2}(\text{kA})$，$I_{z4} = \dfrac{2.808}{2}(\text{kA})$

$t = 0.2\text{s}$ 时的热效应 $Q_{z0.2}$：

$$Q_{z0.2} = 2\frac{I''^2_z + 10I^2_{z0.1} + I^2_{z0.2}}{12}t = 2 \times \frac{\left(\dfrac{4.573}{2}\right)^2 + 10 \times \left(\dfrac{3.867}{2}\right)^2 + \left(\dfrac{3.471}{2}\right)^2}{12} \times 0.2 = 1.521(\text{kA}^2 \cdot \text{s})$$

$t = 4\text{s}$ 时的热效应 Q_{z4}：

$$Q_{z4}=2\frac{I_z''^2+10I_{z2}^2+I_{z4}^2}{12}t=2\times\frac{\left(\frac{4.573}{2}\right)^2+10\times\left(\frac{2.852}{2}\right)^2+\left(\frac{2.808}{2}\right)^2}{12}\times4=18.356(\text{kA}^2\cdot\text{s})$$

c. G_3 与 G_4 并联运行时，根据已知条件和上面计算方法，可求出：

$$Q_{z0.2}=0.0327(\text{kA}^2\cdot\text{s}),\ Q_{z4}=0.356(\text{kA}^2\cdot\text{s})$$

对于多支路向短路点供给短路电流时，不能采用先算出每个支路的热效应 Q_{zt}，然后再相加的叠加法则，而应根据计算出的总电流值求总的热效应，即

$$Q_{zt}=\frac{(\sum I_z'')^2+10(\sum I_{zt/2})^2+(\sum I_{zt})^2}{12}t$$

根据计算出的电流总和值得 $t=0.2\text{s}$ 时，热效应 $Q_{z0.2}$：

$$Q_{z0.2}=\frac{I_z''^2+10I_{z0.1}^2+I_{z0.2}^2}{12}t=\frac{17.806^2+10\times16.983^2+16.523^2}{12}\times0.2=57.905(\text{kA}^2\cdot\text{s})$$

根据计算出的电流总和值得 $t=4\text{s}$ 时，热效应 Q_{z4}：

$$Q_{z4}=\frac{I_z''^2+10I_{z2}^2+I_{z4}^2}{12}t=\frac{17.806^2+10\times15.793^2+15.737^2}{12}\times4=1019.632(\text{kA}^2\cdot\text{s})$$

③ 短路电流的非周期分量　为了简化计算，衰减时间常数取用表 4-8 推荐值。

a. 短路电流非周期分量 $\sum I_f$

系统（$t=0.1\text{s}$，$T_a=15$）：

$$I_{f1}=\sqrt{2}I_z''\text{e}^{-\frac{\omega t}{T_a}}=\sqrt{2}\times12.55\text{e}^{-\frac{314\times0.1}{15}}=2.188(\text{kA})$$

G_1、G_2 并联运行时（$t=0.1\text{s}$，$T_a=40$）：

$$I_{f2}=\sqrt{2}I_z''\text{e}^{-\frac{\omega t}{T_a}}=\sqrt{2}\times4.573\text{e}^{-\frac{314\times0.1}{40}}=2.949(\text{kA})$$

G_3、G_4 并联运行时（$t=0.1\text{s}$，$T_a=40$）：

$$I_{f3}=\sqrt{2}I_z''\text{e}^{-\frac{\omega t}{T_a}}=\sqrt{2}\times0.683\text{e}^{-\frac{314\times0.1}{40}}=0.44(\text{kA})$$

短路点总的非周期分量值：

$$\sum I_f=I_{f1}+I_{f2}+I_{f3}=2.188+2.949+0.44=5.577(\text{kA})$$

b. 非周期分量热效应值

系统：$Q_{f1}=\dfrac{T_a}{\omega}I_z''^2=\dfrac{15}{314}\times12.55^2=7.524(\text{kA}^2\cdot\text{s})$

G_1、G_2 并联运行时：$Q_{f2}=2\dfrac{T_a}{\omega}\left(\dfrac{I_z''}{2}\right)^2=\dfrac{40}{314}\times\left(\dfrac{4.573}{2}\right)^2\times2=1.332(\text{kA}^2\cdot\text{s})$

G_3、G_4 并联运行时：$Q_{f3}=2\dfrac{T_a}{\omega}\left(\dfrac{I_z''}{2}\right)^2=\dfrac{40}{314}\times\left(\dfrac{0.683}{2}\right)^2\times2=0.0297(\text{kA}^2\cdot\text{s})$

非周期分量总的热效应（$I_z''=17.806\text{kA}$）：

$$\sum Q_f=\frac{40}{314}\times17.806^2=40.39(\text{kA}^2\cdot\text{s})$$

（2）k_2 点短路（200MW 发电机端短路）

如图 4-23(a) 所示为短路电流计算电抗图，等效变换图如图 4-23(b) 所示。

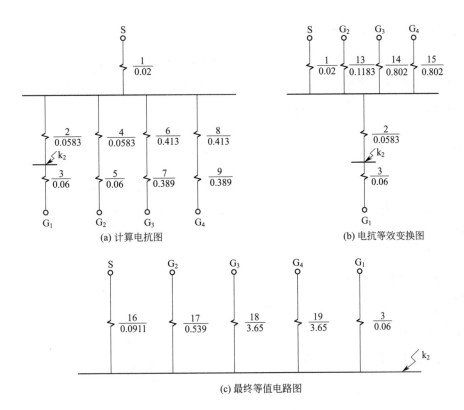

(a) 计算电抗图　　　　(b) 电抗等效变换图

(c) 最终等值电路图

图 4-23　k_2 点短路电流计算电抗图

$$X_{13}=X_4+X_5=0.0583+0.06=0.1183$$
$$X_{14}=X_{15}=X_6+X_7=0.413+0.389=0.802$$

根据图 4-23(b)，应用 $\sum Y$ 法等效：

$$\sum Y=\frac{1}{X_1}+\frac{1}{X_{13}}+\frac{1}{X_{14}}+\frac{1}{X_{15}}+\frac{1}{X_2}$$
$$=\frac{1}{0.02}+\frac{1}{0.1183}+\frac{1}{0.802}+\frac{1}{0.802}+\frac{1}{0.0583}$$
$$=78.1$$
$$W=X_2\sum Y=0.0583\times78.1=4.553$$

则各并联支路的电抗为

$$X_{16}=WX_1=4.553\times0.02=0.0911$$
$$X_{17}=WX_{13}=4.553\times0.1183=0.539$$
$$X_{18}=X_{19}=WX_{14}=4.553\times0.802=3.65$$

① 周期电流及冲击电流

a. 系统（$U_{bs}=15.75\text{kV}$）

支路基准电流：$I_{bs}=\dfrac{S_{bs}}{\sqrt{3}U_{bs}}=\dfrac{100\times10^3}{\sqrt{3}\times15.75}=3.666$（kA）

不同时刻短路电流周期分量为

$$I''_{z1}=I_{1z0.01}=I_{1z0.1}=I_{1z0.2}=I_{1z2}=I_{1z4}=\frac{I_{bs}}{X_{16}}=\frac{3.666}{0.0911}=40.24(\text{kA})$$

冲击电流（$T_a=15$，$t=0.01\text{s}$）：

$$i_{ch}=\sqrt{2}(I_{z0.01}+I_z''e^{-\frac{\omega t}{T_a}})=\sqrt{2}(40.24+40.24e^{-\frac{314\times0.01}{15}})=103.05(\text{kA})$$

b. G_1（$U_{bs}=15.75\text{kV}$）

计算电抗：$X_{js}=X_3\dfrac{S_N}{100}=0.06\times\dfrac{235.29}{100}=0.14$

支路基准电流：$I_{1bs}=\dfrac{S_N}{\sqrt{3}U_{bs}}=\dfrac{235.29\times10^3}{\sqrt{3}\times15.75}=8.625(\text{kA})$

以 $X_{js}=0.14$，查附录 3 中的附表 3-1，对应各时刻的电流值为

$I_{z2}''=7.718I_{1bs}=7.718\times8.625=66.568(\text{kA})$，$I_{2z0.01}=7.467I_{1bs}=7.467\times8.625=64.403(\text{kA})$

同理 $I_{2z0.1}=50.361(\text{kA})$，$I_{2z0.2}=42.073(\text{kA})$，$I_{2z2}=24.219(\text{kA})$，$I_{2z4}=21.787(\text{kA})$

冲击电流（$T_a=80.25$，$t=0.01\text{s}$）：

$$i_{ch}=\sqrt{2}(I_{z0.01}+I_z''e^{-\frac{\omega t}{T_a}})=\sqrt{2}(64.403+66.568e^{-\frac{314\times0.01}{80.25}})=181.581(\text{kA})$$

c. G_2（$U_{bs}=15.75\text{kV}$）

计算电抗：$X_{js}=X_{17}\dfrac{S_N}{100}=0.539\times\dfrac{235.29}{100}=1.27$

支路基准电流：$I_{2bs}=8.625(\text{kA})$

以 $X_{js}=1.27$，查附录 3 中的附表 3-2，对应各时刻的电流值为

$$I_{z3}''=0.812I_{2bs}=0.812\times8.625=7.004(\text{kA})$$

同理 $\qquad I_{3z0.01}=6.962(\text{kA})$，$I_{3z0.1}=6.676(\text{kA})$

$$I_{3z0.2}=6.533(\text{kA})，I_{3z2}=7.407(\text{kA})，I_{3z4}=7.407(\text{kA})$$

衰减时间常数：$T_a=\dfrac{\sum X}{\sum R}=\dfrac{0.07413+2\times0.0583}{(9.2373+2\times10.411)\times10^{-4}}=63.45$

冲击电流（$T_a=63.45$，$t=0.01\text{s}$）：

$$i_{ch}=\sqrt{2}(I_{z0.01}+I_z''e^{-\frac{\omega t}{T_a}})=\sqrt{2}(6.962+7.004e^{-\frac{314\times0.01}{63.45}})=19.27(\text{kA})$$

d. G_3 与 G_4 并联运行时（$U_{bs}=15.75\text{kV}$）

计算电抗：$X_{js}=\dfrac{1}{2}X_{18}\dfrac{S_N}{100}=\dfrac{3.65}{2}\times\dfrac{62.5}{100}=1.14$

支路基准电流：$I_{3bs}=\dfrac{S_N}{\sqrt{3}U_{bs}}=\dfrac{62.5}{\sqrt{3}\times15.75}=2.291(\text{kA})$

衰减时间常数对于短路点 k_2，G_3（或 G_4）向短路点供给短路电流，串联支路的元件为 G_3（或 G_4）、3 号或 4 号主变压器及 1 号主变压器，则支路总参数为

$$\sum X=0.477+0.413+0.0583=0.9483$$

$$\sum R=(7.48+8.498+1.0411)\times10^{-3}=17.019\times10^{-3}$$

$$T_a=\dfrac{\sum X}{\sum R}=\dfrac{0.9483}{17.019\times10^{-3}}=55.72$$

以 $X_{js}=1.14$，查附录 3 中的附表 3-2，对应各时刻的电流值为

$$I_{z4}''=0.906I_{3bs}=0.906\times2.291=2.076(\text{kA})$$

同理 $I_{4z0.01}=2.063(\text{kA})$，$I_{4z0.1}=1.974(\text{kA})$

$$I_{4z0.2}=1.925(\text{kA}),I_{4z2}=I_{4z4}=2.224(\text{kA})$$

冲击电流（$T_a=55.72$，$t=0.01\text{s}$）：

$$i_{ch}=\sqrt{2}(I_{z0.01}+I''_z e^{-\frac{\omega t}{T_a}})=\sqrt{2}(2.063+2.076e^{-\frac{314\times0.01}{55.72}})=5.692(\text{kA})$$

短路点的短路电流总值为

$$I''_z=I''_{z1}+I''_{z2}+I''_{z3}+I''_{z4}=40.24+66.568+7.004+2.076=115.888(\text{kA})$$

同理 $I_{z0.1}=99.251(\text{kA})$，$I_{z0.2}=90.771(\text{kA})$，$I_{z2}=74.09(\text{kA})$，$I_{z4}=71.654(\text{kA})$

$$i_{ch}=309.593(\text{kA})$$

② 短路电流周期分量的热效应　电气设备校验一般取 $t=0.2\text{s}$ 及 $t=4\text{s}$ 的热效应值。短路电流周期分量热效应：

$$Q_z=\frac{I''^2_z+10I''^2_{zt/2}+I''^2_{zt}}{12}\times t$$

a. 系统

$t=0.2\text{s}$ 时的热效应 $Q_{z0.2}$：

$$Q_{z0.2}=\frac{I''^2_z+10I^2_{z0.1}+I^2_{z0.2}}{12}\times t=\frac{40.24^2+10\times40.24^2+40.24^2}{12}\times0.2=323.852(\text{kA}^2\cdot\text{s})$$

$t=4\text{s}$ 时的热效应 Q_{z4}：

$$Q_{z4}=\frac{I''^2_z+10I^2_{z2}+I^2_{z4}}{12}\times t=\frac{40.24^2+10\times40.24^2+40.24^2}{12}\times4=6477.03(\text{kA}^2\cdot\text{s})$$

b. G_1

$$Q_{z0.2}=526.062(\text{kA}^2\cdot\text{s}),\ Q_{z4}=3590.524(\text{kA}^2\cdot\text{s})$$

c. G_2

$$Q_{z0.2}=8.957(\text{kA}^2\cdot\text{s}),\ Q_{z4}=217.519(\text{kA}^2\cdot\text{s})$$

d. $G_3//G_4$

$$Q_{z0.2}=0.392(\text{kA}^2\cdot\text{s}),\ Q_{z4}=9.786(\text{kA}^2\cdot\text{s})$$

根据计算出的电流总和值得 $t=0.2\text{s}$ 时，热效应 $Q_{z0.2}$：

$$Q_{z0.2}=2002.95(\text{kA}^2\cdot\text{s})$$

根据计算出的电流总和值得 $t=4\text{s}$ 时，热效应 Q_{z4}：

$$Q_{z4}=24485.868(\text{kA}^2\cdot\text{s})$$

③ 短路电流的非周期分量

a. 短路电流非周期分量 $\sum I_f$

系统（$t=0.1\text{s}$，$T_a=15$）：

$$I_{f1}=\sqrt{2}I''_z e^{-\frac{\omega t}{T_a}}=\sqrt{2}\times40.24e^{-\frac{314\times0.1}{15}}=7.014(\text{kA})$$

G_1（机端短路 $t=0.1\text{s}$，$T_a=80$）：

$$I_{f2}=\sqrt{2}I''_z e^{-\frac{\omega t}{T_a}}=\sqrt{2}\times66.568e^{-\frac{314\times0.1}{80}}=63.57(\text{kA})$$

G_2（$t=0.1\text{s}$，$T_a=40$）：

$$I_{f3}=\sqrt{2}I''_z e^{-\frac{\omega t}{T_a}}=\sqrt{2}\times7.004e^{-\frac{314\times0.1}{40}}=4.517(\text{kA})$$

▫ 表 4-14 　k₁、k₂点短路电流计算结果

短路点编号	短路点位置	短路点平均电压 U_{av} /kV	基准电流 I_b /kA	电源分支线名称	以平均电压计算的合成电抗 X^*_Σ	计算电抗 X_{js}	各支路电源额定容量 S_N /MV·A	不同时间各支路短路电流的周期分量					周期分量热效应		短路冲击电流最大值 i_{ch} /kA	短路电流非周期分量 I_f /kA	非周期分量热效应 Q_f /kA²·s	各支路电源额定电流 I_N /kA
								I''_z /kA	$I_{z0.1}$ /kA	$I_{z0.2}$ /kA	I_{z2} /kA	I_{z4} /kA	$Q_{z0.2}$ /kA²·s	Q_{z4} /kA²·s				
k_1	220kV 母线	230	0.251	系统 S	0.02	0.02	100	12.55	12.55	12.55	12.55	12.55	31.500	630	32.140	2.188	7.524	0.251
				发电机 G_1,G_2	0.05915	0.28	470.59	4.573	3.867	3.471	2.852	2.808	1.521	18.356	12.36	2.949	1.332	1.181
				发电机 G_3,G_4	0.401	0.25	62.5	0.683	0.566	0.502	0.391	0.379	0.0327	0.356	1.857	0.440	0.0297	0.157
				合计	0.0144			17.806	16.983	16.523	15.793	15.737	57.905	1019.632	46.357	5.577	40.39	
k_2	1号发电机出口	15.75	3.666	系统 S	0.0911	0.0911	100	40.24	40.24	40.24	40.24	40.24	323.852	6477.03	103.05	7.014	75.353	3.666
				发电机 G_1	0.06	0.14	235.29	66.568	50.361	42.073	24.219	21.787	526.062	3590.524	181.581	63.57	1128.993	8.625
				发电机 G_2	0.539	1.27	235.29	7.004	6.676	6.533	7.407	7.407	8.957	217.519	19.27	4.517	6.249	8.625
				发电机 G_3,G_4	1.825	1.14	62.5	2.076	1.974	1.925	2.224	2.224	0.392	9.786	5.692	1.339	0.272	2.291
				合计	0.0339			115.888	99.251	90.771	74.09	71.654	2002.95	24485.868	309.593	76.44	3421.663	

$G_3//G_4$（$t=0.1s$，$T_a=40$）：

$$I_{f4}=\sqrt{2}\,I''_z e^{-\frac{\omega t}{T_a}}=\sqrt{2}\times 2.076e^{-\frac{314\times 0.1}{40}}=1.339(kA)$$

短路点总的非周期分量值：

$$\sum I_f = I_{f1}+I_{f2}+I_{f3}+I_{f4}=7.014+63.57+4.517+1.339=76.44(kA)$$

b. 非周期分量热效应值

系统：$Q_{f1}=\dfrac{T_a}{\omega}I''^2_z=\dfrac{15}{314}\times 40.24^2=77.353(kA^2\cdot s)$

G_1：$Q_{f2}=\dfrac{T_a}{\omega}I''^2_z=\dfrac{80}{314}\times 66.568^2=1128.993(kA^2\cdot s)$

G_2：$Q_{f3}=\dfrac{T_a}{\omega}I''^2_z=\dfrac{40}{314}\times 7.004^2=6.249(kA^2\cdot s)$

$G_3//G_4$：$Q_{f4}=2\dfrac{T_a}{\omega}\left(\dfrac{I''_z}{2}\right)^2=\dfrac{40}{314}\times\left(\dfrac{2.076}{2}\right)^2\times 2=0.274(kA^2\cdot s)$

非周期分量总的热效应（时间常数取独立支路中最大值 $T_{amax}=80$）：

$$Q_f=\dfrac{T_{amax}}{\omega}(\sum I''_z)^2=\dfrac{80}{314}\times 115.888^2=3421.663(kA^2\cdot s)$$

k_1、k_2 点短路电流计算结果见表 4-14。

第5章

电气设备的选择

5.1 导体和电气设备选择的一般规定

5.1.1 一般原则

导体和电气设备一般按照以下原则进行选择：
① 应力求技术先进，安全适用，经济合理；
② 应满足正常运行、检修、短路和过电压情况下的要求，并考虑远景发展（5～10年）；
③ 应按当地环境条件校核；
④ 应与整个工程的建设标准协调一致；
⑤ 选择的导体品种不宜太多。

5.1.2 技术条件

选择的高压电器，应能在长期工作条件下保证正常运行，在发生过电压、过电流的情况下保证其功能。

（1）长期工作条件
① 电压　电气设备所在电网的运行电压因调压或负荷的变化，有时会高于电网的额定电压，所以选择电气设备允许的最高工作电压不得低于所接电网的最高运行电压。按国家标准额定电压220kV及以下电气设备的最高工作电压为设备额定电压的1.15倍，额定电压330kV及以上电气设备的最高工作电压为设备额定电压的1.1倍，即电气设备的允许最高工作电压为其额定电压U_N的1.1～1.15倍。而因电力系统负荷变化和调压等引起的电网最高运行电压不超过电网额定电压U_{Ns}的1.1倍，因此，在选择电气设备时，一般可按照电气设备的额定电压U_N不低于装置地点电网额定电压U_{Ns}的条件选择，即由（1.1～1.15）$U_N \geqslant$ 1.1U_{Ns}可得：

$$U_N \geq U_{Ns} \tag{5-1}$$

3kV 及以上电气设备的最高电压值如表 5-1 所示。

表 5-1　额定电压与设备最高电压

受电设备或系统额定电压/kV	供电设备额定电压/kV	设备最高电压/kV
3	3.15	3.6
6	6.3	6.9
10	10.5	11.5
与发电机配套的受电设备的额定电压,可采用供电设备额定电压	13.8(发电机)	(1)与制造厂研究确定 (2)专业标准具体规定
	15.75(发电机)	
	18(发电机)	
	20(发电机)	
	24(发电机)	
35		40.5
66		72.5
110		126
220		252
330		363
500		550
750		800
1000		1100

② 电流　电气设备的额定电流 I_N（或载流量 I_{al}）是指其在额定环境温度 θ_0 下的长期允许电流。为了满足长期发热条件,应按额定电流 I_N（或载流量 I_{al}）不得小于所在回路最大持续工作电流 I_g 的条件进行选择,即

$$I_N(\text{或 } I_{al}) \geq I_g \tag{5-2}$$

回路最大持续工作电流 I_g 根据发电机、调相机、变压器容量和负荷等按表 5-2 的原则确定。

表 5-2　各回路最大持续工作电流

回路名称		计算工作电流	说明
出线回路	带电抗器出线	电抗器额定电流	
	单回路	线路最大负荷电流	包括线损和事故转移过来的负荷
	双回路	1.2~2 倍一回线的正常最大负荷电流	包括线损和事故转移过来的负荷
	环形与 3/2 断路器接线回路	两个相邻回路正常负荷电流	考虑断路器事故检修时,一个回路加另一最大回路负荷电流的情况
	桥形接线	最大元件负荷电流	桥回路应考虑系统穿越功率
变压器回路		1.05 倍变压器额定电流	变压器通常允许正常或事故过负荷;若要求承担另一台变压器事故或检修时转移的负荷时,按 1.3~2.0 倍计算
		1.3~2.0 倍变压器额定电流	

续表

回路名称	计算工作电流	说明
汇流母线	按实际潮流分布确定	
母线联络回路	母线上最大一台发电机或变压器的 $I_{\max}$	
母线分段回路	(1)发电厂为最大一台发电机额定电流的 50%～80% (2)变电所应满足用户的一级负荷和大部分二级负荷	考虑电源元件事故后仍能保证母线负荷
旁路回路	需旁路的回路最大额定电流	
发电机、调相机回路	1.05 倍发电机、调相机额定电流	发电机和调相机在电压降低到 0.95 额定电压运行时,出力可以保持不变,因此电流可以增大 5%
电动机回路	电动机的额定电流	
电容器回路	1.35 倍电容器组额定电流	

当实际环境温度 θ 不同于导体的额定环境温度 θ_0 时,其长期允许电流应该用下式进行修正:

$$I_{al\theta} \geqslant K I_{al} \tag{5-3}$$

式中 K——综合修正系数。

不计日照时,裸导体和电缆的综合修正系数为

$$K = \sqrt{\frac{\theta_{al} - \theta}{\theta_{al} - \theta_0}} \tag{5-4}$$

式中 θ_{al}——导体的长期发热允许最高温度,裸导体一般为 70℃;

θ_0——导体的额定环境温度,裸导体一般为 25℃。

我国生产的电气设备额定环境温度 $\theta_0 = 40℃$,在 40～60℃范围内,当实际的环境温度高于 40℃时,环境温度每增高 1℃,建议按减少额定电流 1.8%进行修正;当实际环境温度低于 40℃时,环境温度每降低 1℃,建议按增加额定电流 0.5%进行修正,但其最大过负荷不得超过额定电流的 20%。

（2）短路稳定条件

① 校验的一般原则

a. 电气设备在选定后应按最大可能通过的短路电流进行动、热稳定校验。校验的短路电流一般取三相短路时的短路电流,若发电机出口的两相短路或中性点直接接地系统及自耦变压器等回路中的单相、两相接地短路较三相短路严重时,则应按严重情况考虑。

b. 用熔断器保护的电气设备可不验算热稳定。用有限流作用的熔断器保护的除外,裸导体和电气设备的热稳定仍应验算。用熔断器保护的电压互感器回路,可不验算动、热稳定性。

② 短路动稳定校验　电动力稳定是电气设备承受短路冲击电流所产生的电动力效应的能力,也称为动稳定。满足动稳定的条件为

$$\left.\begin{array}{l} i_{es} \geqslant i_{ch} \\ I_{es} \geqslant I_{ch} \end{array}\right\} \tag{5-5}$$

式中　i_{es}——电气设备允许通过的动稳定电流（或称极限通过电流峰值）幅值，kA；

　　　I_{es}——电气设备允许通过的动稳定电流（或称极限通过电流峰值）有效值，kA；

　　　i_{ch}——短路冲击电流峰值，kA；一般高压电路短路时，$i_{ch} = 2.55I''$；发电机端或发电机电压母线短路时，$i_{ch} = 2.69I''$；I''为短路周期分量的起始值，kA；

　　　I_{ch}——短路全电流有效值，kA。

③ **短路热稳定校验**　短路电流通过电气设备时，设备各部件温度应不超过允许值。满足热稳定的条件为

$$I_t^2 t \geqslant Q_k \tag{5-6}$$

式中　Q_k——在计算时间 t_k（s）内，短路电流通过电气设备时所产生的热效应，$kA^2 \cdot s$；

　　　I_t——制造厂规定的 t（s）内电气设备允许通过的热稳定电流有效值，kA；

　　　t——制造厂规定的电气设备允许通过热稳定电流的时间，s。

④ **短路计算时间**　校验电气设备的热稳定和开断能力时，必须合理地确定短路计算时间。

a. 校验短路热稳定的计算时间 t_k　即为计算短路电流热效应 Q_k 的时间。短路计算时间 t_k 为继电保护动作时间 t_{pr} 和相应断路器的全开断时间 t_{ab} 之和，即

$$t_k = t_{pr} + t_{ab} \tag{5-7}$$

式中　t_{pr}——一般取继电保护装置的后备保护动作时间，主要是考虑主保护有死区或拒动；

　　　t_{ab}——全开断时间，指保护对断路器的分闸脉冲传送到断路器操作机构的跳闸线圈时起，到各相触头分离后的电弧完全熄灭为止的时间段，t_{ab} 包括两部分，即

$$t_{ab} = t_{in} + t_a \tag{5-8}$$

式中　t_{in}——断路器固有分闸时间，由断路器接到分闸命令（分闸电路接通）起，到灭弧触头刚分离的一段时间，此值可在相应手册中查出，户内少油断路器为 0.05～0.15s，户外少油断路器为 0.04～0.07s，真空断路器为 0.05～0.06s，SF_6 和压缩空气断路器为 0.03～0.04s；

　　　t_a——断路器开断时电弧持续时间，它是指由第一个灭弧触头分离瞬间起，到最后一极电弧熄灭为止的一段时间，对少油断路器为 0.04～0.06s，对 SF_6 断路器和压缩空气断路器约为 0.02～0.04s，真空断路器约为 0.015s。

通常，用全开断时间 t_{ab} 来衡量高压断路器分闸速度的快慢。开断时间大于 0.12s 的称为低速断路器。

采用无延时保护时，短路电流计算时间 t_k 可取用表 5-3 中的数据。若继电保护有延时整定时，应按表 5-3 中的数据，加上相应整定时间。

⊡ **表 5-3　校验热稳定的计算时间**

断路器开断速度	断路器全分闸时间 t_{ab}/s	计算时间 t_k/s
高速断路器	＜0.08	0.1
中速断路器	0.08～0.12	0.15
低速断路器	＞0.12	0.20

主保护无死区时，验算裸导体短路热效应计算时间，宜采用主保护动作时间加断路器全开断时间。

b. 校验开断电器开断能力的短路计算时间 t_{br}　开断电器应能在最严重的情况下开断短路电流，因此，t_{br} 由式（5-9）确定：

$$t_{br} = t_{pr1} + t_{in} \tag{5-9}$$

式中，t_{pr1} 为主保护动作时间，s；对于无延时保护，t_{pr1} 为保护启动和执行机构动作时间之和。

5.1.3　环境条件

（1）温度

选择导体和电器的环境温度宜按表 5-4 所列数值选取。

⊡ 表 5-4　选择导体和电器的环境温度

类别	安装场所	环境温度/℃		最　低
		最　高		
裸导体	屋　外	最热月平均最高温度		
	屋　内	该处通风设计温度。若无资料,可取最热月平均最高温度加 5℃		
电器	屋　外	年最高温度		年最低
	屋内电抗器	该处通风设计最高排风温度		
	屋内其他	该处通风设计温度。若无资料时,可取最热月平均最高温度加 5℃		
电缆	屋外电缆沟	最热月平均最高温度		
	屋内电缆沟	该处通风设计温度。若无资料时,可取最热月平均最高温度加 5℃		
	电缆隧道	该处通风设计温度。若无资料时,可取最热月平均最高温度加 5℃		
	土中直埋	最热月的平均地温		

注：1. 年最高（或最低）温度为一年中所测得的最高（或最低）温度的多年平均值。

2. 最热月平均最高温度为最热月每日最高温度的月平均值，取多年平均值。

普通高压电气设备在环境最高温度为 +40℃ 时，允许按额定电流长期工作。当设备安装点的环境温度高于 +40℃（但不高于 +60℃）时，每增高 1℃，建议额定电流减少 1.8%；当低于 +40℃ 时，每降低 1℃，建议额定电流增加 0.5%，但总的增加值不得超过额定电流的 20%。

如果最高温度超过 +40℃，而长期处于低湿度的干热地区，应选用型号后带 "TA" 字样的干热带型产品。

（2）风速

一般高压电气设备可在风速不大于 35m/s 的环境下使用。选择设备时所用的最大风速，330kV 及以下电压等级的电器宜采用离地 10m 高、30 年一遇的 10min 平均最大风速；500～750kV 电器宜采用离地 10m 高，50 年一遇的 10min 平均最大风速；1000kV 电器宜采用离地 10m 高，100 年一遇的 10min 平均最大风速。

（3）海拔

非高原型的电气设备使用的海拔高度不超过 1000m。当海拔在 1000～3500m 范围内，若海拔比制造厂家规定值每升高 100m，则电气设备允许最高工作电压要下降 1%。当最高工作电压不能满足要求时，应采用高原型电气设备，或采用外绝缘提高一级的产品。对于 110kV 及以下电气设备，由于外绝缘裕度较大，可在海拔 2000m 以下使用。

5.2 高压断路器和隔离开关的选择

5.2.1 高压断路器的选择

（1）一般规定

断路器及其操作机构应按表 5-5 所列技术条件选择，并按表中使用环境条件校验。

▫ 表 5-5 断路器的选择条件

项 目		参 数
技术条件	正常工作条件	电压、电流、频率、机械荷载
	短路稳定性	动稳定电流、热稳定电流和持续时间
	承受过电压能力	对地和断口间的绝缘水平、泄漏比距
	操作性能	开断电流、短路关合电流、操作循环、操作次数、操作相数、分合闸时间及周期性,对过电压的限制、某些特需的开断电流、操动机构
环境条件	环 境	环境温度、日温差①、最大风速①、相对湿度②、污秽①、海拔高度、地震烈度
	环境保护	噪声、电磁干扰

① 表示在屋内使用时,可不校验。

② 表示在屋外使用时,可不校验。

（2）断路器的选型

① 额定参数的选择 断路器的额定电压和额定电流应满足式（5-1）、式（5-2）要求。确定额定电压和额定电流后，可初选断路器的型号，并通过查附录 4 中附表 4-1～附表 4-4 得其有关参数如固有分闸时间 t_{in}、额定开断电流 I_{Nbr}、动稳定电流峰值 i_{es}、$t(s)$ 内通过的热稳定电流 I_t 等。

② 额定开断电流选择 为保证断路器能可靠地开断短路电流，高压断路器的额定开断电流 I_{Nbr} 不应小于实际开断瞬间的短路电流周期分量 I_{pt}，即

$$I_{Nbr} \geq I_{pt} \tag{5-10}$$

国产高压断路器按国家标准规定，I_{Nbr} 仅计入了 20% 的非周期分量。一般中、慢速断路器，开断时间长（$t_{br} \geq 0.1s$），短路电流非周期分量衰减较多，能满足标准规定的要求。对于使用快速保护和高速断路器，其开断时间小于 $t_{br} < 0.1s$，当在电源附近短路时，短路电流的非周期分量可能超过周期分量的 20%，需要用短路全电流 I_k 进行验算，即

$$I_{Nbr} \geq I_k = \sqrt{I_{pt}^2 + (\sqrt{2} I'' e^{-\frac{\omega t_{br}}{T_a}})^2} \tag{5-11}$$

式中 I''——短路电流周期分量起始值，kA；

I_{pt}——开断瞬时短路电流周期分量有效值，当开断时间小于 0.1s 时，$I_{pt} \approx I''$，kA；

t_{br}——开断计算时间，s，可按式（5-9）计算；

T_a——非周期分量衰减时间常数，$T_a = X_{\Sigma}/R_{\Sigma}$，其中 X_{Σ}、R_{Σ} 分别为电源至短路点的等效总电抗和总电阻。

③ 额定关合电流的选择　在断路器合闸之前，若线路上已存在短路故障，则在断路器合闸过程中，动、静触头间在未接触时即有巨大的短路电流通过（预击穿），更容易发生触头熔焊和遭受电动力的损坏；且断路器在关合短路电流时，不可避免地在接通后又自动跳闸，此时还要求能够切断短路电流。因此，额定关合电流是断路器的重要参数之一。为了保证断路器在关合短路电流时的安全，断路器的额定关合电流 i_{Nc1} 不应小于短路电流最大冲击值 i_{ch}，即

$$i_{Nc1} \geqslant i_{ch} \tag{5-12}$$

④ 短路动稳定和热稳定校验　短路的动、热稳定性按式（5-5）、式（5-6）校验。

⑤ 形式选择　断路器形式的选择，除应满足各项技术条件和环境条件外，还应便于施工调试和运行维护，并经技术经济比较后确定。一般断路器在实用中的选型参见表 5-6。

⊡ 表 5-6　断路器的选型

安装使用场所		可选择的断路器主要形式	断路器所配操作机构形式	需注意的技术特点
配电装置	40.5kV 及以下	少油断路器、多油断路器真空断路器、SF_6 断路器	弹簧机构、电磁机构手动机构	用量大,注意经济实用性,多用于屋内或成套开关柜内,电缆线路开断应无重燃
	72.5～126kV	真空断路器、SF_6 断路器	弹簧机构	用量大,注意经济实用性,无重合闸要求
	252kV	SF_6 断路器	弹簧机构、液压氮气机构、液压弹簧机构、气动机构	开断 220kV 空载长线时,过电压水平不应超过允许值,开断无重燃,有时断路器的两侧为互不联系的电源
	363kV 及以上	SF_6 断路器	弹簧机构、液压氮气机构、液压弹簧机构、气动机构	当采用单相重合闸或综合重合闸时,断路器应能分相操作,考虑适应多种开断的要求,断路器要能在一定程度上限制操作过电压,开断无重燃,分合闸时间要短
并联电容器组		真空断路器、SF_6 断路器		操作较频繁,注意校验操作过电压倍数,开断无重燃
串联电容器组		与配电装置同型		断口额定电压与补偿装置容量有关
高压电动机		真空断路器		注意校验操作过电压倍数或采取其他限压措施

采用封闭母线的大容量机组当需要装设断路器时，应选用发电机专用断路器。

真空断路器、SF_6 断路器在技术性能和运行维护方面有明显优势，深受用户欢迎，是发展方向。

5.2.2　隔离开关的选择

（1）一般规定

隔离开关及操作机构应按表 5-7 所列技术条件选择，并以使用环境条件校验。

⊡ **表 5-7　隔离开关参数选择**

项　目		参　数
技术条件	正常工作条件	电压、电流、频率、机械荷载
	短路稳定性	动稳定电流、热稳定电流和持续时间
	承受过电压能力	对地和断口间的绝缘水平、泄漏比距
	操作性能	分合小电流、旁路电流和母线环流、单柱式隔离开关的接触区、操动机构
环境条件	环境	环境温度、覆冰厚度①、最大风速①、相对湿度②、污秽①、海拔高度、地震烈度
	环境保护	电磁干扰

① 表示在屋内使用时，可不校验。

② 表示在屋外使用时，可不校验。

（2）种类和型式的选择

隔离开关无灭弧装置，不能用来接通和切断负荷电流和短路电流，因此需与断路器配合使用。隔离开关的选择在额定电压、额定电流的选择及短路动、热稳定校验方面与断路器相同，因其无法接通和切除短路电流，所以不需校验开断和短路关合电流。隔离开关在实用中的选型参考见表 5-8。隔离开关的技术数据见附录 4 中的附表 4-5。

⊡ **表 5-8　隔离开关的选型参考**

安装使用条件		特点	参考型号
屋内配电装置、成套高压开关柜		三极，10kV 及以下，手动	GN_2，GN_6，GN_8，GN_9
屋内	发电机回路、大电流回路	单极，10kV，20kV，大电流 3000～9100A，手动、电动	GN_{10}，GN_{23}
		单极，插入式结构，带封闭罩，20kV，大电流 10000～12500A，电动	GN_{21}
		三极，10kV，大电流 2000～4000A，手动	GN_2，GN_3
		三极，15kV，200～600A，手动	GN_{11}
屋外	220kV 及以下各型配电装置	双柱式，220kV 及以下，电动，手动	GW_4
	高型，硬母线布置	V 形，35～110kV，属双柱式，电动，手动	GW_5
	硬母线布置	单柱式，110～500kV，可分相布置，电动	GW_6，GW_{10}，GW_{16}
	220kV 及以上中型配电装置	三柱式、双柱式，220～500kV，电动	GW_7，GW_{11}，GW_{12}，GW_{17}
	变压器中性点	单极，35～110kV	GW_8，GW_{13}

5.2.3　高压熔断器的选择

熔断器是利用金属导体作为熔体串联于电路中，当过载或短路电流通过熔体时，因其自身发热而熔断，从而分断电路的一种电器。熔断器广泛应用于高低压配电系统中，保护电气设备免受过载和短路电流的损害。按照安装条件及用途选择不同类型高压熔断器（如屋外跌落式、屋内式）。对用于保护电压互感器的高压熔断器应选专用系列。

（1）额定电压的选择

对于一般的高压熔断器，其额定电压 U_N 必须大于或等于电网的额定电压 U_{Ns}。但是对于填充石英砂有限流作用的限流式熔断器，则不宜使用在低于熔断器额定电压的电网中。这是因为限流式熔断器灭弧能力很强，熔体熔断时因截流而产生过电压，一般在 $U_N = U_{Ns}$ 的电网中，过电压倍数约 $2 \sim 2.5$ 倍，不会超过电网中电气设备的绝缘水平；但在 $U_N > U_{Ns}$ 的电网中，因熔体较长，过电压值可达 $3.5 \sim 4$ 倍相电压，可能损害电网中的电气设备。

（2）额定电流的选择

熔断器包括熔管和熔体两部分，额定电流的选择就要从熔管和熔体的额定电流这两方面考虑。

① 熔体额定电流的选择　为了防止熔体在通过变压器励磁涌流和保护范围以外的短路及电动机自启动等冲击时误动作，保护 35kV 及以下电力变压器的高压熔断器，其熔体的额定电流应根据电力变压器回路最大工作电流 I_{max} 按下式选择：

$$I_{Nfs} = KI_{max} \tag{5-13}$$

式中　I_{Nfs}——熔体的额定电流，A；

　　　K——可靠系数，不计电动机自启动时 $K = 1.1 \sim 1.3$，考虑自启动 $K = 1.5 \sim 2.0$。

保护电力电容器的高压熔断器熔体，当系统电压升高或波形畸变引起回路电流涌流时不应熔断，其熔体的额定电流应根据电容器回路的额定电流 I_{Nc} 按下式选择：

$$I_{Nfs} = KI_{Nc} \tag{5-14}$$

式中　K——可靠系数，对限流式高压熔断器，当一台电力电容器时 $K = 1.5 \sim 2.0$，当一组电力电容器时 $K = 1.3 \sim 1.8$。

② 熔管额定电流的选择　熔管额定电流 I_{Nft} 应大于或等于熔体的额定电流 I_{Nfs}，以保证熔断器壳不被损坏。

$$I_{Nft} \geqslant I_{Nfs} \tag{5-15}$$

（3）熔断器开断电流校验

校验公式

$$I_{Nbr} \geqslant I_{ch} \tag{5-16}$$

对于没有限流作用的熔断器，选择时用冲击电流的有效值 I_{ch} 进行校验；对于有限流作用的熔断器，在电流达最大值之前已截断，故可不计非周期分量影响，而采用 I'' 进行校验。

5.2.4　互感器的选择

互感器分为电压互感器和电流互感器，作用是将一次回路的高电压、大电流按比例变换为低电压（100V）和小电流（5A、1A），为测量仪表、继电保护装置和自动装置提供电压和电流，同时将一次回路与二次回路隔离。

（1）电压互感器的选择

① 参数选择　电压互感器应按表 5-9 所列技术条件选择，并按表中环境条件校验。

⊡ 表 5-9　**电压互感器参数选择**

项目		参数
技术条件	正常工作条件	一次回路电压、二次电压、二次负荷、准确度等级、机械荷载
	承受过电压能力	绝缘水平、泄漏比距
环境条件		环境温度、最大风速[①]、相对湿度[②]、污秽[①]、海拔高度、地震烈度

① 当在屋内使用时，可不校验。

② 当在屋外使用时，可不校验。

② 型式的选择　电压互感器的型式按下列条件选择：

a. 3～20kV 屋内配电装置中，宜采用油浸结构，也可采用树脂浇注绝缘结构的电磁式电压互感器；

b. 35kV 屋外配电装置中，宜采用油浸绝缘结构的电磁式电压互感器；

c. 66kV 屋外配电装置中，宜采用油浸绝缘结构的电磁式电压互感器；

d. 220kV 及以上电压等级配电装置，宜采用电容式或电子式电压互感器，110kV 配电装置可采用电容式或电磁式电压互感器；

e. SF_6 气体绝缘全封闭开关设备的电压互感器，宜采用电磁式或电子式电压互感器；

f. 线路装有载波通信时，应尽量与耦合电容器组合，统一选用电容式电压互感器；

g. 电磁式电压互感器可以兼作并联电容器的泄能设备，但此电压互感器与电容器组之间，不应有开断点。

③ 一次额定电压和二次额定电压的选择　电压互感器一次绕组额定电压 U_{1N}，二次绕组额定电压通常是供额定电压为 100V 的仪表和继电器的电压绕组使用。显然，单个单相式电压互感器的二次绕组电压为 100V，而其余可获得相间电压的接线方式，二次绕组电压为 $100/\sqrt{3}$V；电压互感器开口三角形的辅助绕组电压用于 35kV 及以下中性点不接地系统的电压为 100/3V，而用于 110kV 及以上的中性点接地系统为 100V。

3～35kV 电压互感器一般经隔离开关和熔断器接入高压电网。110kV 及以上的互感器可靠性较高，电压互感器只经过隔离开关与电网连接。

④ 容量和准确级的选择　根据仪表和继电器接线要求选择电压互感器的接线方式，并尽可能将负荷均匀分布在各相上，然后计算各相负荷大小，按照所接仪表的准确级和容量，选择互感器的准确级和额定容量。互感器的额定二次容量应不小于电压互感器的二次负荷。

⑤ 电压互感器的配置

a. 母线　一般工作及备用母线都装有一组电压互感器，用于同步、测量仪表和保护装置。旁路母线上是否装设电压互感器，要根据出线同期方式而定。当需要用旁路断路器代替出线断路器实现同期操作时，则应在旁路母线装设一台单相电压互感器供同期使用，否则不必装设。

b. 线路　35kV 及以上输电线路，当对端有电源时，为了监视线路有无电压、进行同步和设置重合闸，应装设一台单相电压互感器。

c. 发电机　一般装 2～3 组电压互感器。一组（三只单相、双绕组）供自动调节励磁装置。另一组供测量仪表、同期和保护装置使用，该互感器采用三相五柱式或三只单相接地专用互感器，其开口三角形绕组供发电机在未并列之前检查是否有接地故障时用。大、中型发电机中性点常接有单相电压互感器，用于 100% 定子接地保护。

d. 变压器　变压器低压侧有时为了满足同期或继电保护的要求，设有一组电压互感器。

（2）电流互感器的选择

① 参数选择　电流互感器应按表 5-10 所列技术条件选择，并按表中使用环境条件校验。选择的电流互感器应满足继电保护、自动装置和测量仪表的要求。

⊡ 表 5-10　电流互感器参数选择

项目		参数
技术条件	正常工作条件	一次回路电压、一次回路电流、二次回路电流、二次侧负荷、准确度等级、暂态特性、二次级数量、机械荷载
	短路稳定性	动稳定倍数、热稳定倍数
	承受过电压能力	绝缘水平、泄漏比距
环境条件		环境温度、最大风速[①]、相对湿度[②]、海拔高度、地震烈度

① 当在屋内使用时，可不校验。
② 当在屋外使用时，可不校验。

a. 电流互感器的二次侧电流有 5A 和 1A 两种。一般弱电系统用 1A，强电系统用 5A，当配电装置距离控制室较远时亦可考虑用 1A。

b. 电流互感器额定的二次负荷标准值为：5V·A、10V·A、15V·A、20V·A、25V·A、30V·A、40V·A、50V·A、60V·A、80V·A、100V·A。当额定电流为 5A 时，对应的额定负荷阻抗值为：0.2Ω、0.4Ω、0.6Ω、0.8Ω、1.0Ω、1.2Ω、1.6Ω、2.0Ω、2.4Ω、3.2Ω、4.0Ω。当一个二次绕组的容量不能满足要求时，可将两个二次绕组串联使用。

c. 二次绕组的数量决定于测量仪表、保护装置和自动装置的要求。一般情况下，测量仪表与保护装置宜分别接于不同的二次绕组，否则应采取措施，避免互相影响。

② 型式的选择

a. 3～35kV 屋内配电装置的电流互感器，根据安装使用条件及产品的情况，宜选用树脂浇注绝缘结构。

b. 35kV 及以上配电装置的电流互感器，宜采用油浸瓷箱式、树脂浇注式、SF_6 气体绝缘结构或光纤式的独立式电流互感器。有条件时，应采用套管式电流互感器。

③ 额定电压和电流的选择　一次额定电压 U_N 按式（5-1）选择，一次额定电流应按下列条件选择。

a. 当电流互感器用于测量时，其一次额定电流应尽量选择比回路中正常工作电流大 1/3 左右，以保证测量仪表的最佳工作，并在过负荷时使仪表有适当的指示。

b. 电力变压器中性点电流互感器的一次额定电流，应大于变压器允许的不平衡电流，一般可按变压器额定电流的 30％选择。安装在放电间隙回路中的电流互感器，一次额定电流可按 100A 选择。

c. 供自耦变压器零序差动保护用的电流互感器，其各侧（供该保护用的高、中压侧和中性点电流互感器）变比均应一致，一般按电流较大的中压侧的额定电流选择。

d. 在自耦变压器公共绕组上作过负荷保护和测量用的电流互感器，应按公共绕组的允许负荷电流选择，此电流通常发生在低压侧开断，而高-中压侧传输自耦变压器额定容量时。此时，公共绕组上的电流为中压侧和高压侧额定电流之差。

e. 中性点非直接接地系统中的零序电流互感器应按下列条件选择：

- 由二次电流及保护灵敏度确定一次回路额定电流；
- 按电缆根数及外径选择电缆式零序电流互感器的窗口；
- 按一次额定电流选择母线式零序电流互感器的截面；
- 校验母线式零序电流互感器时，尚应校验窗口允许穿过母线和一根继电保护用的二次电缆的尺寸；

f. 发电机横联差动保护用电流互感器的一次电流按下列情况选择：

- 安装于各绕组出口处时，宜按定子绕组每个支路的电流选择；
- 安装于中性点连接线上时，按发电机允许的最大不平衡电流选择，一般可取发电机额定电流的 20%～30%。

④ 准确级和额定容量的选择　为了保证测量仪表的准确度，电流互感器的准确级不得低于所供测量仪表的准确级。装于重要回路（如发电机、调相机、变压器、厂用馈线、出线等回路）中的电流互感器的准确级不应低于 0.5 级；对测量精度要求较高的大容量发电机、变压器、系统干线和 500kV 级宜用 0.2 级；对供运行监视、估算电能的电能表和控制盘上仪表的电流互感器应为 0.5～1 级；供只需估计电参数仪表的电流互感器可用 3 级。当所供仪表要求不同准确级时，应按相应最高级别来确定电流互感器的准确级。互感器按选定准确级所规定的额定容量应大于或等于二次侧所接负荷。

a. 保护用电流互感器选择

- 330kV、500kV 系统及大型发电厂的保护用电流互感器应考虑短路暂态的影响，宜选用具有暂态特性的 TP 类互感器。某些保护装置本身具有克服电流互感器暂态饱和影响的能力，则可按保护装置具体要求选择适当的 P 类电流互感器。
- 对 220kV 及以下系统的电流互感器，一般可不考虑暂态影响，可采用 P 类电流互感器。对某些重要回路可适当提高所选互感器的准确限值系数或饱和电压，以减缓暂态影响。

b. 测量用电流互感器选择　选择测量用电流互感器应根据电力系统测量和计量系统的实际需要合理选择电流互感器的类型。要求在较大工作电流范围内作准确测量时可选用 S 类电流互感器。为保证二次电流在合适的范围内，可采用复变比或二次绕组带抽头的电流互感器。

电能计量用仪表与一般测量仪表在满足准确级条件下，可共用一个二次绕组。

⑤ 动稳定和热稳定校验

a. 动稳定校验包括由同一相的电流相互作用产生的内部电动力校验，以及不同相的电流相互作用产生的外部电动力校验。显然，多匝式一次绕组主要经受内部电动力；单匝式一次绕组不存在内部电动力，则电动力稳定性为外部电动力决定。

内部动稳定校验式为

$$i_{es} \geqslant i_{ch} \text{ 或} \sqrt{2}\,I_{1N}K_{es} \geqslant i_{es} \tag{5-17}$$

式中　i_{es}，K_{es}——电流互感器的动稳定电流及动稳定电流倍数，由制造厂提供。

外部动稳定校验式为

$$F_{al} \geqslant 0.5 \times 1.73 \times 10^{-7} i_{ch}^2 \frac{L}{a} (\text{N}) \tag{5-18}$$

式中　F_{al}——作用于电流互感器瓷帽端部的允许力，由制造厂提供；

L——电流互感器出线端至最近一个母线支柱绝缘子之间的跨距；

a——相间距离；

0.5 —— 系数，表示互感器瓷套端部承受该跨上电动力的一半。

b. 热稳定校验　只对本身带有一次回路导体的电流互感器进行热稳定校验。电流互感器热稳定能力常以 1s 允许通过的热稳定电流 I_t 或一次额定电流 I_{1N} 的倍数 K_t 来表示，热稳定校验式为

$$I_t^2 \geqslant Q_k \text{ 或 } (K_t I_{1N})^2 \geqslant Q_k \tag{5-19}$$

⑥ 电流互感器的配置

a. 为了满足测量和保护装置的需要，在发电机、变压器、出线、母线分段及母联断路器、旁路断路器等回路中均设有电流互感器。对于中性点直接接地系统，一般按三相配置；对于中性点非直接接地系统，依具体情况按二相和三相配置。

b. 保护用电流互感器的装设地点应按尽量消除主保护装置的死区来设置。如有两组电流互感器，应尽可能设在断路器两侧，使断路器处于交叉保护范围之中。

c. 为了减轻内部故障对发电机的损伤，用于自动调节励磁装置的电流互感器应布置在发电机定子绕组的出线侧。为了便于分析和在发电机并入系统前发现内部故障，用于测量仪表的电流互感器宜装在发电机中性点侧。

d. 为了防止电流互感器套管闪络造成母线故障，电流互感器通常布置在断路器的出线或变压器侧，即尽可能不在紧靠母线侧装设电流互感器。

5.2.5 限流电抗器的选择

（1）参数选择

限流电抗器按表 5-11 所列技术条件选择，并按表中环境条件校验。

⊡ **表 5-11　限流电抗器的参数选择**

项目		参数
技术条件	正常工作	电压、电流、频率、电抗百分数
	短路稳定性	动稳定电流、热稳定电流和持续时间
	安装条件	安装方式、进出线端子角度
环境条件		环境温度、相对湿度、海拔高度、地震烈度

（2）校验与安装特点

① 普通电抗器 $X_K\% > 3\%$ 时，制造厂已考虑接于无穷大电源、额定电压下，电抗器端头发生短路时的动稳定度，但由于短路电流计算是以平均电压（一般比额定电压高 5%）为准，因此在一般情况下仍应进行动稳定校验。

② 分裂电抗器动稳定电流值有两个，其一为单臂流过短路电流之值，其二为两臂同时流过反向短路电流时之值。后者比前者小得多。在校验动稳定时应分别对这两种情况，选定对应的短路方式进行。

③ 安装方式是指电抗器的布置方式。普通电抗器一般有水平布置、垂直布置和品字布置三种。进出线端子一般有 90°、120°、180°三种，分裂电抗器推荐使用 120°。

（3）额定电压和额定电流的选择

额定电压按式（5-1）选择。额定电流的选择分为普通限流电抗器和分裂限流电抗器的

额定电流选择。

① 普通限流电抗器额定电流的选择

a. 电抗器几乎没有过负荷能力，所以主变压器或馈线回路的电抗器，应按回路最大工作电流选择，而不能用正常持续工作电流选择；

b. 发电厂母线分段回路的限流电抗器，应根据母线上事故切除最大一台发电机时，可能通过电抗器的电流选择，一般取该台发电机额定电流的 $50\%\sim80\%$；

c. 变电所母线分段回路的电抗器应满足用户的一级负荷和大部分二次负荷的要求。

② 分裂限流电抗器的额定电流的选择

a. 当用于发电厂的发电机或主变压器回路时，一般按发电机或主变压器额定电流的 70% 选择；

b. 当用于变电站主变压器回路时，应按负荷电流大的一臂中通过的最大负荷电流选择，当无负荷资料时，可按主变压器额定电流的 70% 选择。

（4）电抗百分值的选择

① 普通限流电抗器的电抗百分数的选择和校验

a. 按将短路电流限制到一定数值的要求来选择。假定要求将电抗器后的短路电流限制到 I_z''，则电源至电抗器后的短路点的总电抗标幺值 X_Σ^* 为：

$$X_\Sigma^* = \frac{I_{bs}}{I_z''} \tag{5-20}$$

式中　I_{bs}——基准电流。

如果电源至电抗器前的系统电抗标幺值是 $X_\Sigma'^*$，则所需电抗器的电抗标幺值 X_K^* 为

$$X_K^* = X_\Sigma^* - X_\Sigma'^* \tag{5-21}$$

式中　$X_\Sigma'^*$——电源至电抗器前的系统电抗标幺值。

电抗器在其额定参数下的百分电抗：

$$X_K\% = X_K^* \frac{I_{Nk}U_{bs}}{I_{bs}U_{Nk}} \times 100\% \tag{5-22}$$

或　　　　$$X_K\% = \left(\frac{I_{bs}}{I_z''} - X_\Sigma'^*\right)\frac{I_{Nk}U_{bs}}{I_{bs}U_{Nk}} \times 100\% \tag{5-23}$$

$$X_K\% = \left(\frac{S_{bs}}{S_z''} - X_\Sigma'^*\right)\frac{I_{Nk}U_{bs}}{I_{bs}U_{Nk}} \times 100\% \tag{5-24}$$

式中　I_{bs}——基准电流，kA；

　　　I_z''——被电抗器限制后所要求的短路次暂态电流，kA；

　　　I_{Nk}——电抗器的额定电流，kA；

　　　U_{bs}——基准电压，kV；

　　　U_{Nk}——电抗器的额定电压，kV；

　　　S_{bs}——基准容量，MV·A；

　　　S_z''——被电抗器限制后所要求的 0s 短路容量，MV·A。

b. 电压损失校验。正常运行时，电抗器的电压损失 $\Delta U\%$ 不得大于母线额定电压的 5%。考虑到电抗器电阻很小，且 ΔU 主要是由电流的无功分量 $I_{g.max}\sin\varphi$ 产生，故电压损失为

$$\Delta U\% = X_K\% \times \frac{I_{g.\,max}}{I_{Nk}} \times \sin\varphi \tag{5-25}$$

式中　$I_{g.\,max}$——电抗器的最大持续工作电流，A；

　　　φ——负荷功率因数角。

对于出线电抗器，还应计及出线上的电压损失。

c. 母线剩余电压校验。当出线电抗器未设置无时限继电保护装置时，应按电抗器后发生短路，母线剩余电压 $\Delta U_r\%$ 应不低于电网电压额定值 U_{Ns} 的 60%～70% 校验，若此电抗器接在 6kV 发电机主母线上，则剩余电压应尽量取上限值。计算公式为

$$\Delta U_r\% = X_K\% \frac{I_z''}{I_{Nk}} \geqslant (60\%\sim70\%)U_{Ns} \tag{5-26}$$

对于母线分段电抗器、带几回出线的电抗器及其他具有无时限继电保护的出线电抗器不必校验短路时的母线剩余电压。

② 分裂限流电抗器电抗百分数的选择和校验

a. 应按将短路电流值限制到要求值来选择。$X_K\%$ 可按式（5-23）～式（5-24）计算。计算时需注意，分裂限流电抗器的额定电压 U_{Nk} 等于电网的基准电压。

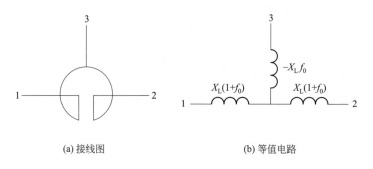

(a) 接线图　　　　　　(b) 等值电路

图 5-1　分裂电抗器等值电路图

在做短路电流计算时，应根据分裂电抗器与电源的连接方式和所选的短路点，确定等值电抗 $X_K\%$ 和一臂中的自感电抗 $X_L\%$ 的关系。分裂电抗器的等值电路如图 5-1 所示。一般有下列四种情形：

● 当 "3" 侧有电源，"1" 和 "2" 侧无电源，"1"（或 "2"）侧短路时：

$$X_K\% = X_L\% \tag{5-27}$$

● 当 "3" 侧无电源，"1"（或 "2"）侧有电源，"2"（或 "1"）侧短路时：

$$X_K\% = 2(1+f_0) \times X_L\% \tag{5-28}$$

式中　f_0——分裂电抗器的互感系数（或称耦合系数），应由制造部门提供，当无制造部门资料时，一般取 $f_0 = 0.5$。

● 当 "1" 和 "2" 侧有电源，"3" 侧短路时或 "1" "2" "3" 侧均有电源，而 "3" 侧短路时：

$$X_K\% = \frac{1-f_0}{2} \times X_L\% \tag{5-29}$$

● 当三侧均有电源，"1" 侧或 "2" 侧短路时，可先确定 $X_L\%$ 值，然后再按其他条件校验。

b. 校验电压波动

● 正常工作时，分裂电抗器两臂母线电压波动不应大于母线额定电压的 5%，按下式计算：

$$\frac{U_1}{U_{Nk}} \times 100\% = \frac{U}{U_{Nk}} \times 100\% - X_L\% \times \left(\frac{I_1 \sin\varphi_1}{I_{Nk}} - f_0 \times \frac{I_2 \sin\varphi_2}{I_{Nk}} \right) \tag{5-30}$$

$$\frac{U_2}{U_{Nk}} \times 100\% = \frac{U}{U_{Nk}} \times 100\% - X_L\% \times \left(\frac{I_2 \sin\varphi_2}{I_{Nk}} - f_0 \times \frac{I_1 \sin\varphi_1}{I_{Nk}} \right) \tag{5-31}$$

式中　U_1，U_2——两臂端的电压；

　　　　U——电源侧的电压；

　　U_{Nk}，I_{Nk}——电抗器的额定电压和额定电流；

　　I_1，I_2——两臂中的负荷电流（当无两臂母线实际负荷资料时，则可取一臂为分裂电抗器额定电流的 30%，另一臂为分裂电抗器额定电流的 70%）。

为使两段母线上电压差别减少，应使二者的负荷分配尽量均匀。

● 当一臂的母线的馈线发生短路时，另一臂的母线电压升高校验。其升高值可按下面两个公式计算：

$$\frac{U_1}{U_N} \times 100\% = X_L\% \times (1 + f_0) \times \left(\frac{I''_z}{I_{Nk}} - \frac{I_1 \sin\varphi_1}{I_{Nk}} \right) \tag{5-32}$$

$$\frac{U_2}{U_N} \times 100\% = X_L\% \times (1 + f_0) \times \left(\frac{I''_z}{I_{Nk}} - \frac{I_2 \sin\varphi_2}{I_{Nk}} \right) \tag{5-33}$$

式中　U_N——母线额定电压；

　　I''_z——短路电流周期分量 0s 值。

根据式（5-32）、式（5-33）可知，在发生短路瞬间，正常工作臂母线电压可能比额定电压高很多。例如当 $X_L\% = 10\%$、$f_0 = 0.5$、$\cos\varphi = 0.8$，$\frac{I''_z}{I_{Nk}} = 9$，工作臂电流 $\frac{I_1}{I_{Nk}} = 0.3$，则母线电压可升高达 $1.35 U_N$。它会使电动机的无功电流增大，继电保护装置误动作。使用分裂电抗器时，应使感应电动机的继电保护整定避开此电流增值。

母线电压突然升高时，感应电动机无功电流增大为

$$I_1 \sin\varphi_1 = I_{1N} \sin\varphi_{1n} \left[1 - 3.09 \frac{U_1}{U_N} + 2.92 \left(\frac{U_1}{U_N} \right)^2 \right] \tag{5-34}$$

式中　$I_{1N} \sin\varphi_{1n}$——在额定电压下感应电动机的无功电流。

③ 热稳定和动稳定校验

$$I_t^2 t \geqslant Q_k, i_{es} \geqslant i_{ch}$$

分裂电抗器抵御两臂同时流过反向电流的动稳定能力较低，因此分裂电抗器除分别按单臂流过短路电流校验外，还应按两臂同时流过反向短路电流进行动稳定校验。

5.2.6　中性点接地设备的选择

（1）消弧线圈

① 安装位置选择　消弧线圈的装设条件根据中性点接地方式确定。在选择消弧线圈的台数和容量时，应考虑消弧线圈的安装位置，并按下列原则进行。

a. 在任何运行方式下，大部分电网不得失去消弧线圈的补偿。不应将多台消弧线圈集中安装在一处，并应尽量避免在电网中仅安装一台消弧线圈。

b. 在发电厂中，发电机电压的消弧线圈可装在发电机中性点上，也可装在厂用变压器中性点上，当发电机与变压器为单元连接时，消弧线圈应安装在发电机中性点上。在变电站中，消弧线圈宜装在变压器中性点上，6～10kV 消弧线圈也可装在调相机的中性点上。

c. 发电机为双 Y 绕组且中性点分别引出时，仅在其中一个 Y 绕组的中性点上连接消弧线圈，而不能将消弧线圈同时连接在两个 Y 绕组的中性点上，否则会将两个中性点之间的电流互感器短路。对于双轴机组，同样，仅在其中一台机组的中性点连接消弧线圈已足够，因为双轴机组的线端已有电气联系。

d. 安装在 YNd 接线双绕组或 YNynd 接线三绕组变压器中性点上的消弧线圈容量，不应超过变压器三相总容量的 50％，并且不得大于三绕组变压器的任一绕组容量。

e. 安装在 YNyn 接线的内铁芯式变压器中性点上的消弧线圈容量，不应超过变压器三相总容量的 20％。消弧线圈不应接于零序磁通经铁芯闭路 YNyn 接线变压器的中性点上。

f. 如果变压器无中性点或中性点未引出，应装设容量相当的专用接地变压器，接地变压器可与消弧线圈采用相同的额定工作时间，而不是连续时间。接地变压器的特性要求是：零序阻抗低、空载阻抗高、损失小。

② 参数与型式的选择

消弧线圈应按表 5-12 所列技术条件选择，并按表中使用环境校验。消弧线圈宜选用油浸式。装设在屋内相对湿度小于 80％ 场所的消弧线圈，也可选用干式。在电容电流变化较大的场所，宜选用自动跟踪动态补偿式消弧线圈。

▫ 表 5-12　消弧线圈的参数选择

项目		额定参数
技术条件	正常工作条件	额定电压、额定频率、额定容量、补偿度、电流分接头、中性点位移电压
	额定绝缘水平	对地绝缘水平、爬电距离、爬电比距
环境条件	环境条件	环境温度、日温差、相对湿度、污秽等级、海拔、地震烈度
	环境保护	电磁干扰、噪声水平

注：1. 当在屋内使用时，可不校验日温差、污秽等级。

2. 当在屋外使用时，则不校验相对湿度。

③ 容量及分接头选择

a. 消弧线圈的补偿容量，可按下式计算：

$$Q=KI_C \times \frac{U_N}{\sqrt{3}} \tag{5-35}$$

式中　Q——补偿容量，kV·A；

K——系数，过补偿取 1.35，欠补偿按脱谐度确定；

I_C——电网或发电机回路的电容电流，A；

U_N——电网或发电机回路的额定线电压，kV。

b. 消弧线圈应尽量避免在谐振点运行。一般需将分接头调谐到接近谐振点的位置，以提高补偿成功率。为便于运行调谐，宜选用容量接近于计算值的消弧线圈。

　　c. 装在电网的变压器中性点的消弧线圈，以及具有直配线的发电机中性点的消弧线圈应采用过补偿方式，防止运行方式改变时，电容电流减少，使消弧线圈处于谐振点运行。在正常运行时，脱谐度不大于 10%（消弧线圈的脱谐度 ν 表征偏离谐振状态的程度，可用来描述消弧线圈的补偿程度，$\nu = \dfrac{I_L - I_C}{I_C} \times 100\%$，$I_C$ 为对地电容电流，I_L 为消弧线圈的电感电流）。

　　d. 对于采用单元连接的发电机中性点的消弧线圈，为了限制电容耦合传递过电压以及频率变动等对发电机中性点位移电压的影响，宜采用欠补偿的方式。考虑到限制传递过电压等因素，在正常情况下，脱谐度一般不宜超过 ±30%。

　　e. 消弧线圈的分接头数量应满足调节脱谐度的要求，接于变压器的一般不低于 5 个，接于发电机的最好不低于 9 个。

　　④ 电容电流的计算　　电网的电容电流，应包括有电气连接的所有架空线路、电缆线路的电容电流，并计及厂、站母线和电器的影响。此电容电流应取最大运行方式下的电流。计算电网的电容电流时，应考虑电网 5～10 年的发展。

　　a. 架空线路的电容电流可按下式估算：

$$I_C = K U_N L \times 10^{-3} \tag{5-36}$$

式中　I_C——架空线路的电容电流，A；

　　　K——系数，对于无架空地线的线路取 2.7，有架空地线的线路取 3.3；

　　　L——线路的长度，km。

同杆双回线路的电容电流为单回路的 1.3～1.6 倍。

　　b. 电缆线路的电容电流可按下式估算：

$$I_C = 0.1 U_N L \tag{5-37}$$

　　c. 配电装置增加的接地电容电流附加值：对于配电装置增加的接地电容电流附加值见表 5-13。

⊡ **表 5-13　配电装置增加的接地电容电流附加值**

额定电压/kV	6	10	15	35	63	110
附加值/%	18	16	15	13	12	10

　　d. 发电机电压回路的电容电流，应包括发电机、变压器和连接导线的电容电流，当回路装有直配线或电容器时，还应计及这部分电容电流。对敞开式母线一般取（0.5～1）× 10^{-3} A/m。变压器低压侧绕组的三相对地电容电流，一般可按 0.1～0.2A 估算。离相封闭母线单相对地电容分别按式（5-38）和式（5-39）估算：

$$C_0 = \frac{2\pi\varepsilon}{\ln\dfrac{D}{d}} \approx \frac{1}{18\ln\dfrac{D}{d}} \times 10^{-9} \tag{5-38}$$

$$\varepsilon = \varepsilon_0 = \frac{10^{-9}}{36\pi} = 8.842 \times 10^{-6} \tag{5-39}$$

式中　C_0——单相对地电容，F/m；

　　　ε——空气中的介电常数，F/m；

　　　D——离相封闭母线外壳内径，m；

d——离相封闭母线导线的外径，m。

e. 汽轮发电机定子线圈单相接地电容电流，应向制造部门取得数据。当缺乏有关资料时，可参考下述估算方法计算。

● 中小型机组按下面公式计算：

$$C_{0f} = \frac{2.5KS_N\omega}{\sqrt{3}(1+0.08U_N)} \times 10^{-9} \tag{5-40}$$

式中 C_{0f}——发电机定子线圈的电容，F；

K——与绝缘材料有关的系数，当发电机温度为 15～20℃时，$K=0.0187$；

S_N——发电机额定视在功率，MV·A；

U_N——发电机额定线电压，kV；

ω——角速度，$\omega = 2\pi f$。

$$I_C = \sqrt{3}\omega C_{0f}U_N \times 10^3 \tag{5-41}$$

式中 I_C——发电机定子绕组的电容电流，A。

I_C 的近似估算值如表 5-14 所示。

⊡ 表 5-14　中小型发电机定子线圈单相接地电容电流

发电机视在功率 S_N /kV·A	额定电压 U_N /kV	定子线圈对地电容 C_{0f} /（μF/相）	单相接地电容电流 I_C /A
4375	6.3	0.05	0.17
7500	6.3	0.05	0.17
15000	6.3	0.1	0.34
15000	10.5	0.08	0.46
31250	6.3	0.2	0.69
31250	10.5	0.16	0.92
58900	10.5	0.25	1.43

● 200MW 及以上大型汽轮发电机组的单相接地电容电流可参照表 5-15 取用，或向制造部门咨询。

⊡ 表 5-15　200MW 及以上大型汽轮发电机组的单相接地电容电流

汽轮发电机型式	U_N/kV	C_{0f}/（μF/相）	I_C/A
哈尔滨电机厂 600MW 机组	20	$(0.225\sim0.281)\times10^{-6}$	2.46～3.06
哈尔滨电机厂 TQSS-250-2 型机组	15.75	$(0.232\sim0.29)\times10^{-6}$	1.99～2.49
东方电机厂 200MW 机组	15.75	$(0.237\sim0.296)\times10^{-6}$	2.03～2.54
上海电机厂 QFS-300-2 型机组	18	0.2×10^{-6}	1.99
陡河电站日本进口 250MW 机组	15	0.55×10^{-6}	4.49
石横电站美国进口 300MW 机组	20	0.182×10^{-6}	1.98
平圩电站美国进口 600MW 机组	20	0.196×10^{-6}	2.133

⑤ 中性点位移校验

a. 中性点经消弧线圈接地的电网，在正常情况下，长时间中性点位移电压不应超过额定相电压的 15%（$15\% \times \dfrac{U_N}{\sqrt{3}}$），脱谐度一般不大于 10%（绝对值）。

中性点经消弧线圈接地的发电机，在正常情况下，长时间中性点位移电压不应超过额定相电压的 10%（$10\% \times \dfrac{U_N}{\sqrt{3}}$），考虑到限制传递过电压等因素，脱谐度不应超过±30%。

b. 中性点位移电压可按式（5-42）、式（5-43）计算：

$$U_0 = \frac{U_{bd}}{\sqrt{d^2 + v^2}} \tag{5-42}$$

$$v = \frac{I_C - I_L}{I_C} \tag{5-43}$$

式中　U_0——中性点位移电压，kV；

　　　U_{bd}——消弧线圈投入前电网或发电机回路中性点不对称电压，可取 0.8% 相电压，kV；

　　　d——阻尼率，一般对 66~110kV 架空线路取 3%，35kV 及以下电压等级架空线路取 5%，电缆线路取 2%~4%；

　　　v——脱谐度；

　　　I_C——电网或发电机回路电容电流，A；

　　　I_L——消弧线圈电感电流，A。

（2）接地变压器和电阻

① 装设接地变压器及电阻的目的　在容量 200MW 及以上的发电机中性点，有经消弧线圈接地的方式，也有经单相配电接地变压器（二次侧接电阻）的接地方式，示意图如图 5-2 所示。其目的是在电容回路中加入适当的电阻，以限制发电机单相接地故障时，健全相的瞬时过电压不超过 2.6 倍额定相电压，并尽可能地限制接地故障电流不超过 10~15A。当采用了这种接地方式后，还将为构成发电机定子接地保护提供电源，便于检测。

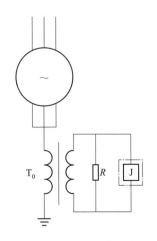
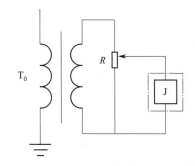

图 5-2　发电机中性点经接地变压器接地示意图　　　图 5-3　电阻需要中间抽头时的接线图

② 电阻的选择　接地电阻的一次值为 $R' = K^2 R$。其中 K 为接地变压器的变比。选取电阻的原则是取其一次值 R' 等于或小于发电机三相对地总容抗，使得单相接地故障有功电流等于或大于电容电流。即

$$R \leqslant \frac{1}{K^2 \times 3\omega(C_{0f}+C_t)} \times 10^6 \tag{5-44}$$

式中 C_{0f}——发电机本身每相的对地电容，μF；

　　　C_t——除发电机外，发电机回路中其他设备每相对地电容，包括封闭母线电容、主变压器电容、厂用变压器电容以及为防止过电压而附加的电容器容量，μF。

由于电阻 R 的接入，将使单相接地故障总电流增加 $\sqrt{2}$ 倍或更大，并由原来的容性电流合成为阻容性电流。

电阻的容量按流过电阻的工作电流和时间确定，在该时间内应保持足够的热稳定。工作电流按下式计算：

$$I_r = \frac{U_2}{\sqrt{3}R} \tag{5-45}$$

式中 U_2——接地变压器的二次电压，V。

③ 接地变压器的选择　接地变压器的一次电压取发电机的额定电压 U_{Ng}。这样可在发电机发生单相接地，中性点有 $1.6U_{Ng}$ 的过渡电压时，不致使变压器饱和。

接地变压器的二次电压可取 220V 或 100V。当接地保护需要 100V 电压，而变压器二次电压因供货原因而选用 220V 时，可在电阻中增加分压抽头。如图 5-3 所示。

接地变压器的容量是 S 不应小于电阻的消耗功率：

$$S \geqslant \frac{U_2^2}{3R} \tag{5-46}$$

接地变压器的型式以选用干式单相配电变压器为宜。在确定其容量时，可以按接地保护动作于跳闸的时间，利用变压器的过负荷能力。当无厂家资料时，可取表 5-16 所列数据。

⊡ 表 5-16　干式变压器事故过负荷能力

过负荷量/额定容量	1.2	1.3	1.4	1.5	1.6
过负荷持续时间/min	60	45	32	18	5

（3）避雷器和保护间隙

① 中性点避雷器选择

a. 采用有串联间隙金属氧化物避雷器和碳化硅阀式避雷器的额定电压，在一般情况下应符合：对 3～20kV 和 35kV、66kV 系统，分别不低于 $0.64U_m$ 和 $0.58U_m$；对 3～20kV 发电机，不低于 0.64 倍发电机最高运行电压。

b. 采用无间隙金属氧化物避雷器作为雷电过电压保护装置时，避雷器的持续运行电压和额定电压应不低于表 5-17 所列数值。

⊡ 表 5-17　中性点用无间隙金属氧化物避雷器持续运行电压和额定电压

系统接地方式		持续运行电压（kV，中性点）	额定电压（kV，中性点）
有效接地	110kV	$0.27U_m/0.46U_m$	$0.35U_m/0.58U_m$
	220kV	$0.10U_m(0.27U_m/0.46U_m)$	$0.35U_m(0.35U_m/0.58U_m)$
	330～750kV	$0.10U_m$	$0.35U_m$

续表

系统接地方式		持续运行电压（kV，中性点）	额定电压（kV，中性点）
非有效接地	不接地	$0.64U_m$	$0.80U_m$
	谐振接地	$U_m/\sqrt{3}$	$0.72U_m$
	低电阻接地	$0.46U_m$	$U_m/\sqrt{3}$
	高电阻接地	$U_m/\sqrt{3}$	$U_m/\sqrt{3}$

注：1.110kV、220kV 中性点斜线的上、下方数据分别对应系统无接地和有接地的条件。

2.220kV 括号外、内数据分别对应变压器中性点经接地电抗器接地和不接地。

3.220kV 变压器中性点经接地电抗器接地和 330～750kV 变压器或高压并联电抗器中性点经接地电抗器接地，接地电抗器的电抗与变压器或高压并联电抗器的零序电抗之比不大于 1/3。

4.110kV、220kV 变压器中性点不接地且绝缘水平低于标准时，避雷器的参数需另行确定。

c. 选择原则

● 变压器中性点避雷器标称放电电流选用 1.5kA，发电机中性点避雷器标称放电电流选用 1.5kA。

● 变压器中性点绝缘冲击试验电压与氧化锌避雷器 1.5kA 雷电冲击残压之间至少有 20%的裕度。

● 变压器中性点绝缘的工频试验电压乘以冲击系数后与氧化锌避雷器的操作冲击电流下的残压之间至少有 15%的裕度。

② 中性点保护间隙的选择 110～330kV 系统的中性点一般采用经接地开关和保护间隙的接地方式。变压器中性点的放电间隙一般为球形或棒形，间隙距离应易于调整，保证间隙放电电压稳定。高压侧 110kV 系统的变压器中性点间隙调整距离一般为 90～140mm，高压侧 220kV 系统的变压器中性点间隙调整距一般为 250～360mm；高压侧 330kV 系统的变压器中性点间隙调整距离为 170～250mm。

5.3 硬导体的选择

5.3.1 导体选型

导体通常由铜、铝、铝合金制成。载流导体一般使用铝或铝合金材料。纯铝的成型导体一般为矩形、槽形和管形；铝合金导体有铝锰合金和铝镁合金两种，形状均为管形，铝锰合金载流量大，但强度较差，而铝镁合金载流量小，但机械强度大，其缺点是焊接困难，因此使用受到限制；铜导体只用在持续工作电流大，且出线位置特别狭窄或污秽对铝有严重腐蚀的场所。

我国目前常用的硬导体形式有矩形、槽形和管形。

（1）矩形导体

单条矩形导体截面积最大不超过 1250mm²，以减小集肤效应，使用于大电流时，可将 2～4 条矩形导体并列使用，矩形导体一般只用于 20kV 及以下回路电流在 4000A 及以下时。矩形导体的散热和机械强度与导体布置方式有关。三相系统平行布置时，若矩形导体的长边垂直布置（竖放）方式，散热较好，载流量大，但机械强度较低；若矩形导体的长边呈水平布置（平放），则与前者相反。因此，导体的布置方式应根据载流量的大小、短路电流水平和配电装置的具体情况而定。

（2）槽形导体

槽形导体的电流分布比较均匀，与同截面的矩形导体相比，其优点是散热条件好、机械强度高、安装比较方便。尤其是在垂直方向开有通风孔的双槽形比不开孔的方管形导体的载流能力大 $9\%\sim10\%$；比同截面的矩形导线载流能力约大 35%。因此在回路持续工作电流为 $4000\sim8000A$ 时，一般可选用双槽形导体，大于上述电流时，由于会引起钢构件严重发热，故使用时应采用相应的措施以减小对钢构件的影响或选用其他形式的导体。

（3）管形导体

管形导体是空芯导体，肌肤效应系数小，且有利于提高电晕的起始电压。户外配电装置使用管形导体，有占地面积小、构架简明、布置清晰等优点。但是导体与设备端子连接较复杂，用于户外时易产生微风振动。$110\sim330kV$ 高压配电装置，当其母线采用硬导线时，宜选用铝合金管形导体，固定方式可采用支持式或悬吊式。$500kV$ 高压配电装置，当其母线采用硬导体时，可采用单根大直径圆管组成的分裂结构，固定方式一般采用悬吊式。目前，$750kV$ 及以上高压配电装置中，其母线材料一般不选用硬导体。

5.3.2　导体截面选择

导体截面可按长期发热允许电流或经济电流密度选择。

对年负荷利用小时数大（通常 $T_{max}>5000h$），传输容量大，长度在 $20m$ 以上的导体，如发电机、变压器的连接导体，其截面一般按经济电流密度选择。而配电装置的汇流母线通常在正常运行方式下，传输容量不大，可按长期允许电流来选择。

（1）按导体长期发热允许电流选择

按导体长期发热允许电流选择公式如下：

$$I_{max}\leqslant KI_{al} \tag{5-47}$$

式中　　I_{max}——导体所在回路中最大持续工作电流，A；

　　　　I_{al}——在额定环境温度 $\theta_0=+25℃$ 时导体允许电流，A；

　　　　K——与实际环境温度和海拔有关的综合校正系数，见表 5-18。

当导体允许最高温度为 $+70℃$ 和不计日照时，K 值可用下式计算：

$$K=\sqrt{\frac{\theta_{al}-\theta}{\theta_{al}-\theta_0}} \tag{5-48}$$

式中，θ_{al}、θ 分别为导体长期发热允许最高温度和导体安装地点实际环境温度。

▱ 表 5-18　裸导体载流量在不同海拔高度及环境温度下的总和校正系数 K

导体最高允许温度/℃	适应范围	海拔高度/m	实际环境温度/℃						
			+20	+25	+30	+35	+40	+45	+50
+70	屋内矩形、槽形、管形导体和不计日照的屋外软导体		1.05	1.00	0.94	0.88	0.81	0.74	0.67

续表

导体最高允许温度/℃	适应范围	海拔高度/m	实际环境温度/℃						
			+20	+25	+30	+35	+40	+45	+50
+80	计及日照时屋外软导线	1000 及以下	1.05	1.00	0.95	0.89	0.83	0.76	0.69
		2000	1.01	0.96	0.91	0.85	0.79		
		3000	0.97	0.92	0.87	0.81	0.75		
		4000	0.93	0.89	0.84	0.77	0.71		
	计及日照时屋外管形导体	1000 及以下	1.05	1.00	0.94	0.87	0.80	0.72	0.63
		2000	1.00	0.94	0.88	0.81	0.74		
		3000	0.95	0.90	0.84	0.76	0.69		
		4000	0.91	0.86	0.80	0.72	0.65		

（2）按经济电流密度选择

按经济电流密度选择导体截面可使年计算费用最低。不同种类的导体和不同的最大负荷利用小时数 T_{max}，将有一个年计算费用最低的电流密度，称为经济电流密度 J。各种铝导体的经济电流密度如表 5-19 所示。导体的经济截面 S_j 为

$$S_j = \frac{I_{max}}{J} (\text{mm}^2) \tag{5-49}$$

应尽量选择接近式（5-49）计算的标准截面。按经济电流密度选择的导体截面的允许电流还必须满足式（5-47）的要求。

表 5-19 经济电流密度 J　　　　　　　　　　　　　　　　　　　　　　　　　　　　　　A/mm²

导线材料	年最大负荷利用小时数（ T_{max} ）		
	3000 以下	3000～5000	5000 以上
铝线、钢芯铝绞线	1.65	1.15	0.9
铜线	3.00	2.25	1.75
铝芯电缆	1.92	1.73	1.54
铜芯电缆	2.50	2.25	2.00

5.3.3 电晕电压校验和热稳定校验

（1）电晕电压校验

对于 110kV 及以上裸导体，需要按晴天不发生全面电晕条件校验，即裸导体的临界电晕电压 U_{cr} 应大于最高工作电压 U_{max}。

（2）热稳定校验

在校验导体热稳定时，若计及集肤效应系数 K_f 的影响，由短路时发热的计算公式可得到短路热稳定决定的导体最小截面 S_{min} 为

$$S_{min} = \frac{1}{C}\sqrt{Q_k K_f} (\text{mm})^2 \tag{5-50}$$

式中　C——热稳定系数，其值见表 5-20；

　　　Q_k——短路热效应，$\text{A}^2 \cdot \text{s}$。

表 5-20 不同工作温度下裸导体的 C 值

工作稳定/℃	40	45	50	55	60	65	70	75	80	85	90
硬铝及铝锰合金	99	97	95	93	91	89	87	85	83	82	81
硬铜	186	183	181	179	176	174	171	169	166	164	161

5.3.4　硬导体的动稳定校验

各种形状的硬导体通常都安装在支柱绝缘子上，短路冲击电流产生的电动力将使导体发生弯曲，因此，导体应按弯曲情况进行应力计算。而软导体不必进行动稳定校验。

（1）矩形导体应力的计算

① 单条矩形导体构成母线的应力计算。导体最大相间计算应力 σ_{ph} 为

$$\sigma_{ph}=\frac{M}{W}=\frac{f_{ph}L^2}{10W}(\text{Pa}) \tag{5-51}$$

式中　f_{ph}——单位长度导体上所受相间电动力，N/m；

L——导体支柱绝缘子间的跨距，m；

M——导体所受的最大弯矩，N·m，当跨距数大于 2 时，取 $M=\dfrac{f_{ph}L^2}{10}$；当跨距

数等于 2 时，取 $M=\dfrac{f_{ph}L^2}{8}$；

W——导体对垂直于作用力方向轴的截面系数，m^3。

在三相系统平行布置时，对于长边为 h、短边为 b 的矩形导体，当长边呈水平布置，每相为单条时，W 取值为 $bh^2/6$（两条时为 $bh^2/3$，三条时为 $bh^2/2$）；当长边呈垂直布置，每相为单条时，W 取值为 $bh^2/6$（两条时为 $1.44bh^2$，三条时为 $3.3bh^2$）。

导体最大相间应力 σ_{ph} 应小于导体材料允许应力 σ_{al}（硬铝 $7\times10^6\text{Pa}$、硬铜 $140\times10^6\text{Pa}$），即

$$\sigma_{ph}\leqslant\sigma_{al} \tag{5-52}$$

则满足动稳定要求的绝缘子间最大允许跨距 L_{max} 为

$$L_{max}=\sqrt{\frac{10\sigma_{al}W}{f_{ph}}}(\text{m}) \tag{5-53}$$

显然，L_{max} 是根据材料最大允许应力确定的。当矩形导体平放时，为避免导体因自重而过分弯曲，所选跨距一般不超过 $1.5\sim2\text{m}$。三相水平布置的汇流母线常取绝缘子跨距等于配电装置间隔宽度，以便于绝缘子安装。

② 多条矩形导体构成的母线应力计算。同相母线由多条矩形导体组成时，母线中最大机械应力由相间应力 σ_{ph} 和同相条间应力 σ_b 叠加而成，则母线满足动稳定的条件为

$$\sigma_{ph}+\sigma_b\leqslant\sigma_{al} \tag{5-54}$$

式中，相间应力 σ_{ph} 计算与单条导体的计算式（5-51）相同，仅 W 应为多条组合导体的截面系数，而条间应力为

$$\sigma_b=\frac{M_b}{W}=\frac{f_bL_b^2}{12W}=\frac{f_bL_b^2}{2b^2h}(\text{Pa}) \tag{5-55}$$

式中　M_b——边条导体所受弯矩，按两端固定的匀载荷量计算，$M_b=\dfrac{f_bL_b^2}{12}$，N·m；

W——导体对垂直于条间作用力的截面系数，$W=bh^2/6$，m^3；

L_b——条间衬垫跨距，m，参见图 5-4；

f_b——单位长度导体上所受条间作用力，N/m。

条间作用力 f_b 可分别按情况进行计算：

同相由双条导体组成时，认为相电流在两条中平均分配，条间作用力为

$$f_b = 2K_{12}(0.5i_{ch})^2 \frac{1}{2b} \times 10^{-7} = 2.5K_{12}i_{ch}^2 \times \frac{1}{b} \times 10^{-8} (\text{N/m}) \tag{5-56}$$

式中　K_{12}——条 1、2 之间的截面形状系数。

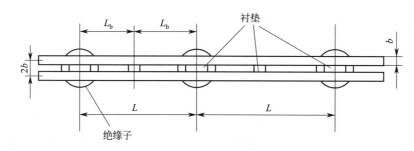

图 5-4　双条矩形导体（竖放）俯视图

同相由三条导体组成时，认为中间条通过 20% 相电流，两侧各条通过 40%，当条间中心距离为 $2b$ 时，受力最大的边条作用力为

$$f_b = f_{b1-2} + f_{b1-3} = 8(K_{12} + K_{13})i_{ch}^2 \times \frac{1}{b} \times 10^{-9} (\text{N/m}) \tag{5-57}$$

式中　K_{13}——条 1、3 之间的截面形状系数。

条间装设衬垫（螺栓）是为了减小 σ_b，由于同相条间距离很近，条间作用力大，为了防止同相各条矩形导体在条间作用力下产生弯曲而互相接触，衬垫间允许的最大跨距，即临界跨距 L_{cr}，可由下式决定：

$$L_{cr} = \lambda b^4 \sqrt{\frac{h}{f_b}} (\text{m}) \tag{5-58}$$

式中，λ 为系数，铜：双条为 1774，三条为 1355；铝：双条为 1003，三条为 1197。

根据条间允许应力（$\sigma_{al} - \sigma_{ph}$），则导体满足动稳定要求的最大允许衬垫跨距 L_{bmax} 为

$$L_{bmax} = \sqrt{\frac{12(\sigma_{al} - \sigma_{ph})W}{f_b}} = b\sqrt{\frac{2h(\sigma_{al} - \sigma_{ph})}{f_b}} (\text{m}) \tag{5-59}$$

所选衬垫跨距 L_b 应满足 $L_b < L_{cr}$ 及 $L_b \leqslant L_{bmax}$，但过多增加衬垫的数量会使导体散热条件变坏，一般每隔 30~50cm 设一衬垫。

（2）槽形导体应力计算

槽形导体应力的计算方法与矩形导体相同。槽形导体的布置如图 5-5 所示。按图（a）布置，导体的截面系数 $W = 2W_X$；按图（b）布置，$W = 2W_Y$（W_X、W_Y 分别为单槽导体对 X 和 Y 轴的截面系数）。当采用焊片将双槽形导体焊成整体时，图（b）$W = W_{Y0}$。槽形导体的截面系数可查附录 4 中附表 4-13（槽形铝导体长期允许载流量及计算数据）。

当双槽形导体条间距离为 $2b = h$ 时，$K_{12} \approx 1$，根据式（5-56）双槽形导体间作用力可写成：

$$f_b = 2 \times (0.5i_{sh})^2 \times 10^{-7} \times \frac{1}{h} = 5 \times 10^{-8} i_{sh}^2 \times \frac{1}{h} (\text{N/m}) \tag{5-60}$$

由于双槽形导体间抗弯曲的截面系数 $W=W_{\mathrm{Y}}$，故条间应力由式（5-55）可得：

$$\sigma_{\mathrm{b}}=\frac{f_{\mathrm{b}}L_{\mathrm{b}}^{2}}{12W_{\mathrm{Y}}}=4.16\frac{i_{\mathrm{ch}}^{2}L_{\mathrm{b}}^{2}}{hW_{\mathrm{Y}}}\times10^{-9}(\mathrm{Pa}) \tag{5-61}$$

双槽形导体焊成整体时（如图 5-6 所示），式（5-61）中的 L_{b} 改为 L_{b1}，$L_{\mathrm{b1}}=L_{\mathrm{b}}-L_{\mathrm{b0}}$。

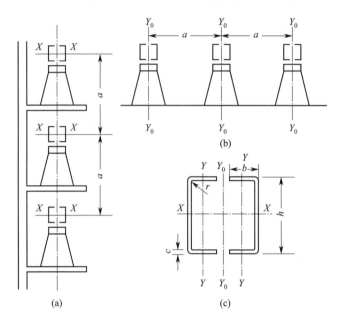

图 5-5　双槽形导体的布置方式

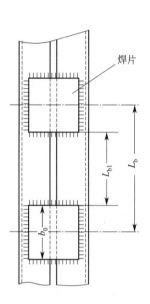

图 5-6　双槽形导体焊接片示意图

5.3.5　硬导体共振校验

对于重要回路（如发电机、变压器回路及汇流母线等）的导体应进行共振校验。当已知导体材料、形状、布置方式和应避开的自振频率（一般为 $30\sim160\mathrm{Hz}$）时，导体不发生共振的最大绝缘子跨距 $L_{\max}$ 为

$$L_{\max}=\sqrt{\frac{N_{\mathrm{f}}}{f_{1}}\sqrt{\frac{EI}{m}}}(\mathrm{m}) \tag{5-62}$$

封闭母线的选择方法：凡属定型产品，制造厂将提供有关的额定电压、电流和动热稳定等参数，因此，可按电气设备选择一般条件中所述方法来进行选择和校验；同时应根据具体工程情况，向制造厂提供有关资料，供制造厂进行布置和连接部分设计。当选用非定型封闭母线时，应进行导体和外壳发热、应力及绝缘子抗弯的计算，并进行共振校验。

5.4　电缆、绝缘子和套管的选择

5.4.1　电力电缆选择

（1）电缆芯线材料及型号选择

电缆芯线有铜芯和铝芯。电缆型号很多，应根据其用途、敷设方式和使用条件进行选择。厂用高压电缆一般选用纸绝缘铅包电缆；除 110kV 及以上采用单相充油电缆或交联聚乙烯电缆等干式电缆外，一般采用三相电缆；高温场所宜用耐热电缆；重要直流回路或保安电源用电缆宜选用阻燃型电缆；直埋地下敷设时一般选用钢带铠装电缆；潮湿或腐蚀地区应选用塑料护套电缆；敷设在高差大的地点，应采用不滴流电缆或塑料电缆。

（2）电压和截面选择

① 电压的选择　电缆的额定电压 U_N 应大于或等于所在电网的额定电压 U_{Ns}，即 $U_N \geqslant U_{Ns}$。

② 截面选择　电力电缆截面选择方法与裸导体基本相同，值得指出的是式（5-47）用于电缆选择时，其修正系数 K 与敷设方式和环境温度有关，即

$$K = K_t K_1 K_2 \text{ 或 } K = K_t K_3 K_4$$

式中，K_t 为温度修正系数，可由式（5-48）计算，但式中的电缆芯线长期发热最高允许温度 θ_{al} 与电压等级、绝缘材料和结构有关；K_1、K_2 分别为空气中多根电缆并列和穿管敷设时的修正系数，当电压在 10kV 及以下、截面为 95mm^2 及以下，K_2 取 0.9，截面为 120~185mm^2，K_2 取 0.85；K_3 为直埋电缆因土壤热阻不同的修正系数；K_4 为土壤中多根并列修正系数。K_t、K_1、K_3、K_4 及 θ_{al} 值可分别查附录 4 中的附表 4-8~附表 4-11。

工程实际中，应尽量将三芯电缆的截面限制在 185mm^2 及以下，以便于敷设和制作电缆接头。

（3）允许电压降校验

对供电距离较远、容量较大的电缆线路，应校验其电压损失 ΔU（%），一般应满足 ΔU（%）$\leqslant 5\%$。对于长度为 L，单位长度的电阻为 r，电抗为 x 的三相交流电缆，计算式为

$$\Delta U(\%) = \frac{173}{U} I_{max} L (r\cos\varphi + x\sin\varphi) \% \tag{5-63}$$

式中　U——电缆线路工作电压（线电压），kV；

I_{max}——电缆线路最大工作电流，A；

$\cos\varphi$——线路功率因数。

（4）热稳定校验

电缆芯线一般是多股绞线构成，$K_f \approx 1$，满足短路热稳定 Q_k 的最小截面 S_{min} 为

$$S_{min} \approx \frac{\sqrt{Q_k}}{C} \times 10^3 (\text{mm}^2) \tag{5-64}$$

电缆的热稳定系数 C 用下式计算：

$$C = \frac{1}{\eta} \sqrt{\frac{4.2Q}{K_f \rho_{20} \alpha} \ln \frac{1 + \alpha(\theta_h - 20)}{1 + \alpha(\theta_w - 20)}} \times 10^{-2} \tag{5-65}$$

式中　η——计及电缆芯线充填物热容量随温度变化以及绝缘散热影响的校正系数，通常 10kV 及以上回路可取 1.0，对于最大负荷利用小时数较高的 3~6kV 厂用回路，η 可取 0.93；

Q——电缆芯单位体积的热容量，铝芯取 0.59J/（cm^3·℃），铜芯取 0.81J/（cm^3·℃）；

α——电缆芯在 20℃时的电阻温度系数，铝芯 4.03×10^{-3}/℃，铜芯 3.93×10^{-3}/℃；

K_f——20℃时电缆芯线的集肤效应系数，$S \leqslant 100 \ \text{mm}^2$ 的三芯电缆 $K_f = 1$，$S = 120 \sim$ 240 mm^2 的三芯电缆 $K_f = 1.005 \sim 1.035$；

ρ_{20}——电缆芯在 20℃时的电阻系数，铝芯为 $3.1 \times 10^{-6} \ \Omega \cdot \text{cm}^2/\text{m}$，铜芯为 $1.84 \times 10^{-6} \ \Omega \cdot \text{cm}^2/\text{m}$；

θ_w——短路前电缆的工作温度，℃；

θ_h——电缆在短路时的最高允许温度，对 10kV 及以上普通黏性浸渍纸绝缘电缆及联聚乙烯绝缘电缆为 200℃，有中间接头（锡焊）的电缆最高允许温度为 120℃。

5.4.2　支柱绝缘子和穿墙套管的选择

（1）形式选择

根据安装地点、环境，选择屋内、屋外或防污式及满足使用要求的产品形式。一般屋内采用联合胶装多棱式，屋外采用棒式，需要倒装时，采用悬挂式。

（2）额定电压选择

无论支柱绝缘子或套管均应符合产品额定电压大于或等于所在电网电压的要求，3～20kV 屋外支柱绝缘子和套管，当有冰雪和污秽时，宜选用高一级电压的产品。

（3）穿墙套管的额定电流选择与窗口尺寸配合

具有导体的穿墙套管额定电流 I_N 应大于或等于回路中最大持续工作电流 I_{max}，当环境温度 $\theta = 40 \sim 60$℃，导体的 θ_{al} 取 $\theta = 85$℃，I_{max} 应按式（5-48）修正，即

$$\sqrt{\frac{85 - \theta}{45}} \, I_N \geqslant I_{max} \qquad (5\text{-}66)$$

母线型穿墙套管，只需保证套管的形式与穿过母线的窗口尺寸配合即可。

（4）动热稳定校验

① 穿墙套管的热稳定校验。具有导体的套管，应对导体校验热稳定，其套管的热稳定能力 $I_t^2 t$，应大于或等于短路电流通过套管所产生的热效应 Q_k，即 $I_t^2 t \geqslant Q_k$。

母线型穿墙套管无需热稳定校验。

② 动稳定校验。无论是支柱绝缘子或套管均要进行动稳定校验。布置在同一平面内的三相导体（如图 5-7 所示），在发生短路时，支柱绝缘子（或套管）所受的力为该绝缘子相邻跨导体上电动力的平均值：

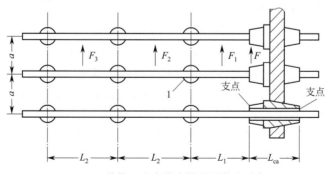

图 5-7　绝缘子和穿墙套管所受的电动力

$$F_{max} = \frac{F_1 + F_2}{2} = 1.73 i_{sh}^2 \times \frac{L_c}{a} \times 10^{-7} (N) \tag{5-67}$$

式中　L_c——计算跨距，m；$L_c = (L_1 + L_2)/2$，对于套管 $L_2 = L_{ca}$（套管长度）。

支柱绝缘子的抗弯破坏强度 F_{de} 是按作用在绝缘子高度 H 处给定的（如图 5-8 所示），而电动力 F_{max} 是作用在导体截面中心线 H_1 上，折算到绝缘子帽上的计算系数 H_1/H，则应满足：

$$\frac{H_1}{H} F_{max} \leqslant 0.6 F_{de} \tag{5-68}$$

式中　0.6——裕度系数，是计及绝缘材料性能的分散性；

　　　H_1——绝缘子底部导体水平中心线的高度，mm；$H_1 = H + b + h/2$，而 b 是导体支持器下片厚度，一般竖放矩形导体 $b = 18$mm，平放矩形导体及槽形导体 $b = 12$mm。

此外，屋内 35kV 及以上水平安装的支柱绝缘子，应考虑导体和绝缘子的自重，屋外支柱绝缘子应计及风和冰雪的附加作用。

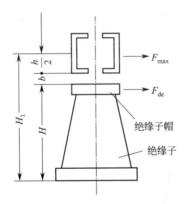

图 5-8　绝缘子受力示意图

第6章

配电装置

配电装置是发电厂和变电所的重要组成部分。它是根据主接线的连接方式，由开关电器、保护和测量电器、母线和必要的辅助设备组建而成，用来接受和分配电能的装置。

6.1 概述

配电装置如果按照电气设备装设地点不同进行分类，可分为屋内和屋外配电装置；如果按照组装方式进行分类，又可以分为装配式和成套式。装配式配电装置是指在现场将电气设备组装而成，而成套配电装置是指制造厂预先将开关电器、互感器等组成各种电路成套供应。

配电装置的形式选择，应考虑所在地区的地理情况及环境条件，结合运行及检修要求，因地制宜、节约用地，通过技术经济比较确定。一般情况下，在大、中型发电厂和变电所中，35kV 及以下的配电装置宜采用屋内式；110kV 及以上多为屋外式。当在污秽地区或市区建 110kV 屋内和屋外配电装置的造价相近时，宜采用屋内型，在上述地区若经济技术合理时，220kV 配电装置也可采用屋内型。

（1）配电装置应满足的基本要求

① 配电装置的设计必须贯彻执行国家基本建设方针和技术经济政策。

② 保证运行可靠。按照系统和自然条件，合理选择设备，在布置上力求整齐、清晰，保证具有足够的安全距离。

③ 便于检修、巡视和操作。

④ 在保证安全的前提下，布置紧凑，力求节约材料和降低造价。

⑤ 安装和扩建方便。

（2）配电装置设计的基本步骤

① 根据配电装置的电压等级、电器形式、出线多少和方式、有无电抗器、地形、环境条件等因素选择配电装置的形式。

② 拟定配电装置的配置图。

③ 按照所选设备的外形尺寸、运输方法、检修及巡视的安全和方便等要求，遵照《配电装置设计技术规程》的有关规定，并参考各种配电装置的典型设计和手册，设计绘制配电装置的平面图、断面图。

6.2　配电装置的最小安全净距

配电装置的整个结构尺寸，是综合考虑设备外形尺寸、检修和运输的安全距离等因素而决定的。对于敞露在空气中的配电装置，在各种间隔距离中，最基本的是带电部分对接地部分之间和不同相的带电部分之间的空间最小安全净距，即表 6-1 中的 A_1 和 A_2 值。最小净距的含义是指在这一距离下，无论在正常最高工作电压或出现内、外部过电压时，都不致使空气间隙击穿。A 值与电极的形状、冲击电压波形、过电压及其保护水平、环境条件以及绝缘配合等因素有关。220kV 及以下的配电装置，大气过电压起主要作用；330kV 及以上的配电装置，内过电压起主要作用。当采用残压较低的避雷器（如氧化锌避雷器）时，A_1和 A_2 值可减小。当海拔超过 1000m 时，按每升高 100m，绝缘强度增加 1‰来增加 A 值。

对于敞露在空气中的屋外配电装置的最小安全净距宜以金属氧化物避雷器的保护水平为基础确定。屋外配电装置的最小安全净距不应小于表 6-1 所列数值，并按图 6-1（a）、（b）和（c）校验。电气设备外绝缘体最低部位距地小于 2500mm 时，应装设固定遮栏。

▣ 表 6-1　屋外配电装置的最小安全净距　　　　　　　　　　　　　　　　　　　mm

符号	适用范围	图号	系统标称电压/kV								
			3~10	15~20	35	63	110J	110	220J	330J	500J
A_1	(1)带电部分至接地部分之间 (2)网状遮栏向上延伸线距地 2.5m 处与遮栏上方带电部分之间	图 6-1 图 6-2	200	300	400	650	900	1000	1800	2500	3800
A_2	(1)不同相的带电部分之间 (2)断路器和隔离开关的断口两侧引线带电部分之间	图 6-1 图 6-3	200	300	400	650	1000	1100	2000	2800	4300
B_1	(1)设备运输时,其设备外廓至无遮栏带电部分之间 (2)交叉的不同时停电检修的无遮栏带电部分之间 (3)栅状遮栏至绝缘体和带电部分之间[①] (4)带电作业时带电部分至接地部分之间	图 6-1 图 6-2 图 6-3	950	1050	1150	1400	1650[②]	1750[②]	2550[②]	3250[②]	4550[②]

符号	适用范围	图号	系统标称电压/kV								
			3～10	15～20	35	63	110J	110	220J	330J	500J
B_2	网状遮栏至带电部分之间	图 6-2	300	400	500	750	1000	1100	1900	2600	3900
C	(1)无遮栏裸导体至地之间 (2)无遮栏裸导体至建筑物、构筑物顶部之间	图 6-2 图 6-3	2700	2800	2900	3100	3400	3500	4300	5000	7500
D	(1)平行的不同时停电检修的无遮栏带电部分之间 (2)带电部分与建筑物、构筑物的边沿部分之间	图 6-1 图 6-2	2200	2300	2400	2600	2900	3000	3800	4500	5800

　① 对于 220kV 及以上电压，可按绝缘体电位的实际分布，采用相应的 B_1 值进行校验。此时，允许栅状遮栏与绝缘体的距离小于 B_1 值，当无给定的分布电位时，可按线性分布计算。校验 500kV 相间通道的安全距离，亦可用此原则。

　② 带电作业时，不同相或交叉的不同回路带电部分之间，其 B_1 值可取 (A_2+750) mm。

　注：1. 110J、220J、330J、500J 是指中性点有效接地系统。

　2. 海拔超过 1000m 时，A 值应进行修正。

　3. 本表所列数值不适用制造厂的成套配套装置。

　4. 500kV 的 A_1 值，分裂软导线至接地部分之间可取 3500mm。

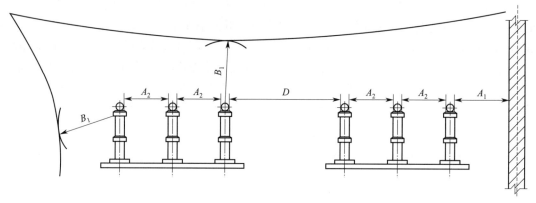

(a) 屋外 A_1、A_2、B_1、D 值校验图

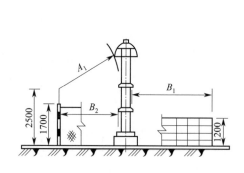
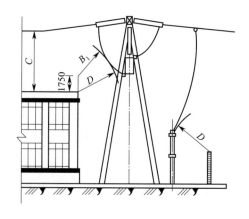

(b) 屋外 A_1、B_1、B_2、C、D 值校验图

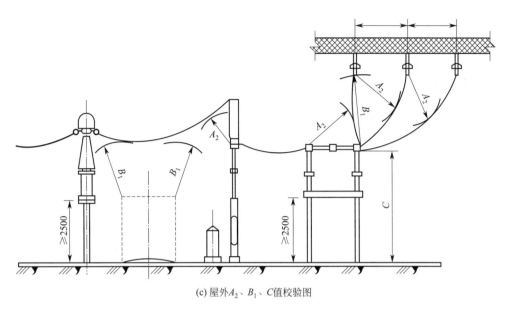

(c) 屋外 A_2、B_1、C 值校验图

图 6-1　屋外配电装置最小安全净距

当屋外配电装置使用软导线时，在不同条件下，带电部分至接地部分和不同带电部分之间的最小安全净距，应根据表 6-2 进行校验，并采用其中最大值。

⊡ 表 6-2　不同条件下的计算风速和安全净距　　　　　　　　　　　　　　　　　　　　　mm

条件	校验条件	计算风速/(m/s)	A 值	系统标称电压/kV						
				35	63	110J	110	220J	330J	500J
雷电电压	雷电过电压和风偏	10①	A_1	400	650	900	1000	1800	2400	3200
			A_2	400	650	1000	1100	2000	2600	3600
操作电压	操作过电压和风偏	最大设计风速的50%	A_1	400	650	900	1000	1800	2500	3500
			A_2	400	650	1000	1100	2000	2800	4300
工频电压	(1)最大工作电压、短路和风偏(取10m/s 风速)	10 或最大设计风速	A_1	150	300	300	450	600	1100	1600
	(2)最大工作电压和风偏(取最大设计风速)		A_2	150	300	500	500	900	1700	2400

①在气象条件恶劣的地区，如最大设计风速为 35m/s 及以上，以及雷暴时风速较大的地区用 15m/s。

对于敞露在空气中的屋内配电装置的安全净距不应小于表 6-3 所列数值，并按图 6-2（a）和（b）校验。电气设备外绝缘体最低部分距地小于 2300mm 时，应装设固定遮栏。

⊡ 表 6-3　屋内配电装置的最小安全净距　　　　　　　　　　　　　　　　　　　　　　mm

符号	适用范围	图号	系统标称电压/kV								
			3	6	10	15	20	35	63	110J	220J
A_1	(1)带电部分至接地部分之间 (2)网状和板状遮栏向上延伸线距地2.3m 处与遮栏上方带电部分之间	图 6-2(a)	75	100	125	150	180	300	550	850	1800

续表

符号	适用范围	图号	系统标称电压/kV								
			3	6	10	15	20	35	63	110J	220J
A_2	（1）不同相的带电部分之间 （2）断路器和隔离开关的断口两侧引线带电部分之间	图 6-2(a)	75	100	125	150	180	300	550	900	2000
B_1	（1）栅状遮栏至带电部分之间 （2）交叉的不同时停电检修的无遮栏带电部分之间	图 6-2(a) 图 6-2(b)	825	850	875	900	930	1050	1300	1600	2550
B_2	网状遮栏至带电部分之间①	图 6-2(a)	175	200	225	250	280	400	650	950	1900
C	无遮栏裸导体至地（楼）面之间	图 6-2(a)	2375	2400	2425	2450	2480	2600	2850	3150	4100
D	平行的不同时停电检修的无遮栏裸导体之间	6-2(a)	1875	1900	1925	1950	1980	2100	2350	2650	3600
E	通向屋外的出线套管至屋外通道的路面②	6-2(b)	4000	4000	4000	4000	4000	4000	4500	5000	5500

① 当为板状遮栏时，其 B_2 值可取（A_1＋30）mm。

② 通向屋外配电装置的出线套管至屋外地面的距离不应小于表 6-1 中所列屋外部分之 C 值。

注：1. 110J、220J 是指中性点有效接地系统。

2. 海拔超过 1000m 时，A 值应进行修正。

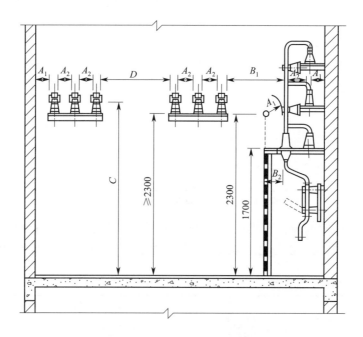

(a) 屋内 A_1、A_2、B_1、B_2、C、D 值校验图

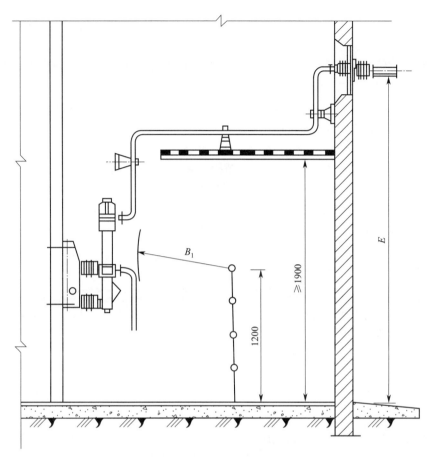

(b) 屋内B_1、E值校验图

图 6-2　屋内配电装置净距离

对于敞露在空气中的屋内、屋外配电装置中各有关部分之间的最小安全净距分为 A、B、C、D、E 五类，如图 6-1 和图 6-2 所示。下面分别对安全净距校验图中的有关尺寸和五类最小净距的含义进行说明。

（1）尺寸说明

图 6-2 中为屋内配电装置安全净距校验图，图中有关尺寸说明如下。

① 配电装置中，电气设备的栅状遮栏高度不应低于 1200mm，栅状遮栏至地面的净距以及栅条间的净距应不大于 200mm。

② 配电装置中，电气设备的网状遮栏高度不应低于 1700mm，网状遮栏孔不应大于 40mm×40mm。

③ 位于地面（或楼面）上面的裸导体导电部分，如果其尺寸受空间限制不能保证 C 值时，应采用网状遮栏隔离。网状遮栏下通行部分的高度不应大于 1900mm。

（2）五类最小安全净距含义

最小安全净距 A 类分为 A_1 和 A_2，A_1 和 A_2 值是根据过电压与绝缘配合计算，并根据间隙放电试验曲线来确定的，而 B、C、D、E 等类安全净距是在 A 值的基础上再考虑运行维护、设备移动、检修工具活动范围、施工误差等具体情况而确定的。具体含义如下。

① A 值　A 值分为两项：A_1 和 A_2。A_1 为带电部分至接地部分之间的最小电气净距；A_2 为不同相的带电导体之间的最小电气净距。

② B 值　B 值分为两项：B_1 和 B_2。B_1 为带电部分至栅状遮栏间的距离和可移动设备在移动中至带电裸导体间的距离，即

$$B_1 = A_1 + 750 \text{(mm)} \tag{6-1}$$

式中　750——考虑运行人员手臂误入栅栏时手臂的长度，mm。

设备移动时的摆动也不会大于此值。当导线垂直交叉且又要求不同时停电检修的情况下，检修人员在导线上下活动范围也为此值。

B_2 为带电部分至网状遮栏间的电气净距，即

$$B_2 = A_1 + 30 + 70 \text{(mm)} \tag{6-2}$$

式中　30——考虑在水平方向的施工误差，mm；

　　　70——运行人员手指误入网状遮栏时，手指长度不大于此值，mm。

③ C 值　C 值为无遮栏裸导体至地面的垂直净距。保证人举手后，手与带电裸导体间的距离不小于 A_1 值，即

$$C = A_1 + 2300 + 200 \text{(mm)} \tag{6-3}$$

式中　2300——运行人员举手后的总高度，mm；

　　　200——屋外配电装置在垂直方向上的施工误差，在积雪严重地区，还应考虑积雪的影响，此距离还应适当加大，mm。

对屋内配电装置，可不考虑施工误差，即

$$C = A_1 + 2300 \text{(mm)} \tag{6-4}$$

④ D 值　D 值为不同时停电检修的平行无遮栏裸导体之间的水平净距，即

$$D = A_1 + 1800 + 200 \text{(mm)} \tag{6-5}$$

式中　1800——考虑检修人员和工具的允许活动范围，mm；

　　　200——考虑屋外条件较差而取的裕度，mm。

对屋内配电装置不考虑此裕度，即

$$D = A_1 + 1800 \text{(mm)} \tag{6-6}$$

⑤ E 值　E 值为屋内配电装置通向屋外的出线套管中心线至屋外通道路面的距离。35kV 及以下取 $E = 4000\text{mm}$；60kV 及以上，$E = A_1 + 3500$（mm），并取整数值，其中 3500 为人站在载重汽车车厢中举手的高度（mm）。

配电装置中，相邻带电部分的额定电压不同时，应按较高的额定电压确定其最小安全净距。设计配电装置中带电导体之间和导体对接地构架的距离时，还应考虑软绞线在短路电动力、风摆、温度和覆冰等作用下使相间对地距离的减小，隔离开关开断允许电流时不致发生相间和接地故障，降低大电流导体附近铁磁物质的发热，减小 110kV 及以上带电导体的电晕损失和带电检修等因素。工程上采用相间距离和相对地的距离通常大于表 6-1 和表 6-3 所列的数值。

6.3　屋内配电装置

6.3.1　屋内配电装置概述

发电厂和变电所的屋内配电装置，按照布置形式可以分为三层、二层和单层式。

① 三层式　是将所有电气设备分别布置在各层中，适用于 6～10kV 出线带电抗器的情况。采用此种形式，断路器和电抗器分别布置在二层和底层，优点是安全性、可靠性高，占地面积小；不足之处是结构复杂，施工时间长，造价高，运行和检修不方便。

② 二层式　是将所有的电气设备分别布置在两层（二层、底层）中，适用于 6～10kV 出线带电抗器以及 35～220kV 的情况。对于 6～10kV 出线带电抗器的情况，断路器和电抗器都布置在底层。此种形式的优点是造价较低，运行和检修较方便；缺点是占地面积相应增加。

③ 单层式　是将所有的电气设备都布置在底层。适用于 6～10kV 出线无电抗器以及 35～220kV 的情况。优点是结构简单，施工时间短，造价低，运行和检修方便；缺点是占地面积大。

设计配电装置时，在确定所采用的配电装置形式后，通常用配置图来分析配电装置的布置方案和统计所用的主要设备。配置图是把进出线（进线指发电机、变压器；出线指线路）、断路器、互感器、避雷器等合理分配于各层间隔中，并表示出导体和电气设备在各间隔和小室中的轮廓，但不要求按比例尺寸绘制。如图 6-3 所示为二层二通道母线、出线带电抗器的于 6～10kV 配电装置配置图。

屋内配电装置的布置应注意：①同一回路的电器和导体应布置在一个间隔内，以保证检修安全和限制故障范围；②尽量将电源布置在每段母线的中部，使母线截面通过较小的电流；③较重的设备（如电抗器）布置在下层，以减轻楼板的荷重并便于安装；④充分利用间隔的位置；⑤布置对称，便于操作；⑥容易扩建。

6.3.2　屋内配电装置实例

（1）6～10kV 两层式配电装置

如图 6-4 所示为 6～10kV 二层二通道、双母线、电缆出线带电抗器的配电装置。母线和隔离开关布置在第二层，三相母线成垂直布置，第二层有两个维护通道；一层布置断路器和电抗器等笨重设备，分两列布置，中间为操作通道，断路器及母线隔离开关均集中在第一层操作通道内操作；出线电抗器小室与出线断路器前后布置，三相电抗器垂直叠放，电抗器下部有通风道，能引入冷空气，小室中的热空气从外墙上部的百叶窗排出。变压器回路架空引入，出线则电缆经由地下电缆隧道引出。

（2）35kV 屋内配电装置

图 6-5 所示为单层二通道、单母线分段 35kV 屋内配电装置断面图。母线三相采用垂直布置，导体竖放扰度小、散热条件较好。母线、母线隔离开关与断路器分别设在前后间隔内，中间用隔墙隔开，可减少事故影响范围。间隔前后设有操作和维护通道，通道上侧开窗，

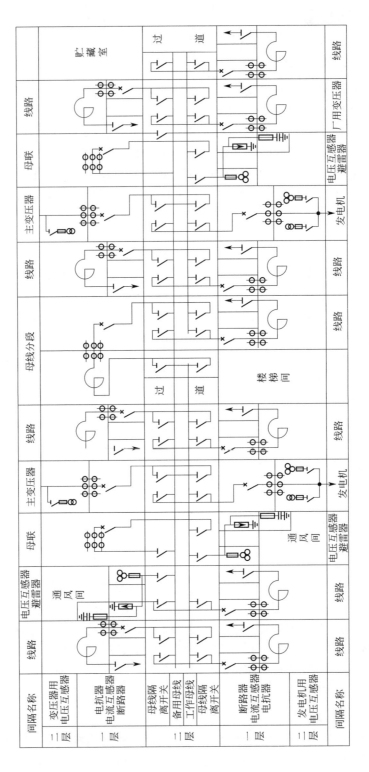

图 6-3 二层二通道母线、出线带电抗器的干 6~10kV 配电装置配置图

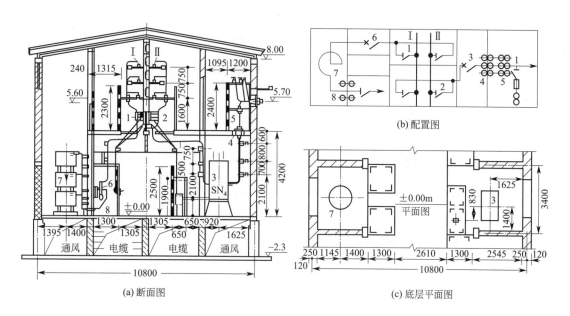

图6-4　二层二通道、双母线、电缆出线带电抗器的 6~10kV 屋内配电装置
1，2—隔离开关；3，6—少油断路器；4，5，8—电流互感器；7—电抗器

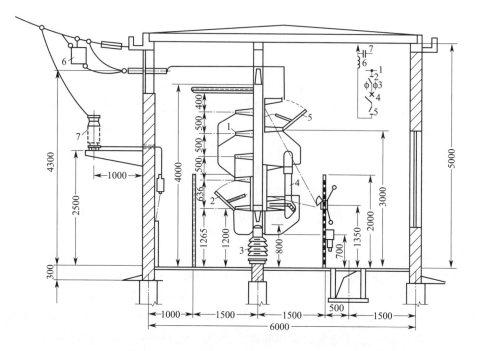

图6-5　单层二通道、单母线分段 35kV 屋内配电装置断面图
1—母线；2，5—隔离开关；3—电流互感器；4—断路器；6—阻波器；7—耦合电容

采光、通风较好。隔离开关和断路器均集中在操作通道内操作，故操作比较方便。配电装置中所有电器均布置在较低的地方，施工、检修都很方便。由于采用新型户内少油断路器

SN10-35，体积小，油量少，重量轻，故还具有占地面积小、投资省的优点。缺点是：出线回路的引出线要跨越母线（指架空出线），需设网状遮栏；单列布置通道较长，巡视不如双列布置方便，对母线隔离开关的开闭状态监视不便。

6.4 屋外配电装置

6.4.1 屋外配电装置概述

屋外配电装置根据电器和母线布置的高度，可以分为中型、半高型和高型。中型配电装置的所有电气设备都安装在同一水平面内，并装在一定高度的基础上，使带电部分对地保持必要的高度，以便工作人员能在地面上安全活动；中型配电装置母线所在的水平面稍高于电气设备所在的水平面。

高型和半高型配电装置的母线和电器分别装在几个不同高度的水平面上，并重叠布置。凡是将一组母线与另一组母线重叠布置的，称为高型配电装置。如果仅将母线与断路器、电流互感器等重叠布置，则称为半高型配电装置。由于高型与半高型配电装置可大量节省占地面积，因此，高型和半高型布置得到较广泛的应用。

（1）屋外高型配电装置的若干问题

① 母线及构架　屋外配电装置的母线有软母线和硬母线两种。软母线有钢芯铝绞线、扩径软管母线和分裂导线，三相呈水平布置，用悬式绝缘子悬挂在母线构架上。软母线可选用较大的档距，但档距越大，导线弧垂越大，因而导线相间对地距离就要增加，母线及跨越线构架的宽度和高度均需要加大。硬母线常用的有矩形、管形和组合管形。矩形用于 35kV 及以下的配电装置中，管形则用于 60kV 及以上配电装置中。管形母线一般安装在支柱式绝缘子上，母线不会摇摆，相间距离可缩小，与剪刀式隔离开关配合可以节省占地面积；管形母线直径大，表面光滑，可提高电晕起始电压。但管形母线易产生微风共振和存在端部效应，对基础不均匀下沉比较敏感，支柱绝缘子抗震性能较差，采用倾斜的 V 形绝缘子串将管形母线挂在母线构架上，可提高抗震能力。

屋外配电装置的构架，可由型钢或钢筋混凝土制成。钢构架机械强度大，可以按任何负荷和尺寸制造，便于固定设备，抗震能力强，运输方便，但金属消耗量大，需要经常维护。钢筋混凝土构架可以节约大量钢材，也可满足各种强度和尺寸的要求，经久耐用，维护简单。钢筋混凝土环形杆可以在工厂成批生产，并可分段制造，运输和安装上比较方便，但不便于固定设备。以钢筋混凝土环形杆和镀锌钢梁组成的构架，兼有二者的优点，目前，已在我国 220kV 及以下的各种配电装置中广泛采用。由钢板焊成的板箱和钢管混凝土柱组成的构架，则是一种用材少，强度高的结构形式，适用于大跨距的 500kV 配电装置。

② 电力变压器　变压器基础一般做成双梁形并铺以铁轨，轨距等于变压器的滚轮中心距。为了防止变压器发生事故时，燃油流失使事故扩大，单个油箱油量超过 1000kg 以上的变压器，按照防火要求，在设备下面需设置贮油池或挡油墙，其尺寸应比设备外廓大 1m，贮油池内一般铺设厚度不小于 0.25m 的卵石层。

主变压器与建筑物的距离不应小于 1.25m，且距变压器 5m 以内的建筑物，在变压器总高度以下及外廓两侧各 3m 的范围内，不应有门窗和通风孔。当变压器油量超过 2500kg 以上时，两台变压器之间的防火净距不应小于 5～10m，如果布置有困难，应设防火墙。

③ 电器的布置 按照断路器在配电装置中所占据的位置，可分为单列、双列和三列布置。断路器的排列方式，必须根据主接线、场地地形条件、总体布置和出线方向等多种因素合理选择。

少油（或空气、SF_6）断路器有低式和高式两种布置。低式布置的断路器安装在 0.5～1m 的混凝土基础上，其优点是检修比较方便，抗振性能好，但低式布置必须设置围栏，因而影响通道的畅通。一般在中型配电装置中，断路器和互感器多采用高型布置，即把它们安装在约高 2m 的混凝土基础上，基础高度应满足：a. 电器支柱绝缘子最低裙边的对地距离为 2.5m；b. 电器间的连线对地面距离应符合 C 值要求。

避雷器也有高式和低式两种布置。110kV 及以上的阀型避雷器由于器身细长，多落地安装在 0.4m 的基础上。磁吹避雷器及 35kV 阀型避雷器形体矮小，稳定度较好，一般采用高式布置。

④ 电缆沟和通道 屋外配电装置中电缆沟的布置，应使电缆所走的路径最短。一般横向电缆沟布置在断路器和隔离开关之间，大型变电所的纵向电缆沟，因电缆数量多，一般分为两路。采用弱电控制和晶体管、微机继电保护时，为了抗干扰，要求电缆沟采用辐射式布置，并应减少控制电缆沟与高压母线平行的长度，增大两者间的距离，使电磁和静电耦合减为最小。

为了运输设备和消防的需要，应在主要设备近旁铺设行车道路。大、中型变电所内一般均应铺设宽 3m 的环形道。

屋外配电装置内应设置 0.8～1m 的巡视小道，以便运行人员巡视设备，电缆沟盖板可作为部分巡视小道。

（2） 330～500kV 超高压配电装置有关问题

超高压配电装置由于电压高、容量大、设备外形尺寸高大，占地多，设计布置配电装置时，除应考虑节约用地和解决高大设备检修的有关问题外，对于降低配电装置内静电感应、噪声和无线电干扰水平等更应引起注意。

6.4.2 屋外配电装置实例

（1）中型配电装置实例

中型配电装置按照隔离开关的布置方式，可以分为普通中型和中型圆管分相两种。

① 普通中型配电装置 如图 6-6 所示为 220kV 双母线进出线带旁路、合并母线架、断路器单列布置的配电装置。采用 GW_4-220 型隔离开关和少油断路器，除避雷器外，所有电器均布置在 2～2.5m 的基础上。主母线及旁路母线的边相距离隔离开关较远，其引下线设有支柱绝缘子 15。搬运设备的环形道路设在断路器和母线架之间，检修和搬运均方便，道路还可兼作断路器的检修场地。采用钢筋混凝土环形杆三角架梁，母线构架 17 与中央门型架 13 可合并，使结构简化。由于断路器单列布置，配电装置的进线（虚线部分）会出现双层构架，跨线多，因而降低了可靠性。

普通中型布置的特点是：布置比较清晰，不易误操作，运行可靠，施工和维修都比较方便，构架高度较低，抗震性能较好，所用钢材较少，造价低，经过多年的实践已经积累了丰

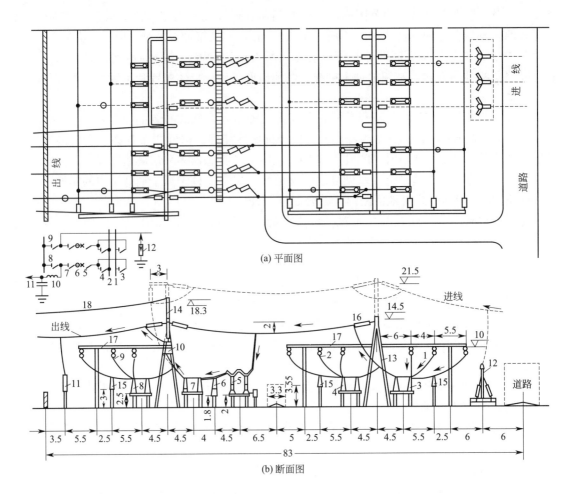

图6-6 220kV 双母线进出线带旁路、合并母线架、断路器单列布置的配电装置（尺寸单位：m）

1、2、9—母线I、II和旁路母线；3、4、7、8—隔离开关；5—少油断路器；6—电流互感器；10—阻波器；11—耦合电容器；12—避雷器；13—中央门型架；14—出线门型架；15—支柱绝缘子；16—悬式绝缘子串；17—母线构架；18—架空地线

富的经验，但占地面积较大。

② 中型圆管分相布置　分相布置是指隔离开关是分相直接布置在母线的正下方。如图6-7所示为500kV一台半断路器接线、断路器三列布置的进出线断面图。采用硬圆管母线及伸缩式隔离开关，可减小母线相间距离，降低构架高度，节约占地面积，减少母线、绝缘子串和控制电缆。由于进出线侧伸缩式隔离开关的静触头垂直悬挂在构架上，故比采用剪刀式和三柱式隔离开关混合布置可进一步节省占地面积。出线电抗器布置在线路侧，可减少跨线。

断路器采用三列布置，且所有出线都从第一、二列断路器间引出，所有进线均从第二、三列断路器间引出，具有接线简单、清晰、占地面积小的特点，但当只有两台主变压器时，这种接线可靠性差。此时，应将其中一台主变压器和出线交叉引线，为了不使交叉引线多占间隔，可与母线电压互感器及避雷器共占两个间隔，以提高场地利用率。

由于在每一间隔中设有两条相间纵向通道，故可省去断路器侧的横向车道，仅在管形母线外侧各设一条横向车道，以构成环形道路。为了满足检修机械与带电设备的安全净距及降

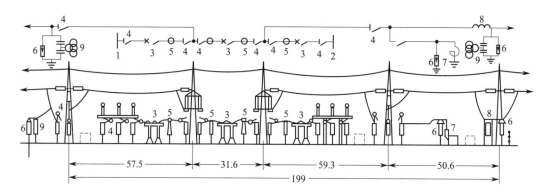

图 6-7　500kV 一台半断路器接线、断路器三列布置的进出线断面图（尺寸单位：m）

1，2—主母线Ⅰ、Ⅱ；3—断路器；4—伸缩式隔离开关；5—电流互感器；6—避雷器；
7—并联电抗器；8—阻波器；9—耦合电容器及电压互感器

低静电感应场强，所有设备支架抬高到使最低瓷裙对地距离在 4m 以上。

（2）高型配电装置实例

如图 6-8 所示为 220kV 双母线进出线带旁路、三框架、断路器双列布置的进出线断面图。

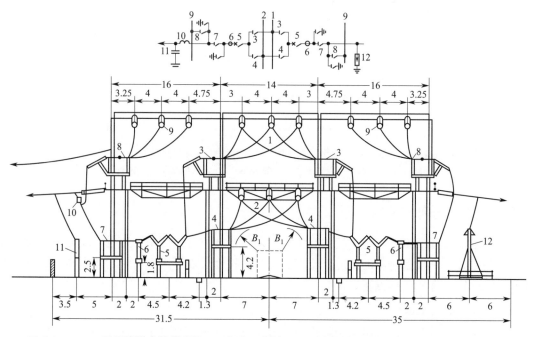

图 6-8　220kV 双母线进出线带旁路、三框架、断路器双列布置的进出线断面图（尺寸单位：m）

1，2—主母线；3，4，7，8—隔离开关；5—断路器；6—电流互感器；9—旁路母线；10—阻波器；11—耦合电容器；12—避雷器

这种布置方式不仅将两组主母线重叠布置，而且也将旁路母线布置在主母线两侧，并与双母线布置的断路器和电流互感器重叠布置，使其在同一间隔内可设置两个回路。显然，该布置方式特别紧凑，纵向尺寸显著减小，占地面积一般只有普通中型的 50%。另外，母线、绝缘子串和控制电缆的用量也比中型少。高型配电装置的主要缺点是：①耗用钢材比中型多，一般多 15%～60%（视改善检修条件而异）；②操作条件比中型差；③上层设备检修不

方便，作业时还要特别仔细，若上层设备瓷件损坏或检修工具跌落，可能打坏下层设备。但由于本方案在上层隔离开关下方设置有 3.6m 宽的操作走道，并用天桥与控制室连接，而且选用具有电动遥控操动机构的隔离开关等，使运行和检修条件得到较大改善。

（3）半高型布置实例

如图 6-9 所示为 110kV 单母线、进出线带旁路的半高型布置的进出线断面图。本方案的特点是将旁路母线与出线断路器、电流互感器重叠布置。其优点是：①占地面积约比中型布置减少 30％；②由于将不经常带电运行的旁路母线及旁路隔离开关设在上层，而主母线及其他电器的布置与普通中型相同，因此既节省了用地，又减少了高层检修的工作量；③旁路母线与主母线采用不等高布置，实现进出线均带旁路很方便。此方案的缺点是，隔离开关下方未设置检修平台，检修不够方便。

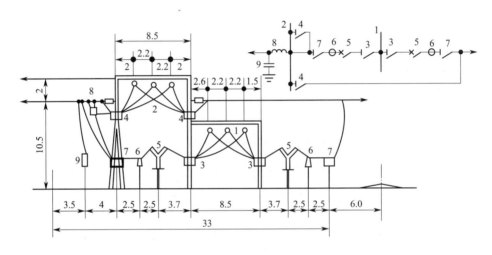

图 6-9 110kV 单母线、进出线带旁路的半高型配电装置进出线断面图（尺寸单位：m）

1—主母线；2—旁路母线；3，4，7—隔离开关；5—断路器；6—电流互感器；8—阻波器；9—耦合电容器

6.4.3 屋外配电装置的选型

屋外配电装置的型式除与主接线有关外，还与场地位置、面积、地质、地形条件及总体布置有关，并受到设备材料的供应、施工、运行和检修要求等因素的影响和限制，故应通过技术经济比较来选择最佳方案。

（1）中型配电装置

普通中型配电装置，国内采用较多，已有丰富的经验，施工、检修和运行都比较方便，抗震能力较好，造价比较低。缺点是占地面积较大。此种型式一般用在非高产农田地区及不占良田和土石方工程量不大的地方，并宜在地震烈度较高的地区采用。

中型分相硬管母线配合剪刀式（或伸缩式）隔离开关方案，布置清晰、美观，可省去大量构架，较普通中型配电装置方案节约用地 1/3 左右。但支柱式绝缘子防污、抗震能力较差，在污秽严重或地震烈度较高的地区，不宜采用。

中型配电装置广泛用于 110～500kV 电压级。

（2）高型配电装置

高型配电装置的最大优点是占地面积少，一般比普通中型节约 50％左右。但耗用钢材较多，检修运行不及中型方便。一般在下列情况宜采用高型：①配电装置设在高产农田或地少人多的地区；②由于地形条件的限制，场地狭窄或需要大量开挖、回填土石方的地方；③原有配电装置需要改建或扩建，而场地受到限制。在地震烈度较高的地区不宜采用高型。

半高型布置节约占地面积不如高型显著，但运行、施工条件稍有改善，所用钢材比高型少。

一般高型适用于 220kV 配电装置，而半高型宜用于 110kV 配电装置。

6.5　成套配电装置

成套配电装置是制造厂成套供应的设备。同一回路的开关电器、测量仪表、保护电器和辅助设备都组装在全封闭或半封闭的金属柜内。制造厂生产出各种不同电路的开关柜或标准元件，设计时可按照主接线选择相应电路的开关柜或元件，组成一套配电装置。

成套配电装置分为低压配电屏、高压开关柜和 SF_6 全封闭组合电器三类。按安装地点不同，又分为屋内型和屋外型。低压配电柜只做成屋内型；高压开关柜有屋内型和屋外型两种，由于屋外有防水和锈蚀问题，故目前大量使用的是屋内型；SF_6 全封闭组合电器也因是屋外气候条件差，电压在 330kV 以下时多布置在屋内。

6.5.1　低压配电屏（柜）

如图 6-10 所示为 PGL-1 低压配电屏结构示意图，其框架用角钢和薄钢板焊成，屏面有门，维护方便，在上部屏门上装有测量仪表、中部面板上设有刀闸开关的操作手柄和控制按钮等，下部屏门内有继电器、二次端子和电能表。母线布置在屏顶，并设有防护罩。其他电气元件都装在屏后。屏间装有隔板，可限制故障范围。

低压配电屏结构简单、价格低廉、并可双面维护，检修方便，在发电厂（或变电所）中，作为厂（所）用低压配电装置。

抽屉式低压柜为封闭式结构。它的特点是：密封性能好，可靠性高，主要设备均装在抽屉内或手车上。回路故障时，可拉出检修或换上备用抽屉（或手车），便于迅速恢复供电。抽屉式低压柜还具有布置紧凑，占地面积少的优点，但结构比较复杂，工艺要求较高，钢材消耗较多，价格较高。目前主要用于大机组的厂用电和粉尘较多的车间。

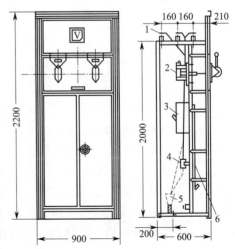

图 6-10　PGL-1 低压配电屏结构示意图
1—母线及绝缘框；2—闸刀开关；3—低压断路器；
4—电流互感器；5—电缆头；6—继电器

6.5.2 高压开关柜

我国目前生产 3～35kV 高压开关柜，分为固定式和移开（手车）式两类。

（1）移开（手车）式高压开关柜

JNY2-10/01～05 高压开关柜为间隔式移开型屋内高压开关柜，如图 6-11 所示。这种系列的开关柜，为单母线结构，一般由下述几部分组成。

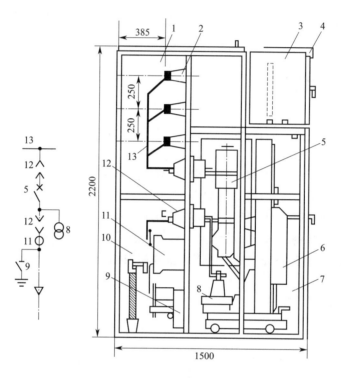

图 6-11　JYN2-10/01~05 高压开关柜内部结构示意图
1—母线室；2—母线及绝缘子；3—继电器仪表室；4—小母线室；5—断路器；6—手车；
7—手车室；8—电压互感器；9—接地开关；10—出线室；11—电流互感器；12——次触头罩；13—母线

① 手车室　柜内正中部为手车室，断路器及操动机构均装在小车上，断路器手车正面上部为推进机构，用脚踩手车下部联锁脚踏板，车后母线室面板上的遮板提起，插入手柄，转动蜗杆，可使手车在柜内平稳前进或后移。当手车在工作位置时，断路器通过隔离开关插头与母线和出线相通。检修时，将小车拉出柜外，动、静触头分离，一次触头隔离罩自动关闭，起安全隔离作用。如果急需恢复供电，可换上备用小车，既方便检修，又可减少停电时间。手车与柜相连的二次线采用插头连接。当断路器离开工作位置后，其一次隔离插头虽断开，而二次线仍可接通，以便调试断路器。手车两侧底部设有接地滑道、定位销和位置指示灯附件。

② 仪表继电器室　测量仪表、信号继电器和继电保护用连接片装在小室的仪表门上，小室有继电器、端子排、熔断器和电能表。

③ 主母线室　位于开关柜的后上部，室内装有母线和隔离静触头。母线为封闭式，不

易积灰和短路，可靠性高。

④ 出线室　位于柜内后部下方，室内装有出线侧静隔离开关、电流互感器、引出电缆（或硬母线）和接地开关等。

⑤ 小母线室　在柜顶的前部设有小母线室，室内装有小母线和接线座。

在柜前、后面板上设有观察窗，便于巡视。封闭结构能防尘和防止小动物侵入造成的短路。该柜具有五防功能，运行可靠，维护工作量少，故可用于发电厂中 6～10kV 厂用配电装置。

（2）固定式高压开关柜

固定式高压开关柜（GG 系列）的断路器固定安装在柜内，与移开式相比，体积大，封闭性能差，检修不够方便，但制造工艺简单，钢材消耗少，价廉。因此仍较广泛用作中、小型变电所 6～35kV 屋内配电装置。全国联合设计的 KGN 系列开关柜为金属封闭铠装固定式屋内型开关柜，该产品符合 IEC 标准，将逐渐用来替代 GG 系列产品。

第**7**章

设计实例

7.1 设计资料

7.1.1 工程概况

拟建一座火电厂，容量为 $4 \times 600MW$，年最大负荷利用小时数 T_{max} 按 5500h 设计，所选厂址地势平整开阔，目前有四级公路从厂址中部经过。铁路紧靠厂址北侧，从厂址东南往西北方向通过。厂址处于负荷中心，出线 2 回接入 500kV 系统，500kV 母线三相短路电流（来自系统）为 25.52kA，是地区电网的主力电厂。电厂在电力系统中主要承担基本负荷，同时也能够满足电网调峰运行要求，厂用电率为 8%，并留有再扩建的可能。

本地区属中亚热带季风湿润气候区，四季分明，气候温和，雨量充沛，光照充足，无霜期长。

7.1.2 电气设备选择所用的气象条件

累年平均气温：17.6℃；累年平均最高气温：22.1℃；最热月平均气温：29.7℃；最高日平均气温：35.0℃；最高年平均气温：18.0℃；累年平均相对湿度：76%；累年平均雷暴日数：36d；累年平均风速：1.6m/s；10 分钟平均最大风速：18m/s；瞬时最大风速：＞40m/s；

地震设计烈度（对电气设备）：6 度（按 7 度设防）（正弦三个周波，安全系数 1.67 以上）；

根据电阻率测试，厂区电阻率双对数曲线类型为"K"型，浅部黏性土与下部泥质粉砂岩电阻率较低，而中部粉细砂与圆砾层电阻率相对较大。土壤电阻率为：$17 \sim 450 \Omega \cdot m$。

7.2 电气部分设计

7.2.1 确定发电机型号、参数

电厂发电机为 600MW 4 台，其型号、参数见表 7-1。

⊡ 表 7-1 汽轮发电机型号、参数

主要参数	♯1、♯2、♯3、♯4 机组
型号	QFSN-600-2-22C
额定功率 P_n	600MW
最大连续输出功率 P_{max}	655.2MW
额定功率因数 $\cos\varphi_n$	0.9(滞后)
额定电压 U_n	22kV
额定电流 I_n	17495A
最大电流 I_{max}	19105A
直轴超瞬变电抗(饱和值)	$X_d''=18\%$

7.2.2 确定发电厂的电气主接线及主变压器

（1）电气主接线的确定

① 4 台机组均采用发变组单元接线。发电机出口电压为 22kV，直接用单元接线方式升压到 500kV，以 500kV 电压接入系统。由于发电机出口装设断路器在技术上具有很多优点，设计采用发电机出口设断路器，发电机与主变压器用离相封闭母线相连接。

② 500kV 配电装置及主变引线　500kV 采用 $1\frac{1}{2}$ 断路器接线，配电装置将建设 3 个断路器串，其中第 1、2 每串各接有 1 回主变压器 500kV 进线和 1 回 500kV 出线。第 3 串接有 2 回主变压器 500kV 进线。备变采用 500kV，以单开关接于一条母线。图 7-1 为发电厂主接线图。

（2）主变压器的确定

① 容量确定　考虑到运输问题，主变压器选用单相式。由于发电机与变压器组成单元接线，因此主变压器容量的 S_N 应按发电机额定容量扣除本机组的厂用负荷后，留有 10% 的裕度选择，即

$$S_N \approx 1.1 P_{NG}(1-K_P)/\cos\varphi_G$$
$$\approx 1.1 \times 600 \times (1-0.08)/0.9 = 674.67(MV \cdot A)$$

故选择主变压器容量为 $3 \times 240 MV \cdot A$。

② 技术参数和性能

a. 型式：户外、双绕组、油浸单相强迫油循环风冷无载调压低损耗升压变压器。

型号：DFP-240MV·A/500kV；冷却方式：ODAF。

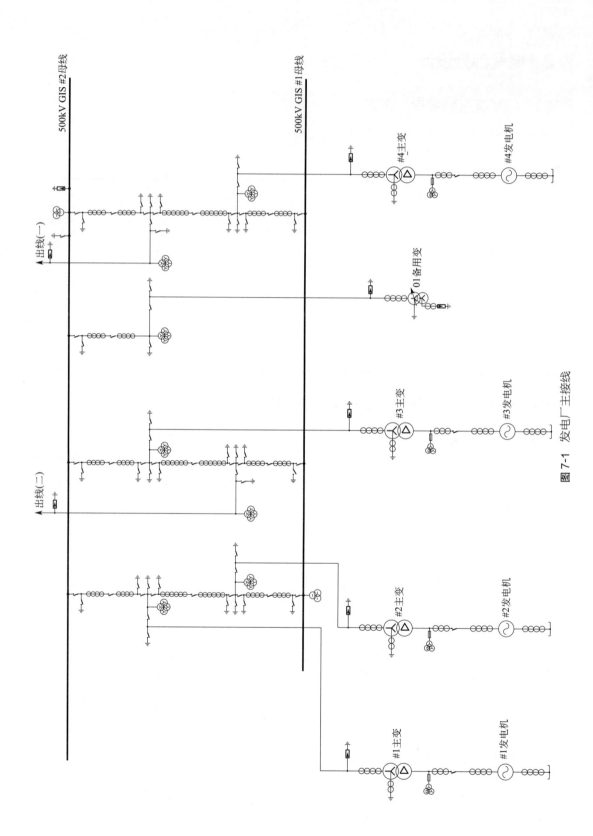

图 7-1　发电厂主接线

b. 额定容量：（在绕组平均温升 ≤ 60K 时连续额定容量）

三相变压器组：3×240MV•A。

c. 台数：单相，13 台（其中一台为备用相）。

d. 绕组额定电压（线电压）：单相，高压 530kV ±2×2.5%，低压 22kV。

e. 调压方式：无励磁调压。

f. 额定电流：高压侧 792A，低压侧 10909A（相电流）。

g. 额定频率：50Hz。

h. 连接组别标号：YN，d11（三相变压器组）。

i. 中性点接地方式：死接地。

j. 短路阻抗：高压-低压 18.5%。

7.2.3 短路电流计算

分别对发电厂内发电机出口（22kV）和 500kV 母线进行三相短路电流计算。短路电流计算时，忽略线路、变压器电阻以及负荷的影响。短路计算示意图如图 7-2 所示。

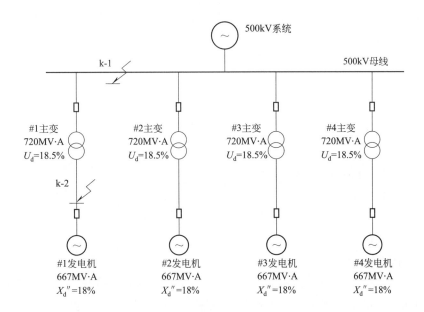

图 7-2 短路计算示意图

（1）各元件电抗标幺值的计算

① 基准容量：$S_{bs}=1000\text{MV}\cdot\text{A}$

② 基准电压：$U_{bs1}=525\text{kV}, U_{bs2}=22\text{kV}$

③ 发电机：$X_2^*=X_3^*=X_4^*=X_5^*=X_d''\dfrac{S_{bs}}{S_{GN}}=0.18\times\dfrac{1000}{600/0.9}=0.27$

④ 变压器：$X_6^*=X_7^*=X_8^*=X_9^*=\dfrac{U_k\%}{100}\dfrac{S_{bs}}{S_N}=\dfrac{18.5}{100}\times\dfrac{1000}{720}=0.2569$

⑤ 系统：$X_1^* = \dfrac{S_{bs}}{S_d} = \dfrac{1000}{\sqrt{3} \times 525 \times 25.52} = 0.0431$

短路计算等值电路图如图 7-3 所示。

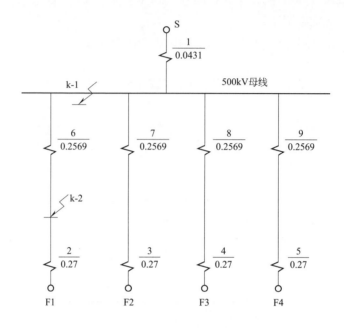

图 7-3 短路计算等值电路图

（2）k-1 点（500kV 母线）短路电流计算

k-1 点短路计算等值电路图如图 7-4 所示。

① 系统供给的短路电流为

$$I'' = I_{0.2} = I_4 = 25.52 \text{(kA)}$$

$$i_{ch} = K_{ch} \sqrt{2} I''$$

根据表 4-10 的推荐值得

$$i_{ch} = 2.55 I'' = 2.55 \times 25.52 = 65.07 \text{(kA)}$$

② 发电机供给的短路电流　各发电机对短路点的计算电抗 X_{js} 为

$$X_{js10}^* = X_{js11}^* = X_{js12}^* = X_{js13}^* = X_G^* \dfrac{S_{GN}}{S_{bs}} = 0.5269 \times \dfrac{600/0.9}{1000} = 0.35$$

以 $X_{js}^* = 0.35$，查附录 3 中的附表 3-1 汽轮发电机运算曲线数字表可得 $I''^* = 3.067$，$I_{0.2}^* = 2.461$，$I_4^* = 2.2665$。

基准容量取发电机额定容量 S_{GN}，基准电流 $I_{bs1} = \dfrac{S_{GN}}{\sqrt{3} U_{bs1}} = \dfrac{600/0.9}{\sqrt{3} \times 525} = 0.733 \text{(kA)}$

#1、#2、#3、#4 发电机的短路电流相同，其值如下：

$$I''_{G1} = I''_{G2} = I''_{G3} = I''_{G4} = I''^* I_{bs} = 3.067 \times 0.733 = 2.24 \text{(kA)}$$

$$I_{G1(0.2)} = I_{G2(0.2)} = I_{G3(0.2)} = I_{G4(0.2)} = I_{0.2}^* I_{bs} = 2.461 \times 0.733 = 1.80 \text{(kA)}$$

$$I_{G1(4)}=I_{G2(4)}=I_{G3(4)}=I_{G4(4)}=I_4^* I_{bs}=2.2665\times0.733=1.66(kA)$$

$$i_{ch}=K_{ch}\sqrt{2}\,I''$$

根据表 4-10 的推荐值得：

$$i_{ch}=1.85\sqrt{2}\,I''=1.85\times\sqrt{2}\times2.24=5.86(kA)$$

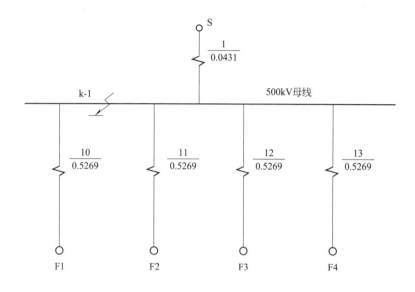

图 7-4　k-1 点短路等值电路图

③ 各电源供给的短路电流汇总表　见表 7-2。

▫ 表 7-2　500kV 母线（k-1 点）短路电流计算结果汇总表

短路点编号	短路点位置	短路点平均电压	短路点电源	短路电流周期分量起始有效值	短路电流周期分量 0.2s 有效值	短路电流周期分量 4s 有效值	短路冲击电流峰值
				I''	$I_{0.2}$	I_4	i_{ch}
				kA	kA	kA	kA
			500kV 系统	25.52	25.52	25.52	65.07
			F1	2.24	1.80	1.66	5.86
			F2	2.24	1.80	1.66	5.86
k-1	500kV 母线	525kV	F3	2.24	1.80	1.66	5.86
			F4	2.24	1.80	1.66	5.86
			合计	34.48	32.72	32.16	88.51

（3）k-2 点（# 1 发电机出口）短路电流计算

① 网络变换　k-2 点短路的等值电路图如图 7-5 所示。

利用 $\sum Y$ 法进行网络化简。简化电路图如图 7-6 所示。

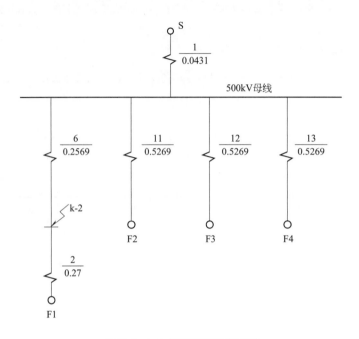

图 7-5 k-2 点短路等值电路图

$$\sum Y = \frac{1}{X_1^*} + \frac{1}{X_{11}^*} + \frac{1}{X_{12}^*} + \frac{1}{X_{13}^*} + \frac{1}{X_6^*}$$

$$= \frac{1}{0.0431} + \frac{1}{0.5269} + \frac{1}{0.5269} + \frac{1}{0.5269} + \frac{1}{0.2569} = 32.787$$

$$C = X_6^* \sum Y = 0.2569 \times 32.787 = 8.423$$

$$X_{14}^* = CX_1^* = 8.423 \times 0.0431 = 0.363$$

$$X_{15}^* = X_{16}^* = X_{17}^* = CX_{11}^* = 8.423 \times 0.5269 = 4.438$$

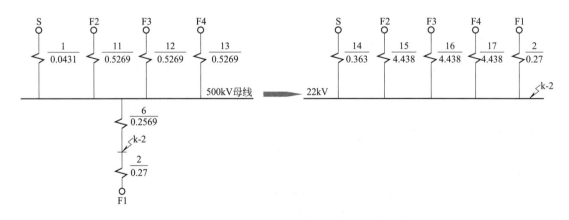

图 7-6 简化电路图

② 系统供给的短路电流

$$I_S^* = \frac{1}{X_{14}^*} = \frac{1}{0.363} = 2.754$$

$$I'' = I_{0.2} = I_4 = I_S^* \frac{S_{bs}}{\sqrt{3} U_{bs2}} = 2.754 \times \frac{1000}{\sqrt{3} \times 22} = 72.28 (kA)$$

$$i_{ch} = K_{ch} \sqrt{2} I''$$

根据表 4-10 的推荐值得：

$$i_{ch} = 2.55 I'' = 2.55 \times 72.28 = 184.31 (kA)$$

③ F2、F3、F4 发电机供给的短路电流

X_{15}^* 为 F2 发电机到短路点的转移电抗，其计算电抗为

$$X_{js15}^* = X_{15}^* \frac{S_{GN}}{S_{bs}} = 4.438 \times \frac{600/0.9}{1000} = 2.959$$

基准电流：

$$I_{bs2} = \frac{S_{GN}}{\sqrt{3} U_{bs2}} = \frac{600/0.9}{\sqrt{3} \times 22} = 17.496 (kA)$$

以 $X_{js15}^* = 2.959$，查附录 3 中的附表 3-2 汽轮发电机运算曲线数字表可得 $I''^* = 0.343$，$I_{0.2}^* = 0.3319$，$I_4^* = 0.343$。

$$I'' = I''^* \frac{S_{GN}}{\sqrt{3} U_{bs2}} = 0.343 \times \frac{600/0.9}{\sqrt{3} \times 22} = 6.0 (kA)$$

$$I_{0.2} = I_{0.2}^* \frac{S_{GN}}{\sqrt{3} U_{bs2}} = 0.3319 \times \frac{600/0.9}{\sqrt{3} \times 22} = 5.81 (kA)$$

$$I_4 = I_4^* \frac{S_{GN}}{\sqrt{3} U_{bs2}} = 0.343 \times \frac{600/0.9}{\sqrt{3} \times 22} = 6.0 (kA)$$

$$i_{ch} = K_{ch} \sqrt{2} I''$$

根据表 4-10 的推荐值得：

$$i_{ch} = 1.85 \sqrt{2} I'' = 1.85 \sqrt{2} \times 6.0 = 15.7 (kA)$$

上面计算的短路电流值为 F2 发电机提供，发电机 F3、F4 提供的短路电流与 F2 提供的短路电流相同。

④ F1 发电机供给的短路电流

X_2^* 为 F1 发电机到短路点的转移电抗，其计算电抗为

$$X_{js2}^* = X_2^* \frac{S_{GN}}{S_{bs}} = 0.27 \times \frac{600/0.9}{1000} = 0.18$$

基准电流：

$$I_{bs2} = \frac{S_{GN}}{\sqrt{3} U_{bs2}} = \frac{600/0.9}{\sqrt{3} \times 22} = 17.496 (kA)$$

以 $X_{js2}^* = 0.18$，查附录 3 中的附表 3-1 汽轮发电机运算曲线数字表可得 $I''^* = 6.020$，$I_{0.2}^* = 4.016$，$I_4^* = 2.476$。

$$I'' = I''^* \frac{S_{GN}}{\sqrt{3} U_{bs2}} = 6.020 \times \frac{600/0.9}{\sqrt{3} \times 22} = 105.33 (kA)$$

$$I_{0.2} = I_{0.2}^* \frac{S_{GN}}{\sqrt{3} U_{bs2}} = 4.016 \times \frac{600/0.9}{\sqrt{3} \times 22} = 70.26 (kA)$$

$$I_4 = I_4^* \frac{S_{GN}}{\sqrt{3} U_{bs2}} = 2.476 \times \frac{600/0.9}{\sqrt{3} \times 22} = 43.32 \text{(kA)}$$

$$i_{ch} = K_{ch} \sqrt{2} I''$$

根据表 4-10 的推荐值得：

$$i_{ch} = 1.9\sqrt{2} I'' = 1.9\sqrt{2} \times 105.33 = 283.02 \text{(kA)}$$

⑤ 各电源供给的短路电流汇总表　见表 7-3。

⊡ **表 7-3　#1 发电机出口（k-2 点）短路电流计算结果汇总表**

短路点编号	短路点位置	短路点平均电压	短路点电源	短路电流周期分量起始有效值	短路电流周期分量 0.2s 有效值	短路电流周期分量 4s 有效值	短路冲击电流峰值
				I''	$I_{0.2}$	I_4	i_{ch}
				kA	kA	kA	kA
k-2	#1 发电机出口	22kV	500kV 系统	72.28	72.28	72.28	184.31
			F1	105.33	70.26	43.32	283.02
			F2	6.0	5.81	6.0	15.7
			F3	6.0	5.81	6.0	15.7
			F4	6.0	5.81	6.0	15.7
			合计	195.61	159.97	133.6	514.43

7.2.4　电气设备选择

只以 500kV 电压等级设备选择为例说明选择方法。

（1）断路器和隔离开关的选择

以变压器 500kV 侧进线断路器及其两侧隔离开关为例。断路器试选择 SFM-500 六氟化硫断路器，隔离开关选择 GW17-500。选择和校验如表 7-4 所示。

⊡ **表 7-4　500kV 断路器及隔离开关校验表**

项目	计算数据		断路器（SFM）		隔离开关（GW17-500）		是否满足要求
额定电压	U_N	500kV	U_N	500kV	U_N	500kV	满足要求
额定电流	$I_{g.max}$	792A	I_N	3150A	I_N	3150A	满足要求
开断电流	I''	34.48kA	I_{Nbr}	63kA			满足要求
动稳定	i_{ch}	88.51kA	i_{es}	160kA	i_{es}	125kA	满足要求
热稳定	$I_\infty^2 t_{eq}$	$32.16^2 \times 4$	$I_t^2 t$	$63^2 \times 3$	$I_t^2 t$	$50^2 \times 3$	满足要求

（2）互感器的选择

① 电压互感器的选择

500kV 电压互感器选择 $TYD_3 500/\sqrt{3} - {}^{0.005}_{0.005H}$，额定电压为：$\frac{500}{\sqrt{3}}/\frac{0.1}{\sqrt{3}}/0.1$。

② 电流互感器的选择

以变压器高压侧电流互感器为例，变压器高压侧额定电流 792A，试选用 LB1-500，电流比为 $2 \times 1250/1$。

查技术参数表可知：$U_N = 500kV$ ；$I_N = 2 \times 1250/1$；$i_{es} = 1250kA$；3s 热稳定电流 $I_t = 50kA$。

动稳定校验：$i_{ch} = 88.51kA < i_{es} = 125kA$

热稳定校验：$I_\infty^2 t_{eq} = 32.16^2 \times 4 < I_t^2 t = 50^2 \times 3$

所选设备满足要求。

第**8**章

继电保护设计

8.1 概述

电力系统运行的根本目标是为用户提供安全、可靠、优质、经济的电能。继电保护是电力系统中极为重要的二次系统，是保证系统安全、稳定运行的一道防线。电力系统继电保护包括继电保护技术和继电保护装置两部分。继电保护技术包括原理设计、保护配置、保护整定计算和调试；继电保护装置是指能够反映电力系统中电气元件发生故障或不正常运行状态，并动作于断路器跳闸或发出信号的一种自动装置。

8.1.1 电力系统继电保护的作用及其基本原理

（1）继电保护的作用

电力系统在运行中，可能发生各种故障或者是不正常运行状态，故障和不正常运行状态都可能使系统或其中一部分的正常工作遭到破坏，并造成对用户少送电或电能质量变坏到不能容许的地步，甚至造成人身伤亡和电气设备的损坏。

在电力系统中，除应采用各项积极措施消除或减少发生故障的可能性以外，故障一旦发生，必须迅速而有选择性地切除故障元件，这是保证电力系统安全运行的最有效方法之一。切除故障的时间常常要求小到十分之几秒甚至百分之几秒，实践证明只有装设在每个电气元件上的继电保护装置才有可能满足这个要求。继电保护装置的基本任务是：

① 自动、迅速、有选择性地将故障元件从电力系统中切除，保证其他无故障部分迅速恢复正常运行，使故障元件免于继续遭到破坏；

② 反映电气元件的不正常运行状态，并根据运行维护的条件（例如有无值班人员），而动作于发出信号、减负荷或跳闸。此时一般不要求保护迅速动作，而是带有一定的延时，以保证选择性。

（2）继电保护的基本原理

继电保护的基本任务主要是针对电力系统运行中的故障和不正常运行状态这两种情况，因此，就要求继电保护能够正确区分系统正常运行与发生故障或不正常运行状态之间的差别。

在通常情况下，发生短路之后，都会伴随有电流的增大、电压的降低、线路始端测量阻抗的减小，以及电压与电流之间相位的变化。因此，利用正常运行与故障时这些基本参数的区别，便可以构成各种不同原理的继电保护，例如：①过电流保护可以反映于电流的增大而动作；②低电压保护可以反映于电压的降低而动作；③距离保护（或低阻抗保护）可以反映于短路点到保护安装地点之间的距离（或测量阻抗）的减小而动作等。

另外，利用每个电气元件在内部故障与外部故障（包括正常运行情况）时，两侧电流相位或功率方向的差别，就可以构成各种差动原理的保护，如纵联差动保护、相差高频保护、方向高频保护等。差动原理的保护只能在被保护元件的内部故障时动作，而对外部故障是不反映的。

在按照上述原理构成各种继电保护装置时，可以使它们的参数反映于每相中的电流和电压（如相电流、相或线电压），也可以使之仅反映于其中的某一个对称分量（如负序、零序或正序）的电流和电压。由于在正常运行情况下，负序和零序分量不会出现，而在发生不对称短路时，它们都具有较大的数值，因此，利用这些分量构成的保护装置，一般都具有良好的选择性和灵敏性，这正是这种保护装置获得广泛应用的原因。

除上述反映于各种电气量的保护以外，还有根据电气设备的特点实现反映非电气量的保护。例如，当变压器油箱内部故障时，反映于所产生的气体而构成气体保护。

8.1.2　继电保护装置的组成以及对继电保护的基本要求

（1）继电保护装置的组成

整套继电保护装置是由测量比较元件、逻辑判断元件和执行输出元件组成。继电保护装置的组成方框图如图 8-1 所示。

图 8-1　继电保护装置的组成方框图

① 测量比较元件。测量比较元件用于测量通过被保护电力元件的物理参量，并与其给定的整定值进行比较，根据比较的结果，给出"是""非""0""1"性质的一组逻辑信号从而判断保护装置是否应该启动，根据需要继电保护装置往往有一个或多个测量比较元件。

② 逻辑判断元件。逻辑判断元件根据测量比较元件输出逻辑信号的性质、先后顺序、持续时间等，使保护装置按一定的逻辑关系判定故障的类型和范围，最后确定是否应该使断路器跳闸、发出信号或不动作，并将对应的指令传给执行输出元件。

③ 执行输出元件。执行输出元件根据逻辑判断元件传出的指令，发出跳开断路器的跳闸脉冲及相应的动作信息、发出警报或不动作。

（2）对继电保护的基本要求

动作于跳闸的继电保护，在技术上一般应满足四个基本要求，即选择性、速动性、灵敏性和可靠性。

① 选择性。继电保护动作的选择性是指保护装置动作时，仅将故障元件从电力系统中切除，使停电范围尽量缩小，以保证系统中的无故障部分仍能继续安全运行。它包含两种含义：其一是只应由装在故障元件上的保护装置动作切除故障；其二是要力争相邻元件的保护装置对它起后备保护作用。

② 速动性。快速地切除故障可以提高电力系统并列运行的稳定性，减少用户在电压降低情况下工作的时间，以及缩小故障元件的损坏程度。对保护速动性的要求应根据电力系统的接线和被保护元件的具体情况，经技术经济比较后确定。一些必须快速切除的故障有：

a. 使发电厂或重要用户的母线电压低于允许值（一般为 0.7 倍额定电压）的故障；

b. 大容量的发电机、变压器和电动机内部产生的故障；

c. 中、低压线路导线截面过小，为避免过热不允许延时切除的故障；

d. 可能危及人身安全、对通信系统或铁路信号系统有强烈干扰的故障。

故障切除的总时间等于保护装置和断路器动作时间之和。一般的快速保护的动作时间为 $0.06\sim0.12s$，最快的可达 $0.01\sim0.04s$，一般的断路器的动作时间为 $0.06\sim0.15s$，最快的可达 $0.02\sim0.06s$。

③ 灵敏性。继电保护的灵敏性，是指对于其保护范围内发生故障或不正常运行状态的反应能力。满足灵敏性要求的保护装置应该在事先规定的保护范围内部故障时，不论短路点的位置以及短路的类型如何，都能敏锐感觉，正确反映。保护装置的灵敏性，通常用灵敏系数或灵敏度来衡量。

④ 可靠性。保护装置的可靠性是指在规定的保护范围内发生了属于它应该动作的故障时，它不应该拒绝动作，而在任何其他不属于它应该动作的情况下，则不应该误动作。

一般来说，保护装置中组成元件的质量越高、回路接线越简单，保护工作就越可靠。同时，正确的调试、整定、良好的运行维护以及丰富的运行经验，对于保护的可靠性也具有重要的作用。

8.2 继电保护配置

电力系统继电保护的设计与配置是否合理直接影响到电力系统的安全运行，如果设计与配置不合理，保护将可能误动或拒动。合理地选择保护方式和正确整定计算，对保证电力系统的安全运行具有非常重要的意义。

选择保护方式时，希望能全面满足可靠性、选择性、灵敏性和速动性的要求。同时满足四个基本要求有困难时，可根据电力系统的具体情况，在不影响系统安全运行的前提下，可以降低某一要求。

设计各种电气设备的保护应综合考虑的问题是：①电气设备和电力系统的结构特点和运行特点；②故障出现的概率及可能造成的后果；③电力系统近期的发展情况；④经济上的合理性；⑤成熟的经验。

8.2.1　继电保护配置的基本要求

继电保护配置方式要满足电力网结构和厂站的主接线的要求，并考虑电力网和厂站运行方式的灵活性，所配置的继电保护装置应能满足可靠性、选择性、灵敏性和速动性的要求。保护配置的基本要求有以下几方面。

（1）要根据保护对象的故障特征来配置

继电保护装置是通过提取保护对象表征其运行状况的特征量，来判断保护对象是否存在故障或异常工况并采取相应措施的自动装置。用于继电保护状态判别的故障量，随被保护对象而不同，也随电力系统周围条件而不同。使用最普通的工频电气量，通过电力元件的电流和所在母线的电压以及由这些量演绎出来的其他量，如功率、阻抗、频率等，从而构成电流保护、电压保护、方向保护、阻抗保护、差动保护等。

（2）根据保护对象的电压等级和重要性

不同电压等级电网的保护配置要求不同。在高压电网中由于系统稳定对故障切除时间要求比较高，往往强调主保护，淡化后备保护。220kV 及以上设备要配置双重化的两套主保护。所谓主保护即设备发生故障时可以无延时跳闸，此处还要考虑断路器失灵保护。对电压等级低的系统侧可以采用远后备的方式，在故障设备本身的保护装置无法正确动作时由相邻设备的保护装置延时跳闸。

（3）在满足安全可靠性的前提下要尽量简化二次回路

继电保护系统是继电保护装置和二次回路构成的有机整体，缺一不可。二次回路虽然不是主体，但它在保证电力生产的安全，保证继电保护装置正确工作发挥重要的作用。但复杂的二次回路可能导致保护装置不能正确感受系统的实际工作状态而不正确动作。因此在选择保护装置时在可能条件下尽量简化接线。

（4）要注意相邻设备保护装置的死区问题

电力系统各个元件都配置各自的保护装置不能留下死区。在设计时要合理的分配电流互感器绕组，两个设备的保护范围要有交叉。同时又对断路器和电流互感器之间发生的故障要考虑死区保护。

8.2.2　线路保护配置

输电线路在整个电网中分布最广，自然环境也比较恶劣，因此输电线路是电力系统中故障概率最高的元件。输电线路故障往往由雷击、雷雨、鸟害等自然因素引起。线路的故障类型主要是单相接地故障、两相接地故障、两相故障、三相故障。

不同电压等级的输电线路保护配置不同。

① 35kV 及以下电压等级系统往往是不直接接地系统，线路保护要求配置阶段式过电流保护。由于过电流保护受系统运行方式影响比较大，为了保证保护的选择性，对一些短线路的保护也需要配置阶段式距离保护。

② 110kV 线路保护要求配置阶段式相间过电流保护和零序保护或阶段式相间和接地距离保护辅以一段反映电阻接地的零序保护，110kV 及以下线路的保护采用远后备的方式。根

据系统稳定要求，有些110kV双侧电源线路也配置一套纵联保护（全线速动保护）。为了保证功能的独立性，110kV线路保护装置和测控装置是完全独立的。

③ 220kV及以上线路保护采用近后备的方式，配置两套不同原理的纵联保护和完整的后备保护。全线速动保护主要指高频距离保护、高频零序保护、高频突变量方向保护和光纤差动保护。后备保护包括三段相间和接地距离、四段零序方向过流保护。此外220kV线路保护还要配置三相不一致保护。

输电线路的故障大多数是瞬时性的，因此装设自动重合闸可以大大提高供电可靠性。选用重合闸的方式必须根据系统的结构及运行稳定要求、电力设备承受能力，合理的选定。凡是选用简单的三相重合闸方式能满足具体系统实际需要的线路都应当选用三相重合闸方式。当发生单相接地故障时，如果使用三相重合闸不能保证系统稳定，或者地区系统会出现大面积停电，或者影响重要负荷停电的线路上，应当选用单相或综合重合闸。在大机组出口一般不使用三相重合闸。

8.2.3 变压器保护配置

电力变压器是电力系统中使用相当普遍和十分重要的电气设备，它若发生故障将给供电和电力系统的运行带来严重的后果。为了保证变压器的安全运行防止扩大事故，按照变压器可能发生的故障，装设灵敏、快速、可靠和选择性好的保护装置。

变压器可能发生的故障有：各相绕组之间的相间短路；单相绕组部分线匝之间匝间短路；单相绕组和铁芯绝缘损坏引起的接地短路；引出线和套管的相间及接地短路。变压器的不正常工作情况有：外部短路或过负荷引起的过电流；变压器中性点电压升高或由于外加电压过高引起的过励磁等。

根据继电保护和安全自动技术规程规定，变压器一般情况要配置以下保护：

① 变压器油箱内部短路故障和油面降低的气体保护、压力释放、油温过高、冷却器全停等非电量保护；

② 变压器绕组和引出线相间短路、大电流接地系统侧绕组和引出线的单相接地短路及绕组匝间短路的纵联差动保护或电流速断保护；

③ 变压器外部相间短路并作为气体保护和差动保护（电流速断保护）后备的低电压启动过电流保护（或复合电压启动的过电流保护或负序过电流保护）；

④ 大电流接地系统中变压器外部接地短路的零序电流保护；

⑤ 变压器对称过负荷的过负荷保护；

⑥ 变压器过励磁的过励磁保护。

变压器的主保护有纵联差动保护、电流速断保护和气体保护。不同电压等级和容量的变压器配置有所区别，电压等级越高，容量越大的变压器配置越复杂。对电压为220kV及以上大型变压器除非电量保护外，要求配置两套完全独立的差动保护和各侧后备保护。

220kV侧的后备保护包括：零序方向过流（两段两时限）和不带方向的零序过流；复合电压方向过流（一段两时限）和复合电压过流；间隙零序电流和电压保护。

110kV侧的后备保护包括：零序方向过流（两段两时限）和不带方向零序过流；复合电压方向过流（一段两时限）和复合电压过流；间隙零序电流和电压保护。

　　35kV 侧的后备保护包括：复合电压方向过流（一段三时限），各侧装设过负荷保护，自耦变压器还装设公共绕组过负荷保护。

8.2.4　母线保护配置

　　发电厂和变电所的母线是电力系统中的一个重要组成元件，与其他电气设备一样，母线及其绝缘子也存在着由于绝缘老化、污秽和雷击等引起的短路故障，此外还可能发生由值班人员误操作而引起的人为故障，母线故障造成的后果是十分严重的。当母线上发生故障时，将使连接在故障母线上的所有元件被迫停电。此外，在电力系统中枢纽变电所的母线上故障时，还可能引起系统稳定的破坏。一般说来，低压母线不采用专门的母线保护，而利用供电元件的保护装置就可以把母线故障切除。当双母线同时运行或单母线分段时，供电元件的保护装置则不能保证有选择性地切除故障母线，因此在超高压电网中普遍地装设专门的母线保护装置。母线保护的基本配置为：①母线差动保护；②母联充电保护；③母联过流保护；④母联失灵与母联死区保护；⑤断路器失灵保护。

8.2.5　发电机保护配置

　　发电机的安全运行对保证电力系统的正常工作和电能质量起着决定性的作用，同时发电机本身也是十分贵重的电气设备，发电机保护应按下面的原则确定。

　　1）对发电机定子绕组及其引出线的相间短路故障，应按下列规定配置相应的保护作为发电机的主保护：

　　① 1MW 及以下的单独运行的发电机，如中性点有引出线，则在中性点侧装设过电流保护；如中性点无引出线，则在发电机端装设低电压保护。

　　② 1MW 及以下与其他发电机或电力系统并列运行的发电机，应在发电机端装设电流速断保护。如电流速断保护灵敏系数不符合要求，可装设纵联差动保护；对中性点没有引出线的发电机，可装设低压过电流保护。

　　③ 对 1MW 以上的发电机，应装设纵联差动保护。

　　④ 对发电机变压器组，当发电机与变压器之间有断路器时，发电机装设单独的纵联差动保护；当发电机与变压器之间没有断路器时，100MW 及以下发电机，可与发电机变压器组公用纵联差动保护，100MW 以上发电机，除发电机变压器组公用纵联差动保护外，发电机还应装设单独的纵联差动保护。

　　⑤ 应对纵联差动保护采取措施，例如用带速饱和电流互感器或具有制动特性的继电器，在穿越性短路及自同步或非同期合闸过程中，减轻不平衡电流所产生的影响，以尽量降低动作电流的整定值。

　　⑥ 如纵联差动保护的动作电流整定值小于发电机的额定电流，应装设电流回路断线监视装置，断线后动作于信号。

　　⑦ 过电流保护、电流速断保护、低电压保护、低电压过电流保护和纵联差动保护，均应动作于停机。

　　2）发电机定子绕组的单相接地故障，接地保护应符合以下要求：

　　① 发电机定子绕组单相接地故障电流允许值取制造厂的规定值，无规定时，可参照表

8-1 中所列数据。

⊡ **表 8-1 发电机定子绕组单相接地故障电流允许值**

发电机额定电压/kV	发电机额定容量/MW	故障电流允许值/A
6.3	≤50	4
10.5	水轮发电机 10~100	3
13.8~15.75	水轮发电机 40~225	2

② 对与母线直接连接的发电机，当单相接地故障电流（不考虑消弧线圈的补偿作用）大于允许值时，应装设有选择性的接地保护装置。

保护装置由装于机端的零序电流互感器和电流继电器构成，其动作电流按躲过不平衡电流和外部单相接地时发电机稳态电容电流整定。接地保护带时限动作于信号。但当消弧线圈退出运行或其他原因使残余电流大于接地电流允许值时，应切换为动作于停机。

当未装设接地保护或装有接地保护，但由于运行方式改变及灵敏系数不符合要求等原因不能动作时，可由单相接地监视装置动作于信号。

为了在发电机与系统并列前检查有无接地故障，应在发电机端装设测量零序电压的电压表。

③ 对于发电机-变压器组，对容量在 100MW 以下的发电机，应装设保护区不小于定子绕组串联匝数 90% 的定子接地保护；对容量在 100MW 及以上的发电机，应装设保护区为 100% 的定子接地保护。保护装置带时限动作于信号，必要时也可动作于停机。

为检查发电机定子绕组和发电机电压回路绝缘状况，应在发电机端装设测量零序电压的电压表。

3）对发电机外部相间短路故障和作为发电机主保护的后备，应按下列规定配置相应的保护：

① 对于 1MW 及以下与其他发电机或电力系统并列运行的发电机，应装设过电流保护。保护装置配置在发电机的中性点侧，其动作电流按躲过最大负荷电流整定。

② 1MW 及以上的发电机，宜装设复合电压（包括负序电压及线电压）启动的过电流保护。电流元件的动作电流可取 1.3~1.4 倍额定值；低电压元件接线电压，其动作电压，对水轮机可取 0.7 倍额定值。负序电压的动作电压可取 0.06~0.12 倍额定值。

③ 50MW 及以上的发电机，可装设负序过电流保护和单元件低电压启动过电流保护。负序电流元件的动作电流可取为 0.5~0.6 倍额定值；电流元件的动作电流和低电压元件的动作电压按低压过电流保护确定。

④ 自并励发电机，宜采用低电压保持的过电流保护，或采用带电流记忆的低压过电流保护，也可采用精确工作电流足够小的低阻抗保护。

⑤ 并列运行的发电机和发电机变压器组的后备保护，对所连接母线的相间短路故障，应具有必要的灵敏系数，并不宜低于规程规定。

⑥ 发电机相间短路后备保护各项保护装置，宜带有二段时限，以较短的时限动作于缩小故障影响范围或动作于解列，以较长的时限动作于停机。

4）发电机定子绕组异常过电压，应按下列规定装设过电压保护：

① 对于水轮发电机，应装设过电压保护，其整定值根据定子绕组绝缘状况决定。在一般情况下，动作电压取 1.5 倍额定电压，动作时间可取 0.5s。对晶闸管整流励磁的水轮发电机，动作电压可取 1.3 倍额定电压，动作时间可取 0.3s。

② 过电压保护宜动作于解列灭磁。

5）对发电机励磁回路的接地故障，应按下列规定装设励磁回路接地保护或接地检测装置：

① 1MW 及以上水轮发电机，对一点接地故障，宜装设定期检测装置。1MW 以上的水轮发电机，应装设一点接地保护装置。

② 一个控制室内集中控制的全部发电机，公用一套一点接地定期检测装置。每台发电机装设一套一点接地保护装置。

③ 一点接地保护带时限动作于信号。

6）各项保护装置，根据故障和异常运行方式的性质，按规定分别动作于：

① 停机　断开发电机断路器、灭磁、灭磁水轮发电机的导水翼。

② 解列灭磁　断开发电机断路器、灭磁。

③ 减出力　将原动机出力减到给定值。

④ 缩小故障影响范围　例如双母线系统断开母线联络断路器等。

⑤ 程序跳闸　水轮发电机首先关闭导水翼到空载位置，再跳开发电机断路器并灭磁。

⑥ 信号　发出声光信号。

8.3　继电保护整定计算

8.3.1　继电保护整定计算的目的、任务及步骤

（1）继电保护整定计算的目的和任务

继电保护的整定计算，是继电保护运行技术的重要组成部分，也是继电保护装置在运行中保证其正确动作的重要环节，由于继电保护整定计算不当，造成继电保护拒动或误动而导致电气事故扩大，其后果是非常严重的，有可能造成电气设备的重大损坏，甚至能引起电力系统瓦解，造成大面积停电事故。为此在继电保护整定计算前，计算人员必须十分明确继电保护整定计算的目的和任务：

① 通过整定计算，给出一套完整和合理的最佳整定方案和整定值；

② 对所用保护装置予以正确的评价；

③ 通过整定计算，应能确定现有保护装置配置是否合理或现有保护装置是否能满足一次设备的要求，如有不合理或不符合要求时，及时提出保护装置可行的改进方案，使保护装置能满足一次设备和系统的安全运行要求；

④ 为制定继电保护运行规程提供依据。

（2）继电保护整定计算的步骤

① 按继电保护功能分类拟定短路计算的运行方式，选择短路类型，选择分支系数的计算条件。

② 进行短路故障计算，录取结果。

③ 按同一功能的保护进行整定计算，选取整定值并作出定值图。

④ 对整定结果分析比较，以选出最佳方案；最后应归纳出存在的问题，并提出运行要求。

⑤ 画出定值图。

⑥ 编写整定方案说明书。

8.3.2 整定系数的分析与应用

继电保护的整定值一般通过计算公式计算得出，为使整定值符合电力系统正常运行及故障状态下的规律，达到正确整定的目的，在计算公式中需要引入各种整定系数。整定系数应根据保护装置的构成原理、检测精度、动作速度、整定条件以及电力系统运行特性等因素来选择。

（1）可靠系数

由于计算、测量、调试及继电器等各项误差的影响，使保护的整定值偏离预定数值可能引起误动作，为此，整定计算公式中需引入可靠系数。可靠系数用 K_{rel} 表示。

可靠系数的取值与各种因素有关，整定计算时参照表 8-2 选择，同时应考虑以下情况。

① 按短路电流整定的无时限保护，应选用较大的系数。

② 按与相邻保护的整定值配合整定的保护，应选用较小的系数。

③ 保护动作速度较快时，应选用较大的系数。

④ 不同原理或不同类型的保护之间整定配合时，应选用较大的系数。

⑤ 运行中设备参数有变化或计算条件难以准确计算时，应选用较大的系数。

⑥ 在短路计算中，当有零序互感时，因难以精确计算，故应选用较大的系数。

⑦ 整定计算中有附加误差因数时，应选用较大的系数。

▫ 表 8-2 各种保护整定配合可靠系数表

保护类型	保护段	整定配合条件	可靠系数
电流（电压）速动保护	瞬时段	按不伸出变压器差动保护整定范围整定	1.3～1.4
		按躲过线路末端短路或躲背后短路整定	1.25～1.3
		与相邻电流速动保护配合（前加速）整定	1.1～1.15
		按躲过振荡电流或残压整定	1.1～1.2
电流（电压）限时速动保护	延时段	按不伸出变压器差动保护整定范围整定	1.2～1.3
		与相邻同类型电流（电压）保护配合整定	1.1～1.15
		与相邻不同类型电流（电压）保护配合整定	1.2～1.3
		与相邻距离保护配合整定	1.2～1.3
电流闭锁电压保护	瞬时段	按电流元件灵敏度整定,或按电流电压两元件灵敏度相等整定,均取同一系数	1.25～1.3
	延时段	与相邻同类型电流（电压）保护配合整定,不论按电流元件或电压元件配合整定,均取同一系数	1.1～1.2
		与相邻不同类型电流（电压）保护配合整定,不论按电流元件或电压元件配合整定,均取同一系数	1.2～1.3

续表

保护类型	保护段	整定配合条件		可靠系数
过电流保护	延时段	带低电压(复合电压)闭锁,按额定(电流整定)	电流元件	1.15～1.25
			电压元件	1.1～1.15
		不带低电压闭锁,按自启动电流整定		1.2～1.3
		与相邻保护(同类或不同类)配合整定		1.1～1.2
距离保护	Ⅰ段	按躲过线路末端整定	相间保护	0.8～0.85
			接地保护	0.7
		按不伸出变压器差动保护范围整定	相间保护	0.7～0.75
			接地保护	0.7
	Ⅱ段	与相邻距离保护Ⅰ段、Ⅱ段配合整定	本线路部分	0.85
			相邻线路部分	0.8
		与相邻电流(电压)保护配合整定	本线路部分	0.85
			相邻线路部分	0.7～0.75
	Ⅲ段	按不伸出变压器差动保护范围整定	本线路部分	0.85
			相邻线路部分	0.7～0.75
		与相邻距离保护Ⅱ段、Ⅲ段配合整定	本线路部分	0.85
			相邻线路部分	0.8
		与相邻电流(电压)保护配合整定	本线路部分	0.85
			相邻线路部分	0.75～0.8
		按躲过负荷阻抗整定		0.7～0.8
元件(设备)差动保护	瞬时段	按躲过电流互感器二次断线时的额定电流整定		1.3
		按躲过励磁涌流整定(对额定电流倍数)	有躲非周期分量特性	1.3
			无躲非周期分量特性	3～5
		按躲过外部故障的不平衡电流整定		1.3
母线差动保护	瞬时段	按躲过电流互感器二次断线时的额定电流整定		1.3～1.5
		按躲过外部故障的不平衡电流整定		1.3～1.5

（2）返回系数

按正常运行条件量值整定的保护，例如按最大负荷电流整定的过电流保护和最低运行电压整定的低电压保护，在受到故障量的作用动作时，如果故障消失后保护不能返回到正常的位置将发生误动作。因此，整定公式中引入返回系数，返回系数用 K_{re} 表示。

返回系数的公式为

$$K_{re} = \frac{返回量}{动作量} \tag{8-1}$$

过量动作的继电器 $K_{re} < 1$，欠量动作的继电器 $K_{re} > 1$，它们的应用是不同的。

（3）分支系数

多电源电力系统中，相邻上、下两级保护间的整定配合，还受到中间分支电源的影响，将使上一级保护范围缩短或伸长，整定公式中需要引入分支系数。分值系数用 K_b 表示。

① 电流保护　如图 8-2 所示为分支系数分析计算图，在 k 点发生短路，假设 1QF 及 2QF 处的过电流保护 1、2 均刚刚启动，即它们都处在灵敏度相等的状态下，则有如下关系

$$\frac{\dot{I}_{set.1}}{\dot{I}_{set.2}} = \frac{\dot{I}_1}{\dot{I}_2} \tag{8-2}$$

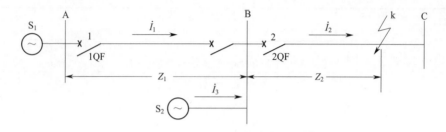

图 8-2 分支系数分析计算图

$$\dot{I}_{\text{set.1}} = \frac{\dot{I}_1}{\dot{I}_1 + \dot{I}_3} \dot{I}_{\text{set.2}} = \dot{K}_b \dot{I}_{\text{set.2}} \qquad (8\text{-}3)$$

式中　$\dot{K}_b$——分支系数，$\dot{K}_b = \dfrac{\dot{I}_1}{\dot{I}_1 + \dot{I}_3}$。

当要取得保护 1 与保护 2 的选择性时，必须使上一级保护 1 的保护范围缩短，即

$$\dot{I}_{\text{set.1}} = K_{\text{rel}} \dot{K}_b \dot{I}_{\text{set.2}} \qquad (8\text{-}4)$$

分支系数的定义，是指在相邻线路短路时，流过本线路的短路电流占流过相邻线路短路电流的份数。式(8-4) 对元件设备的计算也是适用的。对过电流保护来说，在整定配合上应选取可能出现的最大分支系数。

② 电压保护　图 8-2 所示的系统若装设低电压保护时，则有如下关系，即

$$\frac{\dot{U}_{\text{set.1}}}{\dot{U}_{\text{set.2}}} = \frac{(\dot{I}_1 + \dot{I}_3)Z_2 + \dot{I}_1 Z_1}{(\dot{I}_1 + \dot{I}_3)Z_2}$$
$$= 1 + \frac{\dot{I}_1 Z_1}{(\dot{I}_1 + \dot{I}_3)Z_2} \qquad (8\text{-}5)$$

$$\dot{U}_{\text{set.1}} = \left(1 + \frac{\dot{I}_1 Z_1}{(\dot{I}_1 + \dot{I}_3)Z_2}\right)\dot{U}_{\text{set.2}}$$
$$= \left(1 + \dot{K}_b \frac{Z_1}{Z_2}\right)\dot{U}_{\text{set.2}} \qquad (8\text{-}6)$$

式中　$\dot{K}_b$——分支系数，$\dot{K}_b = \dfrac{\dot{I}_1}{\dot{I}_1 + \dot{I}_3}$。

低电压保护的分支系数与过电流保护的分支系数不同，在整定配合上应选取可能出现的最小值。

③ 距离保护　对于图 8-2 所示的系统，当 1QF 与 2QF 装设了距离保护时，则 1QF 处的距离保护测量阻抗为

$$Z_{m1} = \frac{\dot{U}_{m1}}{\dot{I}_{m1}} = \frac{\dot{U}_A}{\dot{I}_1} = \frac{\dot{I}_1 Z_1 + (\dot{I}_1 + \dot{I}_3) Z_2}{\dot{I}_1}$$

$$= Z_1 + \frac{(\dot{I}_1 + \dot{I}_3)}{\dot{I}_1} Z_2 = Z_1 + \frac{1}{\dot{K}_b} Z_2$$

$$= Z_1 + \dot{K}_{zz} Z_2 \tag{8-7}$$

式中　$\dot{K}_{zz}$——助增系数，$\dot{K}_{zz} = \dfrac{1}{\dot{K}_b}$。

助增系数等于电流分支系数的倒数。助增系数将使距离保护测量到的阻抗增大，保护范围缩短。在整定配合上应选取可能出现的最小助增系数。当 $K_{zz} < 1$ 时又称为汲出系数，对距离保护的影响与 $K_{zz} > 1$ 的情况刚好相反，但在整定配合上汲出系数也应选取可能的最小值。

（4）灵敏系数

在继电保护的保护范围内发生故障，保护装置的反应能力称为灵敏度。灵敏度用灵敏系数 K_{sen} 表示。灵敏系数指在被保护对象的某一指定点发生故障时，故障量与整定值之比（反映故障量增大动作的保护，如过电流保护），或整定值与故障量之比（反映故障量减小动作的保护，如低电压保护）。

灵敏系数一般分为主保护灵敏系数和后备保护灵敏系数两种。主保护灵敏系数是对被保护对象的全部范围而言；后备保护灵敏系数是对被保护对象的相邻保护对象的全部保护范围而言。结合保护范围的概念来说，保护范围末端的灵敏系数等于 1。

灵敏系数在保证安全性的前提下，一般希望愈大愈好，但在保证可靠动作的基础上规定了下限值作为衡量的标准。不同类型保护的灵敏系数要求不同，其规定值如表 8-3 所示。

8.3.3　保护的二次定值计算

继电保护的整定计算一般是在同一电压等级上以一次定值进行的。在整定方案选定后需要换算至二次定值（经电流、电压互感器变比换算）。二次定值的取值精度应根据仪器、仪表的精度来确定，一般可准确至 2～3 位数即可。

由一次定值换算至二次定值，需要引入接线系数，应予注意。

（1）电流保护

$$I_{op} = \frac{I_{set} K_{con}}{n_{TA}} \tag{8-8}$$

式中　I_{op}——二次动作电流，A；

　　　I_{set}——一次动作电流，A；

　　　K_{con}——接线系数，电流互感器接线为三角形时，K_{con} 取 $\sqrt{3}$；电流互感器接线为星形时，K_{con} 取 1，电流互感器为两相差接时，K_{con} 取 $\sqrt{3}$；

n_{TA}——电流互感器变比。

☐ **表8-3　短路保护的最小灵敏系数**

保护分类	保护类型	组成元件		灵敏系数	备注
主 保 护	带方向和不带方向的电流保护或电压保护	电流元件和电压元件		1.3～1.5	200km以上线路不小于1.3;50～200km线路不小于1.4;50km以下线路不小于1.5
		零序或负序方向元件		2.0	
	距离保护	起动元件	负序和零序增量或负序分量元件	4	距离保护第Ⅲ段动作区末端故障灵敏系数大于2
			电流和阻抗元件	1.5	线路末端短路电流应为阻抗元件精确工作电流2倍以上。200km以上线路不小于1.3;50～200km线路不小于1.4;50km以下线路不小于1.5。额定时间不超过1.5s
		距离元件		1.3～1.5	
	平行线路的横联差动方向保护和电流平衡保护	电流和电压起动元件		2.0	分子表示线路两侧均未断开前,其中一侧保护按线路点短路计算的灵敏系数 分母表示一侧断开后,另一侧保护按对侧短路计算的灵敏系数
				1.5	
		零序方向元件		4.0	
				2.5	
	高频方向保护	跳闸回路中的方向元件		3.0	
		跳闸回路中的电流和电压元件		2.0	
		跳闸回路中的阻抗元件		1.5	个别情况下灵敏系数可为1.3
	高频相差保护	跳闸回路中的电流和电压元件		2.0	
		跳闸回路中的阻抗元件		1.5	
	发电机、变压器、线路和电动机的纵联差动保护	差电流元件		2.0	
	母线的完全电流差动保护	差电流元件		2.0	
	母线的不完全电流差动保护	差电流元件		1.5	
	发电机、变压器、线路和电动机的电流速断保护	电流元件		2.0	按保护安装处短路计算
后备保护	远后备保护	电流电压及阻抗元件		1.2	按相邻电力设备和线路末端短路计算(短路电流应为阻抗元件精确工作电流2倍以上)
		零序或负序方向元件		1.5	
	近后备保护	电流电压及阻抗元件		1.3	按线路末端短路计算
		负序或零序方向元件		2.0	
辅助保护	电流速断保护			1.2	按正常运行方式下保护安装处短路计算

（2）电压保护

$$U_{\mathrm{op}} = \frac{U_{\mathrm{set}}}{K_{\mathrm{con}} n_{\mathrm{TV}}} \tag{8-9}$$

式中　U_{op}——二次动作相间电压（线电压），kV;

　　　U_{set}——一次动作相间电压，kV;

　　　K_{con}——接线系数。继电器接于相间电压时，K_{con} 取 1；继电器接于相电压时，K_{con} 取$\sqrt{3}$；

n_{TV}——电压互感器变比。

（3）距离保护

$$Z_{op} = Z_{set} \frac{n_{TA}}{n_{TV}} K_{con} (\Omega/相) \tag{8-10}$$

式中　Z_{op}——二次动作阻抗，$\Omega/$相；

　　　　Z_{set}——一次动作阻抗，$\Omega/$相；

　　　　K_{con}——接线系数，方向阻抗继电器接入相电压、相电流时，K_{con} 取 1；接入相间电压、两相电流差时，K_{con} 取 1；接入相间电压、相电流时，K_{con} 取 1；（包括 $+30°$ 和 $-30°$ 两种接线方式）；全阻抗继电器接入相间电压、两相电流差时，K_{con} 取 1；接入相间电压、相电流时，K_{con} 取 $\frac{\sqrt{3}}{2}$（包括 $+30°$ 和 $-30°$ 两种接线方式）；

　　n_{TA}，n_{TV}——电流、电压互感器变比。

8.4　输电线路电流保护整定计算

8.4.1　整定计算应考虑的因素

（1）适用范围

整套电流、电压保护装置一般由瞬时段、限时段、定时段组成，构成三段式保护阶梯特性。三段式电流保护一般用于 110kV 及以下电压级的单电源出线上，对于双侧电源辐射线可以加方向元件组成带方向的各段保护。三段式保护的第 Ⅰ 段、Ⅱ 段为主保护段，第 Ⅲ 段为后备保护段。Ⅰ 段一般不带时限，称瞬时电流速断，其动作时间是保护装置固有动作时间；Ⅱ 段带较小的延时，一般称限时电流速断；Ⅲ 段称定时限过电流保护，带较长时限。

在中性点非直接接地系统中，电流保护为两相式，电流常取 A、C 相（有时取 A、C 相的电流之后，再取 A、C 相电流之和，即负 B 相，组成两相三继电器式保护）。在中性点直接接地系统中，电流保护装置为三相式，以检测各种短路故障。

（2）保护区及灵敏度

保护装置第 Ⅰ 段，要求无时限动作，保护区不小于线路全长的 20%；第 Ⅱ、Ⅲ 段灵敏度应满足表 8-3 的规定。第 Ⅲ 段除作本线路后备外，还应作相邻元件（线路或变压器）的远后备。

（3）定值配合及动作时间

保护定值的配合，包括电流、电压元件定值的配合以及动作时间的配合。电流、电压元件定值的配合由可靠系数保证，可靠系数见表 8-2；动作时间定值的配合由时间级差保证。

保护装置第 Ⅰ 段一般只保护本线路的一部分，不与相邻线路配合。第 Ⅱ 段一般与相邻线路的第 Ⅰ 段配合，当灵敏度不足时，可与相邻线路第 Ⅱ 段配合。第 Ⅲ 段与相邻线路（或变压器）第 Ⅲ 段（或后备段）配合，当灵敏度足够时，为了降低Ⅲ段动作时间，也可与相邻线路第 Ⅱ 段配合整定。

（4）计算用运行方式及短路电流

保护定值计算、灵敏度校验及运行方式选择，均采用实际可能的最大、最小（最不利）方式及一般故障类型，不考虑节假日等特殊方式及双重的复杂故障类型；对于发电厂直馈线或接近电厂的带较长时间的保护，整定计算时要考虑短路电流衰减。对于无时限动作或远离电厂的保护，整定计算时不考虑短路电流衰减。

8.4.2　阶段式电流保护整定计算

（1）对阶段式电流保护的要求

① 瞬时电流速断保护

a. 双侧电源线路的方向瞬时电流速断保护定值，应按躲过本线路末端最大三相短路电流整定。无方向的瞬时电流速断保护定值，应按躲过本线路两侧母线最大三相短路电流整定。对双回路线路，应以单回运行作为计算的运行方式，对环网线路，应以开环方式作为计算的运行方式。

b. 单侧电源线路的瞬时电流速断保护定值，按双电源线路的方向电流速断保护的方案整定。对于接入供电变压器的终端线路（含 T 接供电变压器或供电线路），如变压器装有差动保护，线路瞬时电流速断保护定值允许按躲过变压器其他侧母线三相最大短路电流整定。如变压器以电流速断作为主保护，则线路瞬时电流速断保护应与变压器电流速断保护配合整定。

c. 电流速断应校核被保护线路出口短路的灵敏系数，在常见运行方式下，三相短路的灵敏系数不小于 1 时即可投运。

② 限时电流速断　电流定值应对本线路末端故障有规定的灵敏系数，还应与相邻线路保护的测量元件定值配合，时间定值按配合关系整定。该保护使用在双侧电源线路上又未经方向元件控制时，应考虑与背侧线路保护的配合问题。

③ 过电流保护　保护定值应与相邻线路的限时电流速断保护或过电流保护配合整定，其电流定值还应躲过最大负荷电流，最大负荷电流的计算应考虑常见运行方式下可能出现的最严重的情况，如双回线中一回断开、备用电源自投、环网解环、由调度部门提供的事故过负荷、负荷自启动电流等。在受线路输送能力限制的特殊情况下，也可按输电线路所允许的最大负荷电流整定。

④ 灵敏系数的要求　限时电流速断保护的电流定值在本线路末端故障时，应满足如下灵敏系数的要求：

a. 200km 以上的线路不小于 1.3。

b. 50～200km 的线路不小于 1.4。

c. 对 50km 以下的线路不小于 1.5。

过电流保护的电流定值在本线路末端故障时，要求灵敏系数不小于 1.5，在相邻线路末端故障时力争灵敏系数不小于 1.2。

（2）瞬时电流速断保护的整定计算

① 动作电流　按躲过本线路末端母线故障整定：

$$I_{\text{set}}^{\text{I}} = K_{\text{rel}}^{\text{I}} I_{\text{k. max}}^{(3)} = K_{\text{rel}}^{\text{I}} \frac{E_{\varphi}}{Z_{\text{s. min}} + Z_{\text{xl}}} \tag{8-11}$$

式中 I_{set}^{I}——瞬时电流速断保护一次定值，A；

K_{rel}^{I}——瞬时电流速断保护的可靠系数，一般取 $K_{rel}^{I}=1.2\sim1.3$；

E_{φ}——系统等效电源的相电动势，kV；

$Z_{s.min}$——系统最大运行方式下，保护安装处到系统等效电源之间的最小正序阻抗；

Z_{xl}——本线路正序阻抗，$Z_{xl}=z_1 l$，z_1 为线路每千米阻抗，l 为线路长度；

$I_{k,max}^{(3)}$——系统最大运行方式下，线路末端三相短路电流，A。

② 动作时限

$$t^{I}=0s \tag{8-12}$$

③ 保护范围

$$l_{min}\%=\frac{l_{min}}{l}\times100\%=\frac{1}{z_1 l}\left(\frac{\sqrt{3}}{2}\times\frac{E_{\varphi}}{I_{set}^{I}}-Z_{s.max}\right)\geqslant15\% \tag{8-13}$$

④ 无时限电流电压联锁速断保护　当上述无时限电流速断保护灵敏度不满足要求，即保护范围 $l_{min}\%<15\%$ 时，该保护不宜使用，此时可采用瞬时电流速断保护的改进方案，即瞬时电流电压联锁速断保护，以提高电流保护第 I 段的灵敏度。为了提高保护的灵敏度又不至于失去选择性，即保护在外部短路时不动作，电流和电压两个测量元件的动作值均可按正常运行方式下保证本线路 75％长度的保护范围进行整定，电流电压的一次动作值分别为

$$\left.\begin{aligned}I_{set}^{I}&=\frac{E_{\varphi}}{X_{sN}+x_1 l_1}\\U_{set}^{I}&=\sqrt{3}I_{set}^{I}x_1 l_1\end{aligned}\right\} \tag{8-14}$$

式中 X_{sN}——正常运行方式下归算至保护安装处的等效电源阻抗；

l_1——正常运行方式下瞬时电流电压闭锁速断保护的保护范围，即

$$l_1=75\%l$$

（3）限时电流速断保护

限时电流速断保护属第 Ⅱ 段，应保护全线，并与相邻下一级线路保护 I 段（配合有困难时与 Ⅱ 段）相配合。对 Ⅱ 段按主保护要求，其灵敏度应满足表 8-3 的规定。

① 动作电流

$$I_{set}^{II}=K_{rel}^{II}I_{set.(next)}^{I}/K_{b.min} \tag{8-15}$$

式中 K_{rel}^{II}——电流保护 Ⅱ 段的可靠系数，一般取 $K_{rel}^{II}=1.1\sim1.2$；

$K_{b.min}$——限时电流速断保护的分支系数 K_b 的最小值；

I_{set}^{II}——限时电流速断保护定值，A；

$I_{set.(next)}^{I}$——相邻线路瞬时电流速断保护定值，A。

② 保护动作时间

$$t^{II}=t_{(x)}^{I}+\Delta t \tag{8-16}$$

式中 $t_{(x)}^{I}$——相邻下一级线路保护 I 段整定时间，$t_{(x)}^{I}=0s$；

t^{II}——限时电流速断保护的动作时间；

Δt——时间级差，它与断路器的动作时间、被保护线路保护的动作时间误差、相邻线路的保护动作时间误差等因素有关，一般取 $0.3\sim0.6s$，通常取 $0.5s$。

③ 灵敏度

$$K_{sen} = \frac{I_{k.\,min}^{(2)}}{I_{set}^{II}} \geqslant 1.3 \sim 1.5 \tag{8-17}$$

式中　K_{sen}——灵敏系数；

　　$I_{k.\,min}^{(2)}$——本线路末端最小运行方式下的两相短路电流。

当该保护灵敏度不满足要求时，动作电流可采用和相邻线路电流保护第Ⅱ段整定值配合的方法确定，以降低本线路电流保护第Ⅱ段的整定值，提高其灵敏度，保护定值为

$$I_{set}^{II} = K_{rel}^{II} I_{set.\,(next)}^{II} / K_{b.\,min} \tag{8-18}$$

动作时间也要和相邻线路第Ⅱ段动作时间配合，即

$$t^{II} = t_{(x)}^{II} + \Delta t \tag{8-19}$$

（4）定时限过电流保护整定计算

过电流保护是阶段式保护的后备段，除对本线路故障有足够灵敏度外，相邻线路也应有一定远后备灵敏度，保护动作电流应大于本线路最大负荷电流，并在电流定值及动作时间上与相邻线路后备段相配合。

① 动作电流

$$I_{set}^{III} = \frac{K_{rel}^{III} K_{ss}}{K_{re}} I_{L.\,max} \tag{8-20}$$

式中　K_{rel}^{III}——定时限过电流保护的可靠系数，$K_{rel}^{III} = 1.15 \sim 1.25$；

　　K_{re}——电流测量元件的返回系数，$K_{re} = 0.85 \sim 0.99$；

　　K_{ss}——电动机自启动系数，由具体接线、负荷性质、试验数据及运行经验等因素确定，一般$K_{ss} \geqslant 1$；

　　$I_{L.\,max}$——正常情况下流过被保护线路可能的最大负荷电流，A。

② 动作时限

$$t^{III} = t_{(x)}^{III} + \Delta t \tag{8-21}$$

式中　$t_{(x)}^{III}$——相邻下一级保护线路Ⅲ段整定时间；

　　t^{III}——定时限过电流保护的动作时间。

③ 灵敏度

a. 本线路末端灵敏度 K_{sen}

$$K_{sen} = \frac{I_{k.\,min}^{(2)}}{I_{set}^{III}} \geqslant 1.3 \tag{8-22}$$

式中　$I_{k.\,min}^{(2)}$——本线路末端最小运行方式下的两相短路电流，对于电厂附近的线路，要考虑短路电流衰减；对于高压电网及远离电厂的线路，一般取$I_{k.\,min}^{(2)} = 0.866 I_{k.\,min}^{(3)}$。

b. 相邻线路故障远后备灵敏度 K_{sen}'

$$K_{sen}' = \frac{I_{k.\,min.\,(next)}^{(2)}}{I_{set}^{III}} \geqslant 1.2 \tag{8-23}$$

式中　$I_{k.\,min.\,(next)}^{(2)}$——相邻线路末端短路，流经本线路保护装置中最小运行方式下的两相短路电流。

（5）算例

① 如图 8-3 所示网络中每条线路的断路器处均装设三段式电流保护，计算线路断路器

1QF 处 AB 段线路保护 1 的Ⅰ、Ⅱ段的动作电流、动作时间和灵敏度。图中电源电势为 115kV，Δt 取 0.5s；

A 处电源的最大、最小阻抗分别为

$$X_{sA.max}=20\Omega, X_{sA.min}=15\Omega$$

B 处电源的最大、最小阻抗分别为

$$X_{sB.max}=25\Omega, X_{sB.min}=20\Omega$$

各线路的阻抗为

$$X_{AB}=40\Omega, X_{BC}=26\Omega, X_{BD}=24\Omega, X_{DE}=20\Omega$$

电流保护第Ⅰ、Ⅱ段的可靠系数为

$$K_{rel}^{I}=1.3, \ K_{rel}^{II}=1.15$$

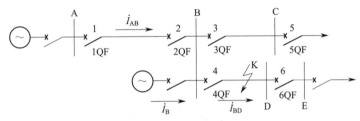

图 8-3　网络接线图

a. 电流保护 1 的Ⅰ段整定计算

动作电流：

$$I_{set.1}^{I}=K_{rel}^{I}I_{k.B.max}^{(3)}$$

$$I_{k.B.max}^{(3)}=\frac{E_{\varphi}}{X_{sA.min}+X_{AB}}=\frac{115/\sqrt{3}}{15+40}=1.21(kA)$$

$$I_{set.1}^{I}=K_{rel}^{I}I_{k.B.max}^{(3)}=1.3\times1.21=1.57(kA)$$

最小保护范围：

$$x_1l_{min}=\left(\frac{\sqrt{3}}{2}\frac{E_{\varphi}}{I_{set.1}^{I}}-X_{sA.max}\right)=\left(\frac{\sqrt{3}}{2}\times\frac{115/\sqrt{3}}{1.57}-20\right)=16.62(\Omega)$$

$$\frac{x_1l_{min}}{x_1l_{AB}}\times100\%=\frac{x_1l_{min}}{x_{AB}}\times100\%=\frac{16.62}{40}\times100\%=41.6\%>15\%$$

式中　x_1——线路每公里的正序电抗；

l_{min}——电流保护的Ⅰ段最小保护范围；

l_{AB}——线路 AB 的长度。

因 $\dfrac{x_1l_{min}}{x_1l_{AB}}\times100\%>15\%$，故满足灵敏度的要求。

动作时限：

$$t_1^{I}=0s$$

b. 电流保护 1 的Ⅱ段整定计算

动作电流：

电流保护 1 的Ⅱ段动作电流应与相邻 BD 段线路电流保护 4 的第Ⅰ段配合，即

$$I_{set.1}^{II}=K_{rel}^{II}I_{set.4}^{I}/K_{b.min}$$

$$I_{\text{set.}4}^{\text{I}} = K_{\text{rel}}^{\text{I}} I_{\text{k.D.max}}^{(3)} = K_{\text{rel}}^{\text{I}} \frac{E_\varphi}{(X_{\text{sA.min}} + X_{\text{AB}}) // X_{\text{sB.min}} + X_{\text{BD}}}$$

$$= 1.3 \times \frac{115/\sqrt{3}}{55//20 + 24} = 2.23(\text{kA})$$

$$K_{\text{b.min}} = 1 + \frac{X_{\text{sA.min}} + X_{\text{AB}}}{X_{\text{sB.max}}} = 1 + \frac{55}{25} = 3.2$$

$$I_{\text{set.}1}^{\text{II}} = K_{\text{rel}}^{\text{II}} I_{\text{set.}4}^{\text{I}} / K_{\text{b.min}} = 1.15 \times 2.23/3.2 = 0.8(\text{kA})$$

灵敏度：

$$K_{\text{sen}}^{\text{II}} = \frac{I_{\text{k.B.min}}^{(2)}}{I_{\text{set.}1}^{\text{II}}} = \frac{0.96}{0.8} = 1.2$$

$$I_{\text{k.B.min}}^{(2)} = \frac{\sqrt{3}}{2} \times \frac{E_\varphi}{X_{\text{sA.max}} + X_{\text{AB}}} = 0.96(\text{kA})$$

因
$$K_{\text{sen}}^{\text{II}} = 1.2 < 1.4$$

故不满足灵敏度的要求，因此电流保护 1 的 Ⅱ 段应与 BD 段线路电流保护 4 的 Ⅱ 段保护配合，即

$$I_{\text{set.}1}^{\text{II}} = K_{\text{rel}}^{\text{II}} I_{\text{set.}4}^{\text{II}} / K_{\text{b.min}}$$

因保护 4 的最小分支系数：

$$K_{\text{b.min.}4} = 1$$

所以电流保护 4 的 Ⅱ 段动作电流为

$$I_{\text{set.}4}^{\text{II}} = K_{\text{rel}}^{\text{II}} I_{\text{set.}6}^{\text{I}} / K_{\text{b.min.}4} = K_{\text{rel}}^{\text{II}} K_{\text{rel}}^{\text{I}} I_{\text{k.E.max}}^{(3)}$$

$$= 1.15 \times 1.3 \times \frac{115/\sqrt{3}}{(15+40)//20 + 44} = 1.69(\text{kA})$$

电流保护 1 的 Ⅱ 段动作电流为

$$I_{\text{set.}1}^{\text{II}} = K_{\text{rel}}^{\text{II}} I_{\text{set.}4}^{\text{II}} / K_{\text{b.min.}1} = 1.15 \times 1.69/3.2 = 0.61(\text{kA})$$

这时电流保护 1 第 Ⅱ 段的灵敏度为

$$K_{\text{sen}}^{\text{II}} = \frac{I_{\text{k.B.min}}^{(2)}}{I_{\text{set.}1}^{\text{II}}} = \frac{0.96}{0.61} = 1.58 > 1.4$$

满足灵敏度的要求。

动作时限：

$$t_1^{\text{II}} = t_4^{\text{II}} + \Delta t = 1\text{s}$$

② 如图 8-4 所示网络中，假设采用三段式电流保护，电源相电动势 $E_\varphi = 115/\sqrt{3}$（kV），$X_{\text{s.max}} = 20\Omega$，$X_{\text{s.min}} = 10\Omega$，$X_{\text{AB}} = 40\Omega$，$X_{\text{BCI}} = X_{\text{BCII}} = 50\Omega$。变压器归算至 115kV 的阻抗为 80Ω，AB 线路的最大负荷电流为 $I_{\text{L.max}} = 150\text{A}$，$\Delta t = 0.5\text{s}$，$t_8^{\text{III}} = 0.5\text{s}$。计算保护 2 三段式电流保护整定值（$K_{\text{rel}}^{\text{I}} = 1.25$，$K_{\text{rel}}^{\text{II}} = K_{\text{rel}}^{\text{III}} = 1.15$，$K_{\text{re}} = 0.85$，$K_{\text{ss}} = 2.0$，$x_1 = 0.4\Omega/\text{km}$）。

a. 电流保护 2 第 Ⅰ 段的整定计算 电流保护 2 第 Ⅰ 段的动作电流应躲过本线路末端的最大短路电流 $I_{\text{k.C.max}}^{(3)}$，计算 $I_{\text{k.C.max}}^{(3)}$ 时应考虑：第一，电源在最大运行方式下（取 $X_{\text{s.min}}$）；第二，BC 线路为单线运行，故有：

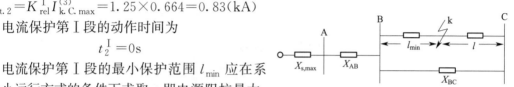

图 8-4　三段式相间电流保护整定计算网络图

$$I_{\text{k.C. max}}^{(3)}=\frac{E_\varphi}{X_{\text{s. min}}+X_{\text{AB}}+X_{\text{BC}}}=\frac{115/\sqrt{3}}{10+40+50}\approx 0.664(\text{kA})$$

可得电流保护第Ⅰ段的动作电流为

$$I_{\text{set. 2}}^{\text{I}}=K_{\text{rel}}^{\text{I}}I_{\text{k.C. max}}^{(3)}=1.25\times 0.664=0.83(\text{kA})$$

电流保护第Ⅰ段的动作时间为

$$t_2^{\text{I}}=0\text{s}$$

电流保护第Ⅰ段的最小保护范围 $l_{\min}$ 应在系统最小运行方式的条件下求取，即电源阻抗最大，且双回路 BC 线并列运行，在 $l_{\min}$ 处两相短路时，流过保护 2 的电流为其动作电流，如图 8-5 所示。

$$l_{\text{BC}}=\frac{50}{0.4}=125\text{km}$$

k 点短路时，流过保护 2 的两相短路最小电流为

$$I_{\text{set. 2}}^{\text{I}}=\frac{\sqrt{3}}{2}\times\frac{E_\varphi}{X_{\text{s. max}}+X_{\text{AB}}+(X_{\text{BC}}+X_{\text{BC}}-l_{\min}x_1)//l_{\min}x_1}\times\frac{2X_{\text{BC}}-l_{\min}x_1}{2X_{\text{BC}}}$$

解得

$$l_{\min}=14.63\text{km}$$

$\dfrac{l_{\min}}{l_{\text{BC}}}\times 100\%=11.7\%<15\%$，不满足要求，应考虑用瞬时电流电压联锁速断保护。

b. 电流保护 2 第Ⅱ段的整定计算　电流保护 2 第Ⅱ段动作电流的计算应考虑变压器装有 100% 保护范围的纵差保护，且应考虑单回线运行，即认为变压器的第Ⅰ段保护范围末端在 D 母线上，即其动作电流是 D 母线的最大三相短路电流值 $I_{\text{k.D. max}}^{(3)}$，因此电流保护 2 第Ⅱ段的动作电流为

$$I_{\text{set. 2}}^{\text{II}}=K_{\text{rel}}^{\text{II}}I_{\text{k.D. max}}^{(3)}$$

$$I_{\text{k.D. max}}^{(3)}=\frac{E_\varphi}{X_{\text{s. min}}+X_{\text{AB}}+X_{\text{BC}}+X_{\text{T}}}=\frac{115/\sqrt{3}}{10+40+50+80}=0.369(\text{kA})$$

$$I_{\text{set. 2}}^{\text{II}}=K_{\text{rel}}^{\text{II}}I_{\text{k.D. max}}^{(3)}=1.15\times 0.369=0.424(\text{kA})$$

动作时限

$$t_2^{\text{II}}=0.5\text{s}$$

灵敏度（应考虑双回路运行）为

$$K_{\text{sen}}^{\text{II}}=\frac{I_{\text{k.C. min}}^{(2)}}{I_{\text{set. 2}}^{\text{II}}}=\frac{\dfrac{\sqrt{3}}{2}\times\dfrac{E_\varphi}{X_{\text{s. max}}+X_{\text{AB}}+\dfrac{X_{\text{BC}}}{2}}\times\dfrac{1}{2}}{I_{\text{set. 2}}^{\text{II}}}=\frac{\dfrac{115/4}{20+40+25}}{0.424}=0.79<1.4$$

不满足要求，应考虑用延时电流电压联锁保护或与相邻线第Ⅱ段电流保护配合。

c. 电流保护 2 第Ⅲ段的整定计算

动作电流：

$$I_{\text{set.}2}^{\text{III}}=\frac{K_{\text{rel}}^{\text{III}}K_{\text{ss}}}{K_{\text{re}}}I_{\text{L. max}}$$

应考虑单回线运行，取 $I_{\text{L. max}}=150\text{A}$，则

$$I_{\text{set.}2}^{\text{III}}=\frac{K_{\text{rel}}^{\text{III}}K_{\text{ss}}}{K_{\text{re}}}I_{\text{L. max}}=\frac{1.15\times2.0}{0.85}\times150=406(\text{A})$$

灵敏度：若作为近后备保护，则考虑双回线运行时，有

$$K_{\text{sen}}=\frac{I_{\text{k. C. min}}^{(2)}}{I_{\text{set.}2}^{\text{III}}}=\frac{\dfrac{\sqrt{3}}{2}\times\dfrac{E_{\varphi}}{X_{\text{s. max}}+X_{\text{AB}}+\dfrac{X_{\text{BC}}}{2}}\times\dfrac{1}{2}}{I_{\text{set.}2}^{\text{III}}}=\frac{0.338}{0.406}\approx0.83<1.4$$

若作为远后备保护，则考虑单回线运行时，有

$$K_{\text{sen}}'=\frac{I_{\text{k. D. min}}^{(2)}}{I_{\text{set.}2}^{\text{III}}}=\frac{\dfrac{\sqrt{3}}{2}\times\dfrac{E_{\varphi}}{X_{\text{s. max}}+X_{\text{AB}}+X_{\text{BC}}+X_{\text{T}}}}{I_{\text{set.}2}^{\text{III}}}\approx0.75<1.2$$

考虑双回线运行时，有

$$K_{\text{sen}}'=\frac{I_{\text{k. D. min}}^{(2)}}{I_{\text{set.}2}^{\text{III}}}=\frac{\dfrac{\sqrt{3}}{2}\times\dfrac{E_{\varphi}}{X_{\text{s. max}}+X_{\text{AB}}+\dfrac{X_{\text{BC}}}{2}+X_{\text{T}}}\times\dfrac{1}{2}}{I_{\text{set.}2}^{\text{III}}}=\frac{0.174}{0.406}\approx0.43<1.2$$

可见，该处相间短路保护第Ⅲ段作为近后备和远后备保护时均不满足灵敏度要求，这时可考虑与变压器的相间短路后备保护配合或采用低电压启动的过电流保护。

8.5 相间距离保护的整定计算

8.5.1 距离保护的基本特性和特点

（1）距离保护的基本特性

① 距离保护的基本构成及应用 距离保护是反映从故障点到保护安装处之间阻抗大小（距离大小），其动作时间具有阶梯特性。当故障点到保护安装处之间的实际距离小于保护测量元件阻抗继电器的整定值时，表示故障点在保护范围之内，保护动作。

在电网结构复杂，运行方式多变，采用一般的电流、电压保护不能满足运行要求时，应考虑采用距离保护装置，能有选择性的、较快的切除相间故障。

② 距离保护各段动作特性 距离保护一般装设三段，必要时也可开采用四段。其中第Ⅰ段可以保护全线路的 $80\%\sim85\%$；第Ⅱ段按阶梯特性与相邻保护相配合，通常能够灵敏而较快速地切除全线路范围内的故障。由Ⅰ、Ⅱ段构成线路的主保护。第Ⅲ（Ⅳ）段，作为后备保护段。

（2）距离保护装置特点

① 由于距离保护主要反映阻抗值，其灵敏度较高，受电力系统运行方式变化的影响较小，

运行中躲开负荷电流的能力强。在本线路故障时，装置第Ⅰ段的性能基本上不受电力系统运行方式变化的影响。当故障点在相邻线路上时，由于可能有助增作用，对于第Ⅱ、Ⅲ段，保护的实际动作区可能随运行方式的变化而变化，但一般情况下，均能满足系统运行的要求。

② 由于保护性能受电力系统运行方式的影响较小，因而装置运行灵活、动作可靠、性能稳定。特别是在保护定值整定计算和各级保护段相互配合上较为简单灵活，是保护电力系统相间故障的主要阶段式保护。

8.5.2　距离保护整定计算

（1）距离保护Ⅰ段整定计算

① 当被保护线路无中间分支线路（或分支变压器）时　定值计算按躲过本线路末端故障整定，一般可按被保护线路正序阻抗的 80%～85%计算，即

$$Z_{set}^{I} = K_{rel} Z_{xl} \tag{8-24}$$

对方向阻抗继电器则有

$$\theta_{lm} = \theta_{xl} \tag{8-25}$$

式中　Z_{set}^{I}——距离保护Ⅰ段的整定阻抗；

Z_{xl}——被保护线路的正序相阻抗；

K_{rel}——可靠系数，可取 0.8～0.85；

θ_{lm}——继电器最大灵敏角；

θ_{xl}——被保护线路的阻抗角。

保护的动作时间按 $t^{I} = 0s$（即保护固有动作时间）整定。

② 当线路末端仅为一台变压器时（即线路变压器组）　其定值计算按不伸出线路末端变压器内部整定，即按躲过变压器其他各侧的母线故障整定：

$$Z_{set}^{I} = K_{rel} Z_{xl} + K_{rel.T} Z_{T} \tag{8-26}$$

式中　Z_{T}——线路末端变压器的阻抗；

Z_{xl}——被保护线路的正序相阻抗；

K_{rel}——可靠系数，可取 $K_{rel} = 0.8$～0.85；

$K_{rel.T}$——可靠系数，可取 $K_{rel.T} = 0.75$。

保护的动作时间按 $t^{I} = 0s$（即保护固有动作时间）整定。

③ 当线路末端变压器为两台及以上并列运行且变压器有差动保护时　如果本线路上装有高频保护时，可按式(8-24)进行计算。当本线路未装高频保护时，则可以按躲开本线路末端故障或躲开终端变电站其他母线整定：

$$Z_{set}^{I} = K_{rel} Z_{xl} \text{ 或 } Z_{set}^{I} = K_{rel} Z_{xl} + K_{rel.T} Z_{T}' \tag{8-27}$$

式中　Z_{T}'——终端变电所变压器并联阻抗；

Z_{xl}——被保护线路的正序相阻抗；

K_{rel}——可靠系数，可取 $K_{rel} = 0.8$～0.85；

$K_{rel.T}$——可靠系数，可取 $K_{rel.T} = 0.75$。

④ 当线路末端变压器为两台及以上并列运行且变压器未装设差动保护时　当本线路未装设高频保护时，根据情况可以按躲开本线路末端故障或按躲开变压器的电流速断保护范围末端整定，即

$$Z^{\mathrm{I}}_{\mathrm{set}} = K_{\mathrm{rel}} Z_{\mathrm{xl}} + K_{\mathrm{rel.\,T}} Z'_{\mathrm{T.\,min}} \tag{8-28}$$

式中　$Z'_{\mathrm{T.\,min}}$——终端变电所变压器并联运行时，电流速断保护区最小阻抗值；其他符号同前。

⑤ 当被保护线路中间接有分支线路（或变压器）时　其计算按躲开本线路末端和躲开分支线路（分支变压器）末端故障整定，即

$$Z^{\mathrm{I}}_{\mathrm{set}} = K_{\mathrm{rel}} Z_{\mathrm{xl}} \quad 或 \quad Z^{\mathrm{I}}_{\mathrm{set}} = K_{\mathrm{rel}} Z'_{\mathrm{xl}} + K_{\mathrm{rel.\,T}} Z_{\mathrm{T}} \tag{8-29}$$

式中　Z'_{xl}——本线路中间接分支线路（分支变压器）至保护安装处之间的线路的正序阻抗；

　Z_{xl}——被保护线路的正序相阻抗；

　K_{rel}——可靠系数，可取 $K_{\mathrm{rel}} = 0.8 \sim 0.85$；

　$K_{\mathrm{rel.\,T}}$——可靠系数，可取 $K_{\mathrm{rel.\,T}} = 0.7$。

（2）距离保护Ⅱ段整定计算

① 按与相邻线路距离保护Ⅰ段配合整定

$$Z^{\mathrm{II}}_{\mathrm{set}} = K_{\mathrm{rel}} Z_{\mathrm{xl}} + K'_{\mathrm{rel}} K_{\mathrm{b}} Z^{\mathrm{I}}_{\mathrm{set.\,(next)}} \tag{8-30}$$

式中　$Z^{\mathrm{II}}_{\mathrm{set}}$——距离保护Ⅱ段的整定阻抗；

　$Z^{\mathrm{I}}_{\mathrm{set.\,(next)}}$——相邻线路距离保护Ⅰ段的整定阻抗；

　Z_{xl}——被保护线路的正序相阻抗；

　K_{rel}——可靠系数，可取 $0.8 \sim 0.85$；

　K'_{rel}——可靠系数，可取 0.8；

　K_{b}——助增系数，选取可能的最小值。

保护的动作时间：

$$t^{\mathrm{II}} = t^{\mathrm{I}}_{\mathrm{next}} + \Delta t \tag{8-31}$$

式中　Δt——时间级差，一般取 0.5s；

　$t^{\mathrm{I}}_{\mathrm{next}}$——相邻距离保护Ⅰ段动作时间。

最大灵敏角：

$$\theta_{\mathrm{lm}} = \theta_{\mathrm{xl}} \tag{8-32}$$

式中　θ_{xl}——线路的正序阻抗角。

② 按躲过相邻变压器其他侧母线故障整定

$$Z^{\mathrm{II}}_{\mathrm{set}} = K_{\mathrm{rel}} Z_{\mathrm{xl}} + K_{\mathrm{rel.\,T}} K_{\mathrm{b}} Z_{\mathrm{T}} \tag{8-33}$$

式中　$Z^{\mathrm{II}}_{\mathrm{set}}$——距离保护Ⅱ段的整定阻抗；

　Z_{T}——相邻变压器的阻抗（若多台变压器并列时，按并联阻抗计）；

　Z_{xl}——被保护线路的正序相阻抗；

　$K_{\mathrm{rel.\,T}}$——可靠系数，一般取 $0.7 \sim 0.75$；

　K_{rel}——可靠系数，一般取 $0.8 \sim 0.85$；

　K_{b}——助增系数，选取可能的最小值。

保护动作时间及最大灵敏角的整定同式(8-31)、式(8-32)。

③ 按与相邻距离保护Ⅱ段相配合整定

$$Z^{\mathrm{II}}_{\mathrm{set}} = K_{\mathrm{rel}} Z_{\mathrm{xl}} + K'_{\mathrm{rel}} K_{\mathrm{b}} Z^{\mathrm{II}}_{\mathrm{set.\,(next)}} \tag{8-34}$$

式中　$Z^{\mathrm{II}}_{\mathrm{set.\,(next)}}$——相邻线路距离保护Ⅱ段的整定阻抗。

最大灵敏角：

$$\theta_{lm} = \theta_{xl}$$

式中　θ_{xl}──线路的正序阻抗角。

保护的动作时间：

$$t^{II} = t^{II}_{next} + \Delta t$$

式中　t^{II}_{next}──相邻距离保护 II 段动作时间。

④ 按保证被保护线路末端故障保护有足够灵敏度整定　当按①、②、③各项条件所计算的动作阻抗值，在本线路末端故障时，保护灵敏度很高，与此同时又出现保护的 I 段和 II 段之间的动作阻抗相差很大，使继电器的整定范围受到限制而无法满足 I、II 段计算定值的要求时，则可改为按保证本线路末端故障时有足够灵敏度的条件计算，即

$$Z^{II}_{set} = K_{sen} Z_{xl} \tag{8-35}$$

式中　Z_{xl}──线路正序阻抗值；

$\quad K_{sen}$──被保护线路末端故障保护的灵敏度，$K_{sen} = \dfrac{Z^{II}_{set}}{Z_{xl}}$。

对最小灵敏度的要求为：当线路长度为 50km 以下时，不小于 1.5；当线路长度为 50～200km 时，不小于 1.4；当线路长度为 200km 以上时，不小于 1.3。

（3）距离保护 III 段整定计算

① 按与相邻距离保护 II 段保护配合整定

保护的整定计算为

$$Z^{III}_{set} = K_{rel} Z_{xl} + K'_{rel} K_b Z^{II}_{set.(next)} \tag{8-36}$$

式中　Z^{III}_{set}──距离保护 III 段的整定阻抗；

$\quad Z^{II}_{set.(next)}$──相邻距离保护 II 段的整定阻抗；

$\quad Z_{xl}$──被保护线路的正序相阻抗；

$\quad K_{rel}$──可靠系数，可取 0.8～0.85；

$\quad K'_{rel}$──可靠系数，可取 0.8；

$\quad K_b$──助增系数，选取可能的最小值。

最大灵敏角：

$$\theta_{lm} = \theta_{xl}$$

式中　θ_{xl}──线路的正序阻抗角。

距离保护 III 段动作时间按以下条件分别整定。

a. 相邻距离保护 II 段在重合闸后不经振荡闭锁控制，且距离 III 段保护范围不伸出相邻变压器的其他母线时：

$$t^{III} = t^{II}_{next} + \Delta t \tag{8-37}$$

式中　t^{II}_{next}──相邻距离保护 II 段在重合闸之后不经振荡闭锁控制时的 II 段动作时间。

b. 当 III 段保护范围伸出相邻变压器的其他母线时：

$$t^{III} = t_T + \Delta t \tag{8-38}$$

式中　t_T──相邻变压器的后备保护动作时间。

② 按与相邻距离 III 段相配合　距离 III 段按与相邻距离 III 段相配合时，动作阻抗计算为

$$Z^{III}_{set} = K_{rel} Z_{xl} + K'_{rel} K_b Z^{III}_{set.(next)} \tag{8-39}$$

式中　$Z_{set}^{Ⅲ}$——距离保护Ⅲ段的整定阻抗；

$Z_{set.(next)}^{Ⅲ}$——相邻距离保护Ⅲ段的整定阻抗；

Z_{xl}——被保护线路的正序相阻抗；

K_{rel}'——可靠系数，可取 0.8；

K_b——助增系数，选取可能的最小值。

最大灵敏角：

$$\theta_{lm}=\theta_{xl}$$

式中　θ_{xl}——线路的正序阻抗角。

距离Ⅲ段动作时间为

$$t^{Ⅲ}=t_{next}^{Ⅲ}+\Delta t \tag{8-40}$$

式中　$t_{next}^{Ⅲ}$——相邻距离保护Ⅲ段动作时间。

③ 按与相邻下级变压器过电流保护配合整定　定值计算为

$$Z_{set}^{Ⅲ}=K_{rel}\left(K_b\frac{E_\varphi}{2I_{set.(next)}}-Z_s\right) \tag{8-41}$$

式中　Z_s——背侧等效阻抗；

E_φ——距离保护安装处背侧最低等值相间电势；

$I_{set.(nest)}$——相邻变压器过电流保护等值；

K_{rel}——可靠系数，取 0.8～0.85。

④ 按躲过正常运行时的最小负荷阻抗整定　当线路上的负荷最大且母线电压最低时，负荷阻抗最小，其值为

$$Z_{L.min}=\frac{\dot{U}_{L.min}}{\dot{I}_{L.max}}=\frac{(0.9\sim0.95)\dot{U}_N}{\dot{I}_{L.max}} \tag{8-42}$$

式中　$\dot{U}_{L.min}$——正常运行母线电压的最低值；

$\dot{I}_{L.max}$——被保护线路最大负荷电流；

$\dot{U}_N$——母线额定相电压。

考虑到电动机自启动的情况下，保护Ⅲ段必须立即返回的要求，若采用全阻抗特性，则整定值为

$$Z_{set}^{Ⅲ}=\frac{K_{rel}}{K_{ss}K_{re}}Z_{L.min} \tag{8-43}$$

式中　K_{rel}——可靠系数，一般取 0.8～0.85；

K_{ss}——电动机自启动系数，取 1.5～2.5；

K_{re}——阻抗测量元件（欠量动作）的返回系数，取 1.15～1.25。

若采用方向圆特性阻抗继电器，由躲开的负荷阻抗换算成整定阻抗值，整定阻抗可由下式给出

$$Z_{set}^{Ⅲ}=\frac{K_{rel}Z_{L.min}}{K_{ss}K_{re}\cos(\varphi_{set}-\varphi_L)} \tag{8-44}$$

式中　φ_{set}——整定阻抗的阻抗角；

φ_{L}——负荷阻抗的阻抗角。

⑤ 灵敏度校验　距离保护的Ⅲ段，即作为本线路Ⅰ、Ⅱ段保护的近后备，又作为相邻下级设备保护的远后备，灵敏度应分别进行校验。

作为近后备时，按本线路末端短路校验，计算式为

$$K_{\mathrm{sen}(1)}=\frac{Z_{\mathrm{set}}^{\mathrm{Ⅲ}}}{Z_{\mathrm{xl}}}\geq 1.5 \tag{8-45}$$

作为远后备时，按相邻设备末端短路校验，计算式为

$$K_{\mathrm{sen}(2)}=\frac{Z_{\mathrm{set}}^{\mathrm{Ⅲ}}}{Z_{\mathrm{xl}}+K_{\mathrm{b.max}}Z_{\mathrm{next}}}\geq 1.2 \tag{8-46}$$

式中　Z_{next}——相邻设备（线路、变压器等）的阻抗；

$\quad\quad K_{\mathrm{b.max}}$——分支系数最大值，以保证在各种运行方式下保护动作的灵敏性。

（4）算例

网络及其参数如图 8-6 所示。各线路均装有距离保护，试对保护 1 的距离Ⅰ、Ⅱ、Ⅲ段进行整定计算。已知线路每公里阻抗 $x_1=0.4\Omega/\mathrm{km}$，阻抗角 $\varphi_{\mathrm{k}}=70°$，电动机自启动系数 $K_{\mathrm{ss}}=1$。

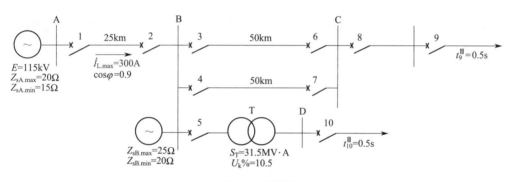

图 8-6　网络图

① 有关各元件阻抗值的计算

AB 线路的正序阻抗：

$$Z_{\mathrm{AB}}=z_1 l_{\mathrm{AB}}=0.4\times 25=10(\Omega)$$

BC 线路的正序阻抗：

$$Z_{\mathrm{BC}}=z_1 l_{\mathrm{BC}}=0.4\times 50=20(\Omega)$$

变压器的等值阻抗：

$$Z_{\mathrm{T}}=\frac{U_{\mathrm{K}}\%}{100}\times\frac{U_{\mathrm{T}}^2}{S_{\mathrm{T}}}=\frac{10.5}{100}\times\frac{115^2}{31.5}=44.1(\Omega)$$

② 距离Ⅰ段的整定

a. 整定阻抗：$Z_{\mathrm{set.1}}^{\mathrm{Ⅰ}}=K_{\mathrm{rel}}^{\mathrm{Ⅰ}}Z_{\mathrm{AB}}=0.85\times 10=8.5(\Omega)$

b. 动作时间：$t_1^{\mathrm{Ⅰ}}=0\mathrm{s}$（实际动作时间为保护装置固有动作时间）

③ 距离Ⅱ段的整定

a. 整定阻抗　按下述条件选取

ⓐ 与下一线路保护 3（或保护 4）Ⅰ段配合：

$$Z_{\mathrm{set.1}}^{\mathrm{Ⅱ}}=(K_{\mathrm{rel}}Z_{\mathrm{AB}}+K_{\mathrm{rel}}'K_{\mathrm{b.min}}Z_{\mathrm{set.3}}^{\mathrm{Ⅰ}})$$

$$Z_{\text{set.}3}^{\text{I}} = K_{\text{rel}}^{\text{I}} Z_{\text{BC}} = 0.85 \times 20 = 17(\Omega)$$

其中 $K_{\text{b.min}}$ 的计算：当保护 3 的 I 段保护范围末端图 8-7 中的 k_1 点短路时，保护 1 的分支系数为

$$K_{\text{b}} = \frac{I_2}{I_1} = \frac{Z_{\text{SA}} + Z_{\text{AB}} + Z_{\text{SB}}}{Z_{\text{SB}}} \times \frac{(1+0.15)Z_{\text{BC}}}{2Z_{\text{BC}}} = \left(\frac{Z_{\text{SA}} + Z_{\text{AB}}}{Z_{\text{SB}}} + 1\right) \times \frac{1.15}{2}$$

为得到最小分支系数 $K_{\text{b.min}}$，上式中 Z_{SA} 应取最小值，即取电源 A 最大运行方式下的等值电抗 $Z_{\text{SA.min}}$；而 Z_{SB} 应取最大值，即取电源 B 最小运行方式下的等值电抗 $Z_{\text{SB.max}}$，并且下一双回线路均投入，所以

$$K_{\text{b.min}} = \left(\frac{15+10}{25} + 1\right) \times \frac{1.15}{2} = 1.15$$

取 $K_{\text{rel}} = K_{\text{rel}}' = 0.8$，于是

$$Z_{\text{set.}1}^{\text{II}} = K_{\text{rel}} Z_{\text{AB}} + K_{\text{rel}}' K_{\text{b.min}} Z_{\text{set.}3}^{\text{I}} = 0.8 \times (10 + 1.15 \times 17) = 23.64(\Omega)$$

ⓑ躲过线路末端变电所变压器低压侧出口图中 k_2 点短路时的测量阻抗（认为变压器装有保护到低压侧的瞬时动作的差动保护）：

$$Z_{\text{set.}1}^{\text{II}} = K_{\text{rel}} Z_{\text{AB}} + K_{\text{rel}}' K_{\text{b.min}} Z_{\text{T}}$$

此时，分支系数 $K_{\text{b.min}}$ 为变压器低压侧出口处 k_2 点短路时，保护 1 的分支系数为

$$K_{\text{b.min}} = \frac{I_3}{I_1} = \frac{Z_{\text{SA.min}} + Z_{\text{AB}} + Z_{\text{SB.max}}}{Z_{\text{SB.max}}} = \frac{15+10}{25} + 1 = 2$$

取 $K_{\text{rel}} = 0.8$，$K_{\text{rel}}' = 0.7$，于是

$$Z_{\text{set.}1}^{\text{II}} = K_{\text{rel}} Z_{\text{AB}} + K_{\text{rel}}' K_{\text{b.min}} Z_{\text{T}} = 0.8 \times 10 + 0.7 \times 2 \times 44.1 = 69.74(\Omega)$$

取较小者作为距离 II 段整定值，即 $Z_{\text{set.}1}^{\text{II}} = 23.64(\Omega)$。

b. 动作时间　与下一线路保护 3 的 I 段配合：

$$t_1^{\text{II}} = t_3^{\text{I}} + \Delta t = 0.5(\text{s})$$

c. 灵敏系数校验　按本线路末端短路求灵敏系数：

$$K_{\text{sen}} = \frac{Z_{\text{set.}1}^{\text{II}}}{Z_{\text{AB}}} = \frac{23.64}{10} = 2.36 > 1.25$$

满足要求。

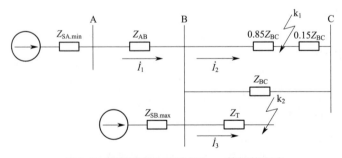

图 8-7　整定距离 II 段时求 $K_{\text{b.min}}$ 的等值电路

④ 距离 III 段

a. 整定阻抗　按躲过最小负荷阻抗 $Z_{\text{L.min}}$ 整定。对于方向阻抗继电器：

$$Z_{\text{set.}1}^{\text{III}} = \frac{Z_{\text{L.min}}}{K_{\text{rel}} K_{\text{re}} K_{\text{ss}} \cos(\varphi_{\text{sen}} - \varphi_1)}$$

其中

$$Z_{\text{L.min}} = \frac{U_{\text{min}}}{I_{\text{L.max}}} = \frac{0.9 \times 115}{\sqrt{3} \times 0.3} = 199.19(\Omega)$$

取 $K_{\text{rel}} = 1.2, K_{\text{re}} = 1.15, K_{\text{ss}} = 1, \varphi_{\text{sen}} = \varphi_k = 70°, \varphi_1 = \cos^{-1}0.9 = 25.8°$

于是：

$$Z_{\text{set.}1}^{\text{III}} = \frac{Z_{\text{L.min}}}{K_{\text{rel}} K_{\text{re}} K_{\text{ss}} \cos(\varphi_{\text{sen}} - \varphi_1)} = \frac{199.19}{1.2 \times 1.15 \times 1 \times \cos(70° - 25.8°)} = 201.34(\Omega)$$

b. 动作时间 $t_1^{\text{III}} = t_9^{\text{III}} + 3\Delta t$ 或 $t_1^{\text{III}} = t_{10}^{\text{III}} + 2\Delta t$

取其中较长者 $t_1^{\text{III}} = t_9^{\text{III}} + 3\Delta t = 0.5 + 3 \times 0.5 = 2.0(\text{s})$

c. 灵敏系数校验   作近后备时，按本线路末端短路时计算灵敏系数：

$$K_{\text{sen}(1)} = \frac{Z_{\text{set.}1}^{\text{III}}}{Z_{\text{AB}}} = \frac{201.34}{10} = 20.13 > 1.5$$

满足要求。

作远后备时，按下一元件末端短路时，计算灵敏系数。首先计算下一线路末端短路的灵敏系数：

$$K_{\text{sen}(2)} = \frac{Z_{\text{set.}1}^{\text{III}}}{Z_{\text{AB}} + k_{\text{b.max}} Z_{\text{BC}}}$$

如图 8-8 所示，$K_{\text{b.max}}$ 为下一线路 BC 末端 k_3 短路时，保护 1 的最大分支系数。取 Z_{SA} 的最大值 $Z_{\text{SA.max}}$，取 Z_{SB} 的最小值 $Z_{\text{SB.min}}$，并且下一双回线取单回线运行，则

$$K_{\text{b.max}} = \frac{I_2}{I_1} = \frac{Z_{\text{SA.max}} + Z_{\text{AB}} + Z_{\text{SB.min}}}{Z_{\text{SB.min}}} = \frac{20 + 10}{20} + 1 = 2.5$$

于是 $K_{\text{sen}(2)} = \frac{Z_{\text{set.}1}^{\text{III}}}{Z_{\text{AB}} + k_{\text{b.max}} Z_{\text{BC}}} = \frac{201.34}{10 + 2.5 \times 20} = 3.36 > 1.2$ 满足要求。

其次计算线路末端变电所变压器低压侧出口 k_2 点短路时的灵敏系数。

此时，最大分支系数：

$$K_{\text{b.max}} = \frac{Z_{\text{SA.max}} + Z_{\text{AB}} + Z_{\text{SB.min}}}{Z_{\text{SB.min}}} = \frac{20 + 10}{20} + 1 = 2.5$$

$$K_{\text{sen}(2)} = \frac{Z_{\text{set.}1}^{\text{III}}}{Z_{\text{AB}} + K_{\text{b.max}} Z_{\text{T}}} = \frac{201.34}{10 + 2.5 \times 44.1} = 1.67 > 1.2$$ 满足要求。

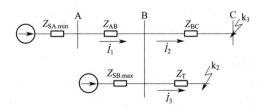

图 8-8 距离保护Ⅲ段灵敏度校验时求 $K_{\text{b.max}}$ 的等值电路

8.5.3 发电机保护整定计算

（1）BCH-2 型发电机纵联差动保护的计算

① 动作电流的计算

a. 按躲过外部故障时的最大不平衡电流整定

$$I_{set}=K_{rel}I_{unb.max}=K_{rel}K_{st}K_{unp}f_{er}I_{k.max}^{(3)} \tag{8-47}$$

式中　K_{rel}——可靠系数，取 1.3～1.5；

　　$I_{unb.max}$——外部故障时流过继电器的最大不平衡电流；

　　　K_{st}——电流互感器同型系数，取 0.5；

　　　f_{er}——电流互感器的误差，取 0.1；

　　$I_{k.max}^{(3)}$——区外短路故障时，发电机供给的最大短路电流；

　　K_{unp}——非周期分量系数，取 1。

b. 按躲过电流互感器二次回路断线整定

$$I_{set}=K_{rel}I_{NG} \tag{8-48}$$

式中　K_{rel}——可靠系数，取 1.3；

　　I_{NG}——发电机额定电流。

选用按上述两条件计算的最大值作为整定值，并折算至二次侧。差动继电器动作电流为：

$$I_{op.r}=\frac{K_{con}I_{set}}{n_{TA}} \tag{8-49}$$

式中　K_{con}——接线系数。

差动线圈匝数为

$$W_w=\frac{AW_0}{I_{op.r}} \tag{8-50}$$

式中　AW_0——继电器的动作安匝，额定值为 60。

② 短路线圈的选取　短路线圈的匝数越多，直流助磁作用越强，躲开非周期分量的性能越好。但在保护范围内短路，故障电流初始值也含有非周期分量，差动继电器动作受到影响。因此作发电机差动保护，短路线圈匝数应少一些，一般取"A—A"。

③ 灵敏系数计算

$$K_{sen}=\frac{K_{con}I_{k.min}^{(2)}}{I_{op.r}n_{TA}}\geqslant 2 \tag{8-51}$$

式中　$I_{k.min}^{(2)}$——发电机出口两相短路，流过保护的最小短路电流。可取单机运行方式或系统最小运行方式下发电机故障时。

（2）比率制动式纵差动保护

对大型发电机组来说，采用 BCH-2 型继电器构成的发电机纵差动保护不能保证纵差死区小于 5%，因此，灵敏度不能满足要求。由于 BCH-2 型继电器具有速饱和变流器，在发电机内部故障时，由于非周期分量的作用，保护将延时动作，因此，保护的快速性不能满足要求。所以对于大型机组，普遍采用比率制动式纵差动保护。

保护的作用原理是基于保护的动作电流 I_{op} 随着外部的短路电流而产生的不平衡电流

I_{unb} 的增大而按比例的线性增大，且比 I_{unb} 增大的更快，使在任何情况下的外部故障时，保护不会误动作。将外部故障的短路电流作为制动电流 I_{res}，而把流入差动回路的电流作为动作电流 I_{op}。比较这两个量的大小，只要 $I_{op} \geqslant I_{res}$，保护动作；反之，保护不动作。

比率制动特性如图 8-9 所示，看图可知，具有比率制动特性的纵差动保护的动作特性可由 A、B、C 三点决定。对纵差动保护的整定计算，实质上就是对 $I_{set.min}$、$I_{res.min}$ 及 K 的整定计算。

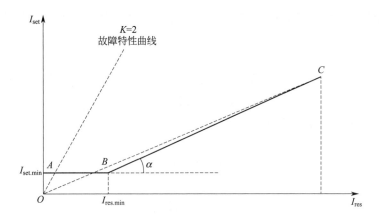

图 8-9 比率制动特性曲线

① 启动电流 $I_{set.min}$ 的整定 启动电流 $I_{set.min}$ 的整定原则是躲过发电机额定工况下差动回路中的最大不平衡电流。在发电机额定工况下，在差动回路中产生的不平衡电流主要是由纵差动保护两侧的电流互感器变比误差、二次回路参数及测量误差（简称为二次误差）引起。因此启动电流为

$$I_{set.min} = K_{rel}(I_{er1} + I_{er2}) \tag{8-52}$$

式中 K_{rel}——可靠系数，取 $1.5 \sim 2$；

I_{er1}——保护两侧的 TA 变比误差产生的差流，取 $0.06I_{gn}$（I_{gn} 为发电机额定电流）；

I_{er2}——保护两侧的二次误差（包括二次回路引线差异以及纵差动保护输入通道变换系数调整不一致）产生的差流，取 $0.1I_{gn}$。

将 I_{er1} 和 I_{er2} 代入式（8-52）得 $I_{set.min} = (0.24 \sim 0.32)I_{gn}$，通常取 $0.3I_{gn}$。

② 拐点电流 $I_{res.min}$ 的整定 拐点电流 $I_{res.min}$ 的大小，决定保护开始产生制动作用的电流的大小。由图 8-9 可以看出，在启动电流 $I_{set.min}$ 及动作特性曲线的斜率 K 保持不变的情况下，$I_{res.min}$ 越小，差动保护的动作区越小，而制动区增大；反之亦然。差动电流的大小直接影响差动保护的动作灵敏度。通常拐点电流整定计算式为

$$I_{res.min} = (0.5 \sim 1.0)I_{gn} \tag{8-53}$$

③ 比率制动特性的制动系数 K_{res} 和制动斜率 K 的整定 发电机纵差动保护比率制动特性的制动斜率 K，决定于夹角 α（见图 8-9）。可以看出，当拐点电流确定后，夹角 α 决定于 C 点。而特性曲线上的 C 点又可近似由发电机外部故障时最大短路电流 $I_{k.max}$ 与差动回路中的最大不平衡电流 $I_{unb.max}$ 确定。由此制动系数 K_{res}（即 OC 连线的斜率）可以表示为

$$K_{res} = \frac{I_{unb.max}}{I_{k.max}} \tag{8-54}$$

而制动线斜率 K 则可表示为

$$K = \frac{I_{\text{unb. max}} - I_{\text{set. min}}}{I_{\text{k. max}} - I_{\text{res. min}}} \tag{8-55}$$

（3）发电机相间短路后备保护

① 发电机电压元件闭锁的过电流保护

a. 电压元件

ⓐ 低压元件　按躲过电动机自启动或发电机失磁而出现非同步运行方式时的最低电压整定。通常取：

$$U_{\text{set}} = (0.5 \sim 0.6)U_{\text{NG}} \tag{8-56}$$

对于水轮发电机，由于不允许失磁运行，因此低电压继电器的动作电压整定为

$$U_{\text{set}} = 0.7U_{\text{NG}} \tag{8-57}$$

式中　U_{NG}——发电机额定相电压。

ⓑ 负序电压元件

$$U_{\text{set. 2}} = (0.06 \sim 0.12)U_{\text{NG}} \tag{8-58}$$

b. 过电流元件

$$I_{\text{set}} = \frac{K_{\text{rel}} I_{\text{NG}}}{K_{\text{re}}} \tag{8-59}$$

式中　K_{rel}——可靠系数，取 1.2；

　　　K_{re}——返回系数，取 0.85；

　　　I_{NG}——发电机一次额定电流。

c. 时间元件

按大于相邻元件保护最大时限的 2～3 个时限级差整定。

d. 灵敏系数计算

ⓐ 过电流元件

$$K_{\text{sen}} = \frac{I_{\text{k. min}}}{I_{\text{set}}} \geqslant 1.25 \tag{8-60}$$

式中　$I_{\text{k. min}}$——后备保护范围末端两相短路时，流过本保护的最小短路电流。

ⓑ 低电压元件

$$K_{\text{sen}} = \frac{U_{\text{set}}}{U_{\text{k. max}}} \geqslant 1.5 \tag{8-61}$$

ⓒ 负序电压元件

$$K_{\text{sen}} = \frac{U_{\text{2. min}}}{U_{\text{set. 2}}} \geqslant 1.5 \tag{8-62}$$

式中　$U_{\text{2. min}}$——后备保护范围末端两相短路时，保护安装处的最小负序电压值。

② 水轮发电机过电压保护　水轮发电机在突然甩负荷时，由于调速器动作缓慢，转速迅速上升，发电机电压急剧升高。为防止发电机绕组绝缘遭到破坏，在水轮机上应装设过电压保护。

过电压动作值为

$$U_{\text{set}} = (1.5 \sim 1.7)U_{\text{NG}} \tag{8-63}$$

动作时间一般取 0.5s，以躲过暂态的过电压。

③ 负序过电流保护　表面冷却式的发电机，可采用定时限特性的负序电流保护，其负序电流元件的动作值为

$$I_{set.2} = (0.06 \sim 0.12) I_{NG} \qquad (8\text{-}64)$$

式中　I_{NG}——发电机额定电流。

灵敏系数：

$$K_{sen} = \frac{I_{k.min.2}}{I_{set.2}} \geqslant 1.5 \qquad (8\text{-}65)$$

式中　$I_{k.min.2}$——后备保护范围末端金属性不对称短路时，流过保护的最小负序电流。

对于转子绕组直接冷却的发电机，保护装置应尽量采用反时限特性，其动作电流及延时时间应与发电机短时间允许的负序电流特性相配合。

保护中单相式低电压启动的过电流保护，电流元件和低电压元件的整定原则与复合电压启动的过电流保护中的相间电压元件和电流元件相同。保护灵敏系数校验条件及对灵敏系数的要求也相同。

④ 定子绕组过负荷保护的整定计算

a. 定时限对称过负荷保护动作电流

$$I_{set} = \frac{K_{rel} I_{NG}}{K_{re}} \qquad (8\text{-}66)$$

式中　K_{rel}——可靠系数，取 1.05；

　　　K_{re}——返回系数，取 0.85；

　　　I_{NG}——发电机一次额定电流。

b. 定时限负序过负荷保护动作电流　保护动作电流按躲过发电机长期允许的负序电流值和躲过最大负荷下负序电流滤过器的不平衡电流值整定：

$$I_{set.2} = 0.1 I_{NG} \qquad (8\text{-}67)$$

式中　I_{NG}——发电机一次额定电流。

（4）算例

① 水轮发电机采用 BCH-2 型继电器构成高灵敏接线纵差保护，已知：

发电机参数：$P_N = 5000kW$，$U_N = 10.5kV$，$I_N = 343.7A$，$\cos\varphi = 0.8$，$X_d'' = 0.2$；

电流互感器变比：$n_{TA} = 400/5$。

试确定纵差动保护整定参数及灵敏度。

a. 确定平衡线圈匝数

$$W_{b.set} = \frac{AW_W}{K_{rel} I_{N2}} = \frac{AW_W n_{TA}}{K_{rel} I_N} = \frac{60 \times 80}{1.1 \times 343.7} = 12.7（匝）$$

取平衡绕组 $W_{b.cal} = 10$（匝）。

b. 确定差动线圈匝数

因为平衡线圈整定值与计算值不等，因此按计算值计入平衡线圈匝数：

$$W_d = \frac{AW_W}{K_{rel} I_{N2}} + W_{b.set} = 12.7 + 10 = 22.7（匝）$$

取差动绕组 $W_{d.cal} = 20$（匝）。

c. 继电器动作电流

$$I_{\text{set. r}} = \frac{AW_{\text{w}}}{W_{\text{d}}} = \frac{60}{20} = 3 \text{(A)}$$

d. 灵敏度

发电机端短路时最小短路电流为

$$I_{\text{k. min}} = \frac{\sqrt{3}}{2} \times \frac{I_{\text{N}}}{X_{\text{d}}''} = \frac{\sqrt{3}}{2} \times \frac{343.7}{0.2} = 1488.2 \text{(A)}$$

$$K_{\text{sen}} = \frac{I_{\text{k. min}}/n_{\text{TA}}}{I_{\text{set. r}}} = \frac{1488.2}{3 \times 80} = 6.2 > 2$$

满足要求。

② 在一台汽轮发电机上采用比率制动特性纵差动保护。已知:

发电机参数: $P_{\text{gN}} = 25\text{MW}$, $U_{\text{N}} = 6.3\text{kV}$, $E'' = 1.07$, $\cos\varphi = 0.8$, $X_{\text{d}}'' = 0.122$;

电流互感器变比: $n_{\text{TA}} = 3000/5$。

试对该纵差动保护进行整定计算。

a. 计算发电机额定电流及出口三相短路电流

$$S_{\text{gN}} = \frac{P_{\text{N}}}{\cos\varphi} = \frac{25}{0.8} = 31.25 \text{(MV} \cdot \text{A)}$$

$$I_{\text{gN}} = \frac{S_{\text{gN}}}{U_{\text{N}}} = \frac{31.25}{\sqrt{3} \times 6.3} = 2.864 \text{(kA)}$$

基准电流 I_{bs} 取发电机额定电流 I_{gN}。

发电机出口三相短路电流: $I_{\text{k. max}}^{(3)} = \frac{E''}{X_{\text{d}}''} I_{\text{bs}} = \frac{1.07}{0.122} \times 2.864 = 25.119 \text{(kA)}$

b. 确定差动保护的最小动作电流

具有制动特性的发电机纵差保护最小动作电流:

$$I_{\text{set. min}} = (0.24 \sim 0.32) I_{\text{gN}}/n_{\text{TA}} = (0.24 \sim 0.32) \times 2864/600 = 1.146 \sim 1.527 \text{(A)}$$

取 0.3 倍额定电流,动作值为 1.432A。

c. 制动特性拐点电流

$$I_{\text{res. min}} = 0.8 I_{\text{gN}}/n_{\text{TA}} = 0.8 \times 2864/600 = 3.819 \text{(A)}$$

d. 最大制动系数 $K_{\text{res. max}}$ 和制动特性曲线斜率 K 的确定

$$I_{\text{unb. max}} = K_{\text{unp}} K_{\text{st}} K_{\text{T}} I_{\text{k. max}}^{(3)}/n_{\text{TA}} = 2.0 \times 0.5 \times 0.1 \times 25119/600 = 4.187 \text{(A)}$$

最大动作电流　　$I_{\text{set. max}} = K_{\text{rel}} I_{\text{unb. max}} = 1.3 \times 4.187 = 5.443 \text{(A)}$

最大制动系数　　$K_{\text{res. max}} = K_{\text{rel}} K_{\text{unp}} K_{\text{st}} K_{\text{T}} = 1.3 \times 2 \times 0.5 \times 0.1 = 0.13$

$$K = \frac{I_{\text{set. max}} - I_{\text{set. min}}}{I_{\text{k. max}}^{(3)}/n_{\text{TA}} - I_{\text{res. min}}} = \frac{5.443 - 1.432}{25119/600 - 3.819} = 0.105$$

③ 如图 8-10 所示网络中,已知:

发电机上装有自启动励磁调节器。

负荷自启动系数 $K_{\text{ss}} = 2.2$, 时限级差 $\Delta t = 0.5\text{s}$。

接相电流的过电流保护采用完全星形接线。

电流互感器变为 $n_{\text{TA}} = 3000/5$, 电压互感器变比 $n_{\text{TV}} = 6000/100$。

当选用基准容量 $S_{bs}=31250\text{kV} \cdot \text{A}$，基准电压 $U_{bs}=U_N=6.3\text{kV}$ 时，各元件参数和正、负序等值网络如图 8-10 所示。

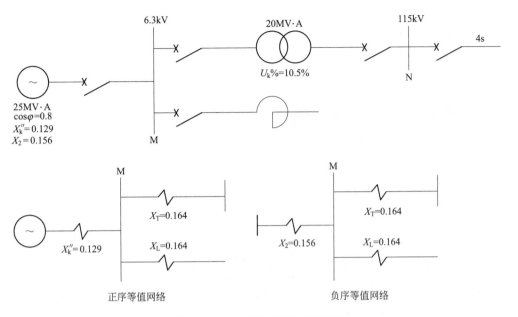

图 8-10　一次接线图及等值阻抗图

试对发电机端相间短路后备保护进行整定。比较采用过电流保护、低电压过电流保护、复合电压启动的过电流保护的灵敏度。算出各保护的动作参数、灵敏度、动作时间。

由于基准容量选取：

$$S_{bs}=S_N=\frac{P_N}{\cos\varphi}=\frac{25000}{0.8}=31250(\text{kV} \cdot \text{A})$$

因此基准电流为发电机额定电流。发电机额定电流计算：

$$I_N=\frac{P_N}{\sqrt{3}U_N\cos\varphi}=\frac{25000}{\sqrt{3}\times 6.3\times 0.8}=2864(\text{A})$$

发电机母线两相短路电流计算：

$$I_{k.\min.1}^{(2)}=\frac{\sqrt{3}\,I_N}{X_k''+X_2}=\frac{\sqrt{3}\times 2864}{0.129+0.156}=17406(\text{A})$$

电抗器后面或变压器高压侧两相短路电流计算（本处 $X_T=X_L$）：

$$X_{1\Sigma}=X_k''+X_T=0.129+0.164=0.293$$

$$X_{2\Sigma}=X_2+X_T=0.156+0.164=0.32$$

$$I_{k.\min.2}^{(2)}=\frac{\sqrt{3}\,I_N}{X_{1\Sigma}+X_{2\Sigma}}=\frac{\sqrt{3}\times 2864}{0.293+0.32}=8092(\text{A})$$

a. 采用过电流保护

$$I_{set}=\frac{K_{rel}K_{ss}}{K_{re}}I_N=\frac{1.15\times 2.2}{0.85}\times 2864=8525(\text{A})$$

$$I_{op}=\frac{I_{set}}{n_{TA}}=\frac{8525}{600}=14.2(\text{A})$$

近后备灵敏系数:

$$K_{sen} = \frac{I^{(2)}_{k.min.1}}{I_{set}} = \frac{17406}{8525} = 2.04 > 1.5$$

远后备灵敏系数:

$$K_{sen} = \frac{I^{(2)}_{k.min.2}}{I_{set}} = \frac{8092}{8525} = 0.949 < 1.2$$

灵敏度不满足要求,不能采用。

b. 采用低电压启动过电流保护

$$I_{set} = \frac{K_{rel}}{K_{re}} I_N = \frac{1.15}{0.85} \times 2864 = 3866(A)$$

$$U_{set} = 0.6 \times 6.3 = 3.78(kV)$$

电流元件灵敏度:

近后备灵敏系数: $\qquad K_{sen} = \dfrac{I^{(2)}_{k.min.1}}{I_{set}} = \dfrac{17406}{3866} = 4.5 > 1.5$

远后备灵敏系数: $\qquad K_{sen} = \dfrac{I^{(2)}_{k.min.2}}{I_{set}} = \dfrac{8092}{3866} = 2.1 > 1.2$

电压元件灵敏度:由于故障点残余电压为0,电压元件近后备的灵敏度无穷大。

电压元件远后备灵敏系数计算:

ⓐ 变压器高压侧两相短路

$$U^{(2)}_{k.max} = 2 \times \frac{I^{(2)}_{k.min.2}}{I_N} \times X_T \frac{U_{bs}}{\sqrt{3}} = 2 \times \frac{8092}{2864} \times 0.164 \times \frac{6.3}{\sqrt{3}} = 3.37(kV)$$

ⓑ 变压器高压侧三相短路

$$U^{(3)}_{k.max} = \frac{X_T}{X''_k + X_T} U_{bs} = 6.3 \times \frac{0.164}{0.129 + 0.164} = 3.52(kV)$$

$$K_{sen} = \frac{U_{set}}{U^{(3)}_{k.max}} = \frac{3.78}{3.52} = 1.07 < 1.2, 故也不能采用。$$

c. 采用复合电压启动的过电流保护

负序电压动作值:

$$U_{set.2} = 0.06 \times 6.3 = 0.378(kV)$$

保护灵敏度:电流元件灵敏系数计算同低压过电流保护。

低电压元件灵敏系数:

$$K_{sen} = \frac{1.15 \times 3.78}{3.52} = 1.23 > 1.2$$

负序电压元件灵敏系数:

近后备

$$U_{2.min} = I_2 X_2 U_{bs} = \frac{0.156 \times 6.3}{0.129 + 0.156} = 3.448(kV)$$

$$K_{sen} = \frac{3.448}{0.378} = 9.1 > 1.5$$

远后备

变压器高压侧两相短路时，发电机机端负序电压的计算：

$$U_{2.\min} = I_{k.\min.2}^{(2)} X_2 = \frac{X_2 U_{bs}}{X_{1\Sigma} + X_{2\Sigma}} = \frac{0.156 \times 6.3}{0.293 + 0.32} = 1.6 (\text{kV})$$

$$K_{sen} = \frac{1.6}{0.378} = 4.24 > 1.2$$

由上面计算可知，复合电压启动的过电流保护满足要求，可以采用。

保护动作时间：

$$t_{set} = 4 + 2\Delta t = 5(\text{s})$$

8.5.4 变压器保护整定计算

（1）变压器纵联差动保护的整定

① 鉴别涌流间断角的差动保护整定计算　常规段的作用是利用它来躲过励磁涌流并区分内、外部故障。闭锁段的作用是防止电气元件或制造工艺不良而引起的误动作。

a. 常规段的整定计算

ⓐ 计算各侧归算至同一容量的一次额定电流，确定电流互感器的变比，然后计算各差动臂中二次额定电流。

二次额定电流为

$$I_{2N} = \frac{K_{con} I_{1N}}{n_{TA}} \tag{8-68}$$

式中　K_{con}——接线系数；

　　　I_{1N}——各差动臂中一次额定电流；

　　　n_{TA}——电流互感器变比。

ⓑ 动作电流计算。动作电流按以下原则考虑。按躲过无制动情形下的不平衡电流计算基本侧差动继电器的动作电流：

$$I_{set.b} = K_{rel}(\Delta U + \Delta f_{er}) I_{2N} \tag{8-69}$$

式中　K_{rel}——可靠系数，取 1.3～1.4；

　　　ΔU——由于变压器分接头调压所引起的相对误差，取调压范围的一半；

　　　Δf_{er}——由于各侧电抗变压器不能完全调平衡所引起的相对误差，一般取 0.05。

按躲过涌流及抗干扰条件计算基本侧差动继电器的最小动作电流：

$$I_{set.b} = (0.2 \sim 0.3) I_{2N} \tag{8-70}$$

如按式(8-70) 计算为决定条件，则初次投入时应取 $I_{set.b} = 0.3 I_{2N}$。

ⓒ 制动系数 K_{res} 计算。在外部故障应保证可靠制动，制动系数按下式计算：

$$K_{res} = \frac{K_{rel} I_{unb}}{I_{res}} \tag{8-71}$$

式中　K_{rel}——可靠系数，取 1.3～1.4；

　　　I_{unb}——由于外部短路所引起的差动回路的不平衡电流，其大小等于继电器动作电流；

　　　I_{res}——制动电流，即电抗变压器的整定电流，其大小与制动线圈的接法有关。为保证选择性，应采用实际可能的最大值。

b. 闭锁段的整定计算　按躲过最大负荷电流情况下的不平衡电流计算：

$$I_{\text{set. b}} = \frac{K_{\text{rel}} K_{\text{con}} (\Delta U + \Delta f_{\text{er}}) I_{\text{L. max}}}{n_{\text{TA}} K_{\text{re}}} \tag{8-72}$$

式中　K_{rel}——可靠系数，取 1.2～1.4；

$\quad$ ΔU——由于变压器分接头调压所引起的相对误差，取调压范围的一半；

$\quad$ Δf_{er}——由于各侧电抗变压器不能完全调平衡所引起的相对误差，一般取 0.05；

$\quad$ K_{re}——返回系数，取 0.95；

$\quad$ $I_{\text{L. max}}$——归算至基本侧的最大负荷电流；

$\quad$ K_{con}——接线系数；

$\quad$ n_{TA}——电流互感器变比。

c. 灵敏度校验　在变压器中性点不接地电网侧，选择两相短路作为计算条件；在变压器中性点直接接地电网侧，选择两相短路或单相接地短路中电流小者作为计算条件。要求：

$$K_{\text{sen}} = \frac{I_{\text{k. min}}}{I_{\text{set}}} \geqslant 2 \tag{8-73}$$

② 二次谐波制动的差动保护的整定计算

a. 最小动作电流的计算　在最大负荷电流情况下，保护不误动，即继电器的动作电流必须大于最大负荷时的不平衡电流，即

$$I_{\text{set. k. min}} = K_{\text{rel}} I_{\text{L. unb}} \tag{8-74}$$

式中　$I_{\text{L. unb}}$——最大负荷时的不平衡电流，由实测确定，一般取 $I_{\text{set. k. min}} = (0.2 \sim 0.3) I_{\text{N. T}}$。

b. 制动特性曲线转折点电流的计算　它是制动电流达到一定程度开始产生制动作用的电流值，选取：

$$I_{\text{res}} = (1 \sim 1.2) I_{\text{N. T}} \tag{8-75}$$

式中　$I_{\text{N. T}}$——变压器额定电流。

c. 制动系数 K_{res} 的选择

$$K_{\text{res}} = \frac{I_{\text{set}}}{I_{\text{res}}} = \frac{K_{\text{rel}} I_{\text{unb}}}{I_{\text{res}}} \tag{8-76}$$

式中　K_{rel}——可靠系数，取 1.3；

$\quad$ I_{unb}——不平衡电流。

其中对双绕组变压器：

$$I_{\text{unb}} = (K_{\text{unp}} K_{\text{st}} \Delta f_{\text{T}} + \Delta U + \Delta f_{\text{er}}) I_{\text{k. max}}$$

当三绕组变压器：

$$I_{\text{unb}} = I_{\text{unb. 1}} + I_{\text{unb. 2}} + I_{\text{unb. 3}}$$

其中：

$$I_{\text{unb. 1}} = K_{\text{unp}} K_{\text{st}} \Delta f_{\text{T}} I_{\text{k. max}}$$

$$I_{\text{unb. 2}} = \Delta U_{\text{h}} I_{\text{k. h. max}} + \Delta U_{\text{m}} I_{\text{k. m. max}}$$

$$I_{\text{unb. 3}} = \Delta f_{\text{er. 1}} I_{\text{k. 1. max}} + \Delta f_{\text{er. 2}} I_{\text{k. 2. max}}$$

式中　$\quad$ $I_{\text{k. max}}$——最大外部短路电流周期分量；

$\quad$ Δf_{T}——电流互感器相对误差，取 0.1；

$\quad$ K_{unp}——非周期分量系数；

K_{st}——电流互感器同型系数；

ΔU_h，ΔU_m——变压器高、中压侧分接头改变而引起的误差；

$I_{k.h.max}$，$I_{k.m.max}$——在所计算的外部短路时，流经相应调压侧最大短路电流的周期分量；

$I_{k.1.max}$，$I_{k.2.max}$——在所计算的外部短路时，流过所计算的Ⅰ、Ⅱ侧相应电流互感器的短路电流；

$\Delta f_{er.1}$，$\Delta f_{er.2}$——继电器整定匝数与计算匝数不等引起的相对误差。

d. 灵敏度校验　按最小运行方式下保护范围内两相金属性短路时最小的短路电流进行校验，即

$$K_{sen}=\frac{I_{k.min}^{(2)}}{I_{set}}\geqslant 2 \tag{8-77}$$

式中　I_{set}——根据计算出的制动电流，在制动特性曲线上查得对应的动作电流，而制动电流的计算，对双绕组的变压器而言就是内部短路的最小短路电流。对三绕组变压器，制动电流要根据制动线圈的具体接法而定。

③ 由 BCH-2 型继电器构成的差动保护

a. 确定基本侧　在变压器的各侧中，二次额定电流最大一侧称为基本侧。各侧二次额定电流的计算方法如下：

ⓐ 按额定电压及变压器的最大容量计算各侧一次额定电流；

ⓑ 按接线系数算出各侧电流互感器的一次额定电流；

ⓒ 按下式计算各侧电流互感器的二次额定电流：

$$I_{2N}=\frac{K_{con}I_{1N}}{n_{TA}} \tag{8-78}$$

式中　K_{con}——电流互感器接线系数，星形接线取 1；三角形接线取 $\sqrt{3}$。

b. 确定动作电流计算值

ⓐ 躲开变压器的励磁涌流：

$$I_{set}=K_{rel}I_{1N.T} \tag{8-79}$$

式中　K_{rel}——可靠系数，取 1.3；

$I_{1N.T}$——变压器基本侧额定一次电流。

ⓑ 躲开电流互感器二次回路断线时变压器的最大负荷电流：

$$I_{set}=K_{rel}I_{L.max} \tag{8-80}$$

式中　K_{rel}——可靠系数，取 1.3；

$I_{L.max}$——变压器基本侧的最大负荷电流，当无法确定时，可用变压器的额定电流。

ⓒ 躲开外部短路时的最大不平衡电流：

$$I_{set}=K_{rel}I_{unb.max}=K_{rel}(I_{unb.1}+I_{unb.2}+I_{unb.3}) \tag{8-81}$$

$$I_{unb.1}=K_{unp}K_{st}\Delta f_T I_{k.max}$$

$$I_{unb.2}=\Delta U_h I_{k.h.max}+\Delta U_m I_{k.m.max}$$

$$I_{unb.3}=\Delta f_{er.1}I_{k.1.max}+\Delta f_{er.2}I_{k.2.max}$$

式中　　$I_{k.max}$——最大外部短路电流周期分量；

Δf_T——电流互感器相对误差，取 0.1；

K_{unp}——非周期分量系数；

K_{st}——电流互感器同型系数；

ΔU_h，ΔU_m——变压器高、中压侧分接头改变而引起的误差；

$I_{k.h.max}$，$I_{k.m.max}$——在所计算的外部短路时，流经相应调压侧最大短路电流的周期分量；

$I_{k.1.max}$，$I_{k.2.max}$——在所计算的外部短路时，流过所计算的 I、II 侧相应电流互感器的短路电流；

$\Delta f_{er.1}$，$\Delta f_{er.2}$——继电器整定匝数与计算匝数不等引起的相对误差。

当三绕组变压器仅一侧有电源时，式(8-81) 中的各短路电流为同一数值 $I_{k.max}$。若外部短路电流不流过某一侧时，则式中相应项为零。

当为双绕组变压器时，式(8-81) 改为

$$I_{set}=K_{rel}I_{unb.max}=1.3(K_{st}\Delta f_T+\Delta U+\Delta f_{er})I_{k.max} \tag{8-82}$$

式中　$I_{k.max}$——外部短路时流过基本侧的最大短路电流；

K_{st}——同型系数；

Δf_T——电流互感器 10% 误差；

Δf_{er}——继电器整定匝数与计算匝数不等而产生的相对误差，求计算动作电流时，先用 0.05 进行计算。

c. 确定基本侧工作线圈的匝数

基本侧工作线圈的匝数：

$$W_{w.cal}=\frac{AW_0}{I_{op.r}} \tag{8-83}$$

其中，继电器动作电流：

$$I_{op.r}=\frac{K_{con}I_{set}}{n_{TA}}$$

式中　$W_{w.cal}$——基本工作线圈计算匝数；

AW_0——继电器动作安匝；

$I_{op.r}$——继电器动作电流；

n_{TA}——基本侧电流互感器变比。

工作线圈整定匝数等于差动线圈和平衡线圈之和，即

$$W_{w.se}=W_{d.se}+W_{b.se} \tag{8-84}$$

式中　$W_{w.se}$——基本侧工作线圈整定匝数，$W_{w.se}\leqslant W_{w.cal}$；

$W_{d.se}$——差动线圈整定匝数；

$W_{b.se}$——平衡线圈整定匝数。

d. 确定非基本侧平衡线圈匝数

对于三绕组变压器：

$$W_{nb.cal}=\frac{I_{2N.b}-I_{2N.nb}}{I_{2N.nb}}W_{d.se} \tag{8-85}$$

式中　$W_{nb.cal}$——非基本侧平衡线圈计算匝数；

$I_{2N.b}$，$I_{2N.nb}$——基本侧、非基本侧流入继电器的电流；

$W_{d.se}$——差动线圈整定匝数。

对于双绕组：

$$W_{\text{nb. cal}} = \frac{I_{2b}}{I_{2nb}} W_{\text{w. se}} - W_{\text{d. se}} \tag{8-86}$$

式中 I_{2b}，I_{2nb}——基本侧、非基本侧流入继电器的电流。

e. 确定相对误差

$$\Delta f_{\text{er}} = \frac{W_{\text{nb. cal}} - W_{\text{nb. se}}}{W_{\text{nb. cal}} + W_{\text{d. se}}} \tag{8-87}$$

若 $\Delta f_{\text{er}} \leqslant 0.05$ 则以上计算有效；若 $\Delta f_{\text{er}} > 0.05$，则应根据 Δf_{er} 的实际值代入式(8-81)重新计算动作电流。

f. 校验灵敏度

$$K_{\text{sen}} = \frac{K_{\text{con}} I_{\text{k}\Sigma. \text{min}}}{I_{\text{set. b}}} \geqslant 2 \tag{8-88}$$

式中 $I_{\text{k}\Sigma. \text{min}}$——变压器内部故障，归算至基本侧总的最小短路电流；若为单电源变压器，应为归算至电源侧的最小短路电流；

K_{con}——接线系数；

$I_{\text{set. b}}$——基本侧保护一次动作电流；若为单侧电源变压器，应为电源侧保护一次动作电流。

如果灵敏度约为 2，且算出 Δf_{er} 小于初算时采用的 0.05，而动作电流又是按躲过外部短路时的不平衡电流决定，则可按灵敏度条件选择动作电流，检查此电流是否满足励磁涌流、电流互感器二次回路断线的要求。然后确定各线圈的计算匝数和整定匝数，按式(8-87)求出 Δf_{er}，再按式(8-81)、式(8-82)做精确计算。在上述计算中若不满足选择性要求，则可改用其他特性的差动继电器。

（2）变压器后备保护的整定计算

① 变压器过电流保护

a. 按躲开变压器可能的最大负荷电流整定

$$I_{\text{set}} = \frac{K_{\text{rel}}}{K_{\text{re}}} I_{\text{L. max}} \tag{8-89}$$

式中 K_{rel}——可靠系数，取 $K_{\text{rel}} = 1.1 \sim 1.2$；

K_{re}——返回系数，取 $K_{\text{re}} = 0.85$；

$I_{\text{L. max}}$——变压器最大负荷电流，当几台变压器并列运行时，应考虑其中大容量变压器突然断开后，其他变压器可能增加的负荷电流。

b. 按躲过负荷自启动的最大工作电流整定

$$I_{\text{set}} = K_{\text{rel}} K_{\text{ss}} I_{\text{N}} \tag{8-90}$$

式中 K_{rel}——可靠系数，取 $K_{\text{rel}} = 1.1 \sim 1.2$；

K_{ss}——自启动系数，对 35kV 及以上电压级负荷，取 $K_{\text{ss}} = 1.5 \sim 2$，对 $6 \sim 10$kV 电压级负荷，取 $K_{\text{ss}} = 1.5 \sim 2.5$；

I_{N}——变压器额定电流。

c. 按躲过变压器低压母线自动投入负荷电流整定

$$I_{\text{set}} = K_{\text{rel}}(I_{\text{L. max}} + K_{\text{ss}} I_{\text{L. au}}) \tag{8-91}$$

式中 K_{rel}——可靠系数，取 $K_{\text{rel}} = 1.2$；

K_{ss}——自启动系数，取 $K_{ss}=1.5\sim2.5$；

$I_{L.max}$——正常运行时的最大负荷电流；

$I_{L.au}$——自动投入部分的负荷电流；

d. 按与相邻保护配合整定

$$I_{set}=K_{rel}I_{set.(next)} \tag{8-92}$$

式中　K_{rel}——可靠系数，取 $K_{rel}=1.2\sim1.5$；

$I_{set.(next)}$——变压器低压侧出线电流保护定值，取各出线中最大值。

保护灵敏度：

$$K_{sen}=\frac{I_{k.min}}{I_{set}}\geqslant2 \tag{8-93}$$

式中　$I_{k.min}$——变压器低压母线故障最小短路电流。

② 变压器低电压闭锁的过电流保护　采用一般简单的过电流保护灵敏度不满足要求时，可装设带电压闭锁的过电流保护，此时电流定值可不考虑变压器短时过负荷。

a. 电压闭锁元件定值

$$U_{set}=\frac{U_{N.min}}{K_{rel}K_{re}} \tag{8-94}$$

式中　K_{rel}——可靠系数，取 $K_{rel}=1.2\sim1.25$；

K_{re}——返回系数，取 $K_{re}=1.15\sim1.2$；

$U_{N.min}$——最低运行电压，取 $U_{N.min}=0.9U_N$；

U_N——额定电压。

灵敏系数计算：

$$K_{sen}=\frac{U_{set}}{U_{res.max}} \tag{8-95}$$

式中　$U_{res.max}$——校验点故障时，电压继电器装设母线上的最大残压。

要求 $K_{sen}\geqslant1.25$。

b. 复合电压闭锁元件定值

ⓐ 相间电压

$$U_{set}=\frac{U_{N.min}}{K_{rel}K_{re}} \tag{8-96}$$

式中　K_{rel}——可靠系数，取 $K_{rel}=1.2\sim1.25$；

K_{re}——返回系数，取 $K_{re}=1.15\sim1.2$；

$U_{N.min}$——最低运行电压，取 $U_{N.min}=0.9U_N$；

U_N——额定电压。

ⓑ 负序电压元件

$$U_{set.2}=(0.06\sim0.12)U_N \tag{8-97}$$

灵敏系数计算：

$$K_{sen}=\frac{U_{res.2.min}}{U_{set.2}} \tag{8-98}$$

式中　$U_{res.2.min}$——变压器另一侧不对称短路时保护反映的最低负序电压。

要求 $K_{sen}\geqslant1.25$。

c. 电流元件定值计算

ⓐ 按变压器额定电流整定

$$I_{set} = \frac{K_{rel}}{K_{re}} I_N \qquad (8\text{-}99)$$

式中 I_N——变压器额定电流；

K_{rel}——可靠系数，取 $K_{rel} = 1.1 \sim 1.2$；

K_{re}——返回系数，取 $K_{re} = 0.85$。

ⓑ 多侧电源三绕组变压器

$$I_{set.1} = K_{ma} I_{set.2}$$
$$I_{set.1} = K_{ma} I_{set.3} \qquad (8\text{-}100)$$

式中 K_{ma}——配合系数，取 $K_{ma} = 1.15 \sim 1.25$；

$I_{set.2}, I_{set.3}$——变压器中压侧、低压侧电流元件定值。

灵敏系数计算：

$$K_{sen} = \frac{I_{k.min}}{I_{set}} \geqslant 1.25 \qquad (8\text{-}101)$$

式中 $I_{k.min}$——变压器另一侧短路时的最小短路电流。

（3）算例

① 某降压变电所，装设双绕组降压变压器一台，变压器参数为：$S_N = 15 \text{MV} \cdot \text{A}$；$U_N = 35 \pm 2 \times 2.5\% / 6.6 \text{kV}$；接线形式为 Y，d11；短路电压 $U_k = 8\%$。变压器装设有 BCH-2 型差动保护。变压器由 35kV 自系统供电。一次接线及以 100MV·A 为基准的等值阻抗图如图 8-11 所示。试计算差动保护整定值。

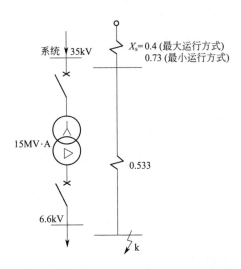

图 8-11 降压变压器一次接线及等值阻抗图

a. 计算变压器各侧的一次及二次电流值（额定容量下）并选择电流互感器的变比可按表 8-4 计算。选择二次电流最大一侧为基本侧。

⊡ 表8-4　变压器各侧一、二次电流

名　称	各　侧　数　值	
额定电压/kV	35	6.6
额定电流/A	$15000/\sqrt{3}\times35=248$	$15000/\sqrt{3}\times6.6=1315$
电流互感器接线	△	Y
电流互感器变比	600/5	1500/5
二次电流/A	$\dfrac{\sqrt{3}\times248}{120}=3.57$	$\dfrac{1315}{300}=4.38$

由于6.6kV侧二次电流大，因此以6.6kV侧为基本侧。

b. 计算差动保护一次动作电流（按6.6kV为基本侧计算）

ⓐ 按躲过变压器空投或当外部故障切除后电压恢复时，变压器励磁涌流计算为

$$I_{set}=K_{rel}I_N=1.3\times1315=1710(A)$$

ⓑ 按躲过外部短路时的最大不平衡电流计算。变压器6.6kV侧母线故障，在系统最大运行方式下的最大三相短路电流为

$$I_{bs}=\frac{S_{bs}}{\sqrt{3}U_{bs}}=\frac{100}{\sqrt{3}\times6.3}=9165(A)$$

$$I_{k.max}^{(3)}=\frac{I_{bs}}{X_s+X_T}=\frac{9165}{0.4+0.533}=9823(A)\ (6.6kV级)$$

$$\begin{aligned}I_{set}&=K_{rel}I_{unb.max}=1.3(K_{st}\Delta f_T+\Delta U+\Delta f_{er})I_{k.max}^{(3)}\\&=1.3\times(1\times0.1+0.05+0.05)\times9823\\&=2554(A)\end{aligned}$$

上式中的 Δf_{er} 按0.05计算。

ⓒ 按躲过电流互感器二次回路断线计算，即

$$I_{set}=K_{rel}I_{L.max}=1.3\times1315=1709(A)$$

取 $I_{set}=2554(A)$。

c. 确定继电器基本侧线圈匝数及各线圈接法

对于双绕组变压器，平衡线圈Ⅰ、Ⅱ分别接入6.6kV及35kV侧。

计算基本侧继电器动作电流为

$$\begin{aligned}I_{op.r.jb}&=(I_{set}K_{con})/n_{TA.jb}\\&=2554\times1/300=8.51(A)\end{aligned}$$

基本侧继电器线圈匝数为

$$W_{w.cal.jb}=\frac{AW_0}{I_{op.r.jb}}=\frac{60}{8.51}=7.05(匝)$$

选取 $W_{w.se}=7(匝)$。

确定基本侧线圈之接入匝数为

$$W_{w.se}=7=W_{d.se}+W_{b.I.se}=6+1$$

即平衡线圈Ⅰ取1匝，差动线圈取6匝。继电器实际动作电流为

$$I_{op,r}=\frac{AW_0}{W_{w,se}}=\frac{60}{7}=8.57(A)$$

d. 非基本侧工作线圈匝数和平衡线圈匝数计算

对于双绕组变压器：

$$W_{\text{nb. cal}} = \frac{I_{2b}}{I_{2nb}} W_{\text{w. se}} - W_{\text{d. se}} = = \frac{4.38}{3.57} \times 7 - 6 = 2.6 \text{（匝）}$$

确定平衡线圈 II 实用匝数为

$$W_{\text{b. II. se}} = W_{\text{nb. se}} = 3 \text{（匝）}$$

e. 计算由于实用匝数与计算匝数不等引起的相对误差

$$\Delta f_{\text{er}} = \frac{W_{\text{nb. cal}} - W_{\text{nb. se}}}{W_{\text{nb. cal}} + W_{\text{d. se}}} = \frac{2.6 - 3}{2.6 + 6} = -0.0465$$

因 $\Delta f_{\text{er}} < 0.05$，则以上计算有效。

f. 校验灵敏度

计算最小运行方式下 6.3kV 侧两相短路的最小短路电流为

$$I_{\text{k. min}}^{(2)} = \frac{9165 \times 0.866}{0.73 + 0.533} = 6284 \text{（A）}$$

折算至 35kV 侧时

$$I_{\text{k. min}}^{(2)} = 6284 \times \frac{6.3}{35} = 1131 \text{（A）}$$

二次侧电流为

$$I_{\text{k2. min}} = \frac{\sqrt{3} \times 1131}{600/5} = 16.32 \text{（A）}$$

35kV 侧的保护动作电流为

$$I_{\text{set. 35}} = \frac{AW_0}{W_{\text{b. II. se}} + W_{\text{d. se}}} = \frac{60}{3 + 6} = \frac{60}{9} = 6.67 \text{（A）}$$

则

$$K_{\text{sen}} = \frac{I_{\text{k2. min}}}{I_{\text{set. 35}}} = \frac{16.32}{6.67} = 2.45 > 2$$

② 某降压变电所内，已知变压器参数为：31.5/20/31.5MV·A，$110 \times (1 \pm 2 \times 2.5\%)/38.5 \times (1 \pm 2 \times 2.5\%)/6.6$kV，Y,d11,d11 接线，$X_{T1} = 45.1$（Ω），$X_{T2} = 0$，$X_{T3} = 26.24$（Ω）。系统参数：$X_{\text{s. min}} = 14.7$（Ω），$X_{\text{s. max}} = 21.8$（Ω），可靠系数 $K_{\text{rel}} = 1.3$，基准容量 $S_{\text{bs}} = 31.5$MV·A。降压变压器一次接线如图 8-12 所示。当变压器采用 BCH-2 型差动继电器构成差动保护时，试确定保护动作电流、差动线圈匝数、平衡线圈匝数和灵敏度。

解：a. 短路电流计算

ⓐ 两台并列运行最大三相短路电流

中压侧：

$$I_{\text{k. max. 35}}^{(3)} = \frac{115 \times 10^3}{2 \times \sqrt{3} \times (14.7 + 0.5 \times 45.1)} = 891 \text{（A）}$$

低压侧：$\quad I_{\text{k. max. 6.6}}^{(3)} = \dfrac{115 \times 10^3}{2 \times \sqrt{3} \times [14.7 + 0.5 \times (26.24 + 45.1)]} = 659 \text{（A）}$

ⓑ 单台运行时最大三相短路电流

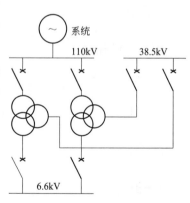

图 8-12　降压变压器一次接线

$$I^{(3)}_{k.\,max.\,35}=\frac{115\times10^3}{\sqrt{3}\times(14.7+45.1)}=1110(A)$$

$$I^{(3)}_{k.\,max.\,6.6}=\frac{115\times10^3}{\sqrt{3}\times[14.7+26.24+45.1]}=772(A)$$

ⓒ 在 6.6kV 侧母线三相短路电流最小值

两台运行：

$$I^{(3)}_{k.\,min.\,6.6}=\frac{115\times10^3}{2\times\sqrt{3}\times[21.8+0.5\times(26.24+45.1)]}=578(A)$$

单台运行：

$$I^{(3)}_{k.\,min.\,6.6}=\frac{115\times10^3}{\sqrt{3}\times[21.8+26.24+45.1]}=713(A)$$

b. 确定基本侧

变压器一次额定电流：

高压侧
$$I_{N.\,h}=\frac{31.5\times10^3}{\sqrt{3}\times110}=165(A)$$

中压侧
$$I_{N.\,m}=\frac{31.5\times10^3}{\sqrt{3}\times38.5}=472.4(A)$$

低压侧
$$I_{N.\,l}=\frac{31.5\times10^3}{\sqrt{3}\times6.6}=2755.2(A)$$

电流互感器变比选择：

变压器高压侧
$$n_{TA.\,h}=\frac{\sqrt{3}\times165}{5}\quad 选用\ 300/5$$

变压器中压侧
$$n_{TA.\,m}=\frac{472.4}{5}\quad 选用\ 600/5$$

变压器低压侧
$$n_{TA.\,l}=\frac{2755.2}{5}\quad 选用\ 3000/5$$

二次额定电流：

高压侧
$$I_{2N.\,h}=\frac{\sqrt{3}\times165}{60}=4.76(A)$$

中压侧
$$I_{2N.\,m}=\frac{472.4}{120}=3.94(A)$$

低压侧
$$I_{2N.\,l}=\frac{2755.2}{600}=4.59(A)$$

取 110kV 侧为基本侧。

c. 确定动作电流（单台运行时的动作电流）

ⓐ 按最大不平衡电流条件

$$I_{set}=1.3\times(1\times0.1+0.05+0.05+0.05)\times1110=361(A)$$

ⓑ 按励磁涌流和电流互感器二次断线条件

$$I_{set}=1.3\times165=214.5(A)$$

选用
$$I_{set}=361(A)$$

从上面计算可知，对并列运行变压器整定计算按单台运行条件为计算方式。因而单台运行时外部短路电流流过差动回路的不平衡电流最大。

d. 确定基本侧差动线圈

$$I_{\text{op. r. jb}} = \frac{\sqrt{3} \times 361}{60} = 10.4(\text{A})$$

$$W_{\text{w. cal. jb}} = \frac{AW_0}{I_{\text{op. r. jb}}} = \frac{60}{10.4} = 5.77(\text{匝})$$

选取 $W_{\text{d. se}} = 5(\text{匝})$，继电器动作电流 $I_{\text{op. r}} = \frac{60}{5} = 12(\text{A})$。

e. 确定平衡线圈匝数

ⓐ 38.5kV 侧　　　　$W_{\text{nb. cal}} = \frac{4.76 - 3.94}{3.94} \times 5 = 1.04(\text{匝})$

平衡绕组选用 $W_{\text{b. se}} = 1(\text{匝})$

ⓑ 6.6kV 侧　　　　$W_{\text{nb. cal}} = \frac{4.76 - 4.59}{4.59} \times 5 = 0.185(\text{匝})$

平衡绕组选用 $W_{\text{b. se}} = 0(\text{匝})$。

f. 计算 Δf_{er}

$$\Delta f_{\text{er}} = \frac{1.04 - 1}{1.04 + 5} = 0.0066$$

$$\Delta f_{\text{er}} = \frac{0.185 - 0}{0.185 + 5} = 0.0357$$

满足要求，不必重新整定。

g. 灵敏度

$$I_{\text{r}} = \frac{\frac{\sqrt{3}}{2} \times 578 \times \sqrt{3}}{60} = 14.45(\text{A})$$

$$K_{\text{sen}} = 14.45/12 = 1.2 < 2$$

所以采用 BCH-2 不满足要求。

③ 某降压变压器额定容量为 31.5/31.5/31.5MV·A；变压器电压比 $(110 \pm 4 \times 2.5\%)/(38.5 \pm 2 \times 2.5\%)/11\text{kV}$；高压侧电流互感器变比 $n_{\text{TA. H}} = 200/5$；中压侧电流互感器变比 $n_{\text{TA. M}} = 500/5$；低压侧电流互感器变比 $n_{\text{TA. L}} = 2000/5$；变压器接线形式：Y/Y/△-12-11，电流互感器接线均采用星形。试对变压器差动保护进行整定。

a. 高、中、低压侧一次额定电流计算

高压侧　　　　$I_{\text{1N. H}} = \frac{S_{\text{N}}}{\sqrt{3} U_{\text{N. H}}} = \frac{31.5 \times 10^3}{\sqrt{3} \times 110} = 165.33(\text{A})$

中压侧　　　　$I_{\text{1N. M}} = \frac{S_{\text{N}}}{\sqrt{3} U_{\text{N. M}}} = \frac{31.5 \times 10^3}{\sqrt{3} \times 38.5} = 472.5(\text{A})$

低压侧　　　　$I_{\text{1N. L}} = \frac{S_{\text{N}}}{\sqrt{3} U_{\text{N. L}}} = \frac{31.5 \times 10^3}{\sqrt{3} \times 11} = 1653.3(\text{A})$

b. 高、中、低压侧电流互感器二次额定电流计算

高压侧

$$I_{2N.H} = \frac{I_{1N.H}}{n_{TA.H}} = \frac{165.33}{200/5} = 4.133(A)$$

中压侧

$$I_{2N.M} = \frac{I_{1N.M}}{n_{TA.M}} = \frac{472.5}{500/5} = 4.725(A)$$

低压侧

$$I_{2N.L} = \frac{I_{1N.L}}{n_{TA.L}} = \frac{1653.3}{2000/5} = 4.133(A)$$

选择变压器高压侧为基准侧

c. 最小动作电流

$$I_{set.min} = K_{rel}(K_{st}K_{unp}\Delta f_T + \Delta U + \Delta f_{ca})I_{2N.H} = (0.2 \sim 0.5) \times 4.133 = 0.827 \sim 2.067(A)$$

式中 $I_{2N.H}$ ——输入装置的高压侧电流互感器的二次额定电流。

d. 比率制动系数

$$K = K_{rel}(K_{st}K_{unp}\Delta f_T + \Delta U + \Delta f_{ca}) = 1.5 \times (0.1 + 0.1 + 0.05) = 0.375$$

取 $K = 0.4$，厂家一般给定范围 $0.2 \sim 0.5$。

e. 二次谐波制动系数的确定

$$K_2 = 0.17$$

厂家给定的范围一般为 $0.15 \sim 0.20$，可根据运行经验选择。

f. 差动速断定值的确定

$$I_{set.sd} = KI_{2N.H} = 7 \times 4.133 = 29(A)$$

根据经验，容量越大倍数相应减小，$40MV \cdot A$ 不超过 7；$31.5MV \cdot A$ 不超过 8；$20MV \cdot A$ 以下取 10。

g. 平衡系数

$$K_{b.M} = \frac{I_{2N.H}}{I_{2N.M}}K_{con} = \frac{4.133}{4.725} \times 1 = 0.875$$

$$K_{b.L} = \frac{I_{2N.H}}{I_{2N.L}}K_{con} = \frac{4.133}{4.133} \times \sqrt{3} = 1.732$$

附录

附录1　三相线路导线和电缆单位长度每相阻抗值

⊡　附表1-1　三相线路导线和电缆单位长度每相阻抗值

类别		导线（线芯）截面积/mm²												
		2.5	4	6	10	16	25	35	50	70	95	120	150	185	240
导线类型	导线温度/℃	每相电阻/(Ω·km⁻¹)												
LJ	50	—	—	—	—	2.07	1.33	0.96	0.66	0.48	0.36	0.28	0.23	0.18	0.14
LGJ	50	LGJ	LGJ	LGJ	LGJ	LGJ	LGJ	0.89	0.68	0.48	0.35	0.29	0.24	0.18	0.15
绝缘导线 铜芯	50	8.40	5.20	3.48	2.05	1.26	0.81	0.58	0.40	0.29	0.22	0.17	0.14	0.11	0.09
	60	8.70	5.38	3.61	2.12	1.30	0.84	0.60	0.41	0.30	0.23	0.18	0.14	0.12	0.09
	65	8.72	5.43	3.62	2.19	1.37	0.88	0.63	0.44	0.32	0.24	0.19	0.15	0.13	0.10
铝芯	50	13.3	8.25	5.53	3.33	2.08	1.31	0.94	0.65	0.47	0.35	0.28	0.22	0.18	0.14
	60	13.8	8.55	5.73	3.45	2.16	1.36	0.97	0.67	0.49	0.36	0.29	0.23	0.19	0.14
	65	14.6	9.15	6.10	3.66	2.29	1.48	1.06	0.75	0.53	0.39	0.31	0.25	0.20	0.15
电力电缆 铜芯	55	—	—	—	—	1.31	0.84	0.60	0.42	0.30	0.22	0.17	0.14	0.12	0.09
	60	8.54	5.34	3.56	2.13	1.33	0.85	0.61	0.43	0.31	0.23	0.18	0.14	0.12	0.09
	75	8.98	5.61	3.75	3.25	1.40	0.90	0.64	0.45	0.32	0.24	0.19	0.15	0.12	0.10
	80	—	—	—	—	1.43	0.91	0.65	0.46	0.33	0.24	0.19	0.15	0.13	0.10
铝芯	55	—	—	—	—	2.21	1.41	1.01	0.71	0.51	0.37	0.29	0.24	0.20	0.15
	60	14.38	8.99	6.00	3.60	2.25	1.44	1.03	0.72	0.51	0.38	0.30	0.24	0.20	0.16
	75	15.13	9.45	6.31	3.78	2.36	1.51	1.08	0.76	0.54	0.40	0.31	0.25	0.21	0.16
	80	—	—	—	—	2.40	1.54	1.10	0.77	0.56	0.41	0.32	0.26	0.21	0.17
LJ	600	—	—	—	—	0.36	0.35	0.34	0.33	0.32	0.31	0.30	0.29	0.28	0.28
	800	—	—	—	—	0.38	0.37	0.36	0.35	0.34	0.33	0.32	0.31	0.30	0.30
	1000	—	—	—	—	0.40	0.38	0.37	0.36	0.35	0.34	0.33	0.32	0.31	0.31
	1250	—	—	—	—	0.41	0.40	0.39	0.37	0.36	0.35	0.34	0.33	0.33	0.32

续表

类　别		导线（线芯）截面积/mm²												
		2.5	4	6	10	16	25	35	50	70	95	120	150	185	240
导线类型	导线温度/℃	每相电阻/(Ω·km⁻¹)												
LGJ	1500	—	—	—	—	—	—	0.39	0.38	0.37	0.35	0.35	0.34	0.33	0.33
	2000	—	—	—	—	—	—	0.40	0.39	0.38	0.37	0.37	0.36	0.35	0.34
	2500	—	—	—	—	—	—	0.41	0.41	0.40	0.39	0.38	0.37	0.37	0.36
	3000	—	—	—	—	—	—	0.43	0.42	0.41	0.40	0.39	0.39	0.38	0.37
绝缘导线	明敷 100	0.327	0.312	0.300	0.280	0.265	0.251	0.241	0.229	0.219	0.206	0.199	0.191	0.184	0.178
	明敷 150	0.353	0.338	0.325	0.306	0.290	0.277	0.266	0.251	0.242	0.231	0.223	0.216	0.209	0.200
	穿管敷设	0.217	0.119	0.112	0.108	0.102	0.099	0.095	0.091	0.087	0.085	0.083	0.082	0.081	0.080
纸绝缘电力电缆	1kV	0.098	0.091	0.087	0.081	0.077	0.067	0.065	0.063	0.062	0.062	0.062	0.062	0.062	0.062
	6kV	—	—	—	—	0.099	0.088	0.083	0.079	0.076	0.074	0.072	0.071	0.070	0.069
	10kV	—	—	—	—	0.110	0.098	0.092	0.087	0.083	0.080	0.078	0.077	0.075	0.075
塑料电力电缆	1kV	0.100	0.093	0.091	0.087	0.082	0.075	0.073	0.071	0.070	0.070	0.070	0.070	0.070	0.070
	6kV	—	—	—	—	0.124	0.111	0.105	0.099	0.093	0.089	0.087	0.083	0.082	0.080
	10kV	—	—	—	—	0.133	0.120	0.113	0.107	0.101	0.096	0.095	0.093	0.090	0.087

注：表中"线距"指线间几何均距。

附录 2　电力变压器的主要技术数据

☐ 附表 2-1　330～550kV 双绕组电力变压器的主要技术数据

型号	额定容量/kV·A	额定电压/kV		空载电流/%	空载损耗/kW	负载损耗/kW	阻抗电压/%	连接组标号
		高压	低压					
SSP-360000/330	360000	363±2×2.5%	15.75	0.36	274	1000	15.2	YN,d11
SFP-370000/330	370000	363±2×2.5%	20	0.30	204	848.24	14.48	YN,d11
SFP-300000/500	300000	550±2×2.5%	13.8	0.30	280	910	13.8	YN,d11
SFP-300000/500	300000	525±2×2.5%	15.75	0.20	184.40	1070	16.637	YN,d11
DFP-240000/500	240000	525/√3±2×2.5%	20	0.25	143	430	13.5	I,I0

☐ 附表 2-2　500kV 三绕组电力变压器的主要技术数据

型号	额定电压/kV			阻抗电压/%			连接组标号
	高压	中压	低压	高-中	高-低	中-低	
ODFPSZ-250000/500	550/√3	230	15.75	11.89	41.03	25.8	I,a0,I0
ODFPSZ-167000/500	550/√3	242/√3	35	11.50	51	37	YN,a0,d11
ODFPSZ-120000/500	550/√3	242/√3	35	12.5	34	19	YN,a0,d11

☐ 附表 2-3　220kV 双绕组电力变压器的主要技术数据

型号	额定容量/kV·A	额定电压/kV		空载电流/%	空载损耗/kW	负载损耗/kW	阻抗电压/%	连接组标号
		高压	低压					
SFP9-370000/220	370000	242±2×2.5%	20		174	788	14.02	YN,d11
SFP7-63000/220	63000	220±2×2.5%	69	1.0	79	245	12.5	YN,d11
SFP7-120000/220	120000	242±2×2.5%	10.5	0.9	118	385	13	YN,d11
SFPZ7-120000/220	120000	220±8×1.25%	38.5	0.8	124	385	12-14	YN,d11

续表

型号	额定容量/kV·A	额定电压/kV		空载电流/%	空载损耗/kW	负载损耗/kW	阻抗电压/%	连接组标号
		高压	低压					
SFP7-240000/220	240000	242±2×2.5%	15.75	0.23	140.51	592	14	YN,d11
SFPZ7-180000/220	180000	220±8×1.5%	69	0.3	147.5	516	13.5	YN,d11
SFP7-150000/220	120000	220±2×2.5%	10.5		100.9	452	13.63	YN,d11
SFPZ7-120000/220	120000	230±8×1.25%	69		98.5	384	14.97	YN,d11

⊡ **附表 2-4 220kV 三绕组电力变压器的主要技术数据**

型号	额定容量/kV·A	额定电压/kV			空载电流/%	空载损耗/kW	负载损耗/kW			阻抗电压/%			连接组标号
		高压	中压	低压			高-中	高-低	中-低	高-中	高-低	中-低	
OSSPS-360000/220	360000/360000/180000	242±2×2.5%	121	15.75	0.39	258	1164	548	720	12.1	12	18.8	YN,a0,d11
OSSPSL-300000/220	300000/300000/150000	242±2×2.5%	121	15.75	0.3	195	950	500	620	13.1	11.6	18.8	YN,a0,d11
SSPS-240000/220		242±2×2.5%	121	15.75	0.7	257		990		24.5	14.5	8.5	YN,yn0,d11
SFPS-240000/220		$242\pm{}^1_3\times2.5\%$	121	10.5	0.8	270		850		15	25	8	YN,yn0,d11
SFPSZ7-180000/220	180000/180000/90000	220±8×1.5%	115	37.5	0.38	165	700	206	137	13.1	21.5	7.2	YN,yn0,d11
OSFPS7-180000/220	180000/180000/90000	220±2×2.5%	121	38.5	0.07	53	430			7.8	31.2	21.4	YN,a0,d11
OSFPS7-180000/220	180000/90000/180000	220±2×2.5%	115	37.5	0.23	85		530		12	11.3	18.1	YN,a0,d11
SFPS1-180000/220	180000/180000/90000	220±2×2.5%	121 / 117	11 / 37.5	0.5	200	679	220	148	14	24	8.1	YN,yn0,d11
OSFPS3-150000/220	150000/150000/75000	242±2×2.5%	121	11	0.6	82		380		10	17	11	YN,a0,d11
SFPSZ1-150000/220	150000/150000/75000	220±8×1.5%	121	10.5	0.3	140	600	193	123	14.2	22.9	7.1	YN,yn0,d11
SFPS3-150000/220	150000	220±2×2.5%	66	13.8	1.1	172		750		24	14.8	8	YN,yn0,d11
SFPS7-120000/220	120000	220±8×1.5%	121	10.5 / 11	0.7	130	435	140	107	13.5	22.4	7.4	YN,yn0,d11

⊡ 附表 2-5　110kV 三绕组电力变压器的主要技术数据

型号	额定容量/kV·A	额定电压/kV			空载电流/%	空载损耗/kW	负载损耗/kW			阻抗电压/%			连接组标号
		高压	中压	低压			高-中	高-低	中-低	高-中	高-低	中-低	
SFSY7-75000/110	75000	110±2×2.5%	55	55	0.45	70		267			10.5		YN,d11,d11
SFPSL7-63000/110	63000	110/121±2×2.5%	35/38.5±2×2.5%	6.3,6.6,10.5,11	0.8	77	300	620		17~18(10.5)	10.5(17~18)	6.5	YN,yn0,d11
SFPS7-63000/110	63000	110/121±2×2.5%	35/38.5±2×2.5%	6.3,6.6,10.5,11	1.0	76		265			10.5		YN,yn0,d11
SFSY7-50000/110	50000	110±2×2.5%	27.5	27.5	0.54	54	194.6				9.9		YN,d11,d11
SFS-50000/110	50000	110	38.5	6.3,6.6,10.5,11		65		250		10.5	17.5	6.5	YN,yn0
SFS7-40000/110	40000	110/121±2×2.5%	38.5±2×2.5%(35)	6.3,6.6,10.5,11	1.1	54		193			10.5		YN,yn0,d11
SFSL7-31500/110	31500	110/121±2×2.5%	35/38.5±2×2.5%	6.3,6.6,10.5,11	1.0	46		175		17~18(10.5)	10.5(17~18)	6.5	YN,yn0,d11
SFS7-31500/110	31500	110±2×2.5%	38.5±2×2.5%	11	1.02	46		175		10.5	18	6.5	YN,yn0,d11
SFS7-31500/110	31500	110/121±2×2.5%	38.5±2×2.5%(35)	6.3,6.6,10.5,11	1.0	39		165			10.5		YN,yn0,d11
SFSL7-31500/110	31500	110/121±2×2.5%	38.5±2×2.5%(35)	6.3,6.6,10.5,11	1.1	44		162			10.5		YN,yn0,d11
SFS7-31500/110	31500	110/121±2×2.5%	35/38.5±2×2.5%	6.3,6.6,10.5,11	1.0	46		175		17~18(10.5)	10.5(17~18)	6.5	YN,yn0,d11
SFSL7-25000/110	25000	110±2×2.5%	38.5±2×2.5%	11	37.7	152.4	151.245	112.741	10.25	17.9	6.53	YN,yn0,d11
SFS7-25000/110	25000	110/121±2×2.5%	38.5±2×2.5%(35)	6.3,6.6,10.5,11	0.8	33		143			10.5		YN,yn0,d11

续表

型号	额定容量 /kV·A	额定电压/kV 高压	中压	低压	空载电流 /%	空载损耗 /kW	负载损耗/kW 高-中	高-低	中-低	阻抗电压/% 高-中	高-低	中-低	连接组标号
SFSL7-20000/110	20000	110/121±2×2.5%	38.5±2×2.5%(35)	6.3,6.6,10.5,11	1.1	33		125		17~18(10.5)	10.5(17~18)	6.5	YN,yn0,d11
SFS7-20000/110	20000	110/121±2×2.5%	38.5±2×2.5%(35)	6.3,6.6,10.5,11	1.0	26		123			10.5		YN,yn0,d11
SFSL7-20000/110	20000	110/121±2×2.5%	35/38.5±2×2.5%	6.3,6.6,10.5,11	1.3	32		123			17.5		YN,yn0,d11
SFSL7-16000/110	16000	110/121±2×2.5%	38.5±2×2.5%(35)	6.3,6.6,10.5,11	1.1	28		106		17~18(10.5)	10.5(17~18)	6.5	YN,yn0,d11
SFSL7-16000/110	16000	110±2×2.5%	38.5±2×2.5%	11	1.403	28.16	104.34	105.03	81.61	10.49	18.03	6.35	YN,yn0,d11
SFS7-16000/110	16000	110/121±2×2.5%	35/38.5±2×2.5%	6.3,6.6,10.5,11	1.1	25		104			10.5		YN,yn0,d11
SFS7-16000/110	16000	110/121±2×2.5%	38.5±2×2.5%(35)	6.3,6.6,10.5,11		28		106		17~18(10.5)	10.5(17~18)	6.5	YN,yn0,d11
SFS7-12500/110	12500	110/121±2×2.5%	38.5±2×2.5%(35)	6.3,6.6,10.5,11		23		87		17~18(10.5)	10.5(17~18)	6.5	YN,yn0,d11
SSL7-10000/110	10000	110/121±2×2.5%	35/38.5±2×2.5%	6.3,6.6,10.5,11	1.2	19.8		74		17~18(10.5)	10.5(17~18)	6.5	YN,yn0,d11
SFSL7-6300/110	6300	110/121±2×2.5%	38.5±2×2.5%(35)	6.3,6.6,10.5,11		14		53		17~18(10.5)	10.5(17~18)	6.5	YN,yn0,d11

附录 3 发电机运算曲线数字表

⊡ 附表 3-1 汽轮发电机运算曲线数字表（X_{js} = 0.12~0.95）

X_{js} \ t/s	0	0.01	0.06	0.1	0.2	0.4	0.5	0.6	1	2	4
0.12	8.963	8.603	7.186	6.400	5.220	4.252	4.006	3.821	3.344	2.795	2.512
0.14	7.718	7.467	6.441	5.839	4.878	4.040	3.829	3.673	3.280	2.808	2.526
0.16	6.763	6.545	5.660	5.146	4.336	3.649	3.481	3.359	3.060	2.706	2.490
0.18	6.020	5.844	5.122	4.697	4.016	3.429	3.288	3.186	2.944	2.659	2.476
0.20	5.432	5.280	4.661	4.297	3.715	3.217	3.099	3.016	2.825	2.607	2.462
0.22	4.938	4.813	4.296	3.988	3.487	3.052	2.951	2.882	2.729	2.561	2.444
0.24	4.526	4.421	3.984	3.721	3.286	2.904	2.816	2.758	2.638	2.515	2.425
0.26	4.178	4.088	3.714	3.486	3.106	2.769	2.693	2.644	2.551	2.467	2.404
0.28	3.872	3.705	3.472	3.274	2.939	2.641	2.575	2.534	2.464	2.415	2.378
0.30	3.603	3.536	3.255	3.081	2.785	2.520	2.463	2.429	2.379	2.360	2.347
0.32	3.368	3.310	3.063	2.909	2.646	2.410	2.360	2.332	2.299	2.306	2.319
0.34	3.159	3.108	2.891	2.754	2.519	2.308	2.264	2.241	2.222	2.252	2.283
0.36	2.975	2.930	2.736	2.614	2.403	2.213	2.175	2.156	2.149	2.109	2.250
0.38	2.811	2.770	2.597	2.487	2.297	2.126	2.093	2.077	2.081	2.148	2.217
0.40	2.664	2.628	2.471	2.372	2.199	2.045	2.017	2.004	2.017	2.099	2.184
0.42	2.531	2.499	2.357	2.267	2.110	1.970	1.946	1.936	1.956	2.052	2.151
0.44	2.411	2.382	2.253	2.170	2.027	1.900	1.879	1.872	1.899	2.006	2.119
0.46	2.302	2.275	2.157	2.082	1.950	1.835	1.879	1.812	1.845	1.963	2.088
0.48	2.203	2.178	2.069	2.000	1.879	1.774	1.759	1.756	1.794	1.921	2.057
0.50	2.111	2.088	1.988	1.924	1.813	1.717	1.704	1.703	1.746	1.880	2.027
0.55	1.913	1.894	1.810	1.757	1.665	1.589	1.581	1.581	1.635	1.785	1.953
0.60	1.748	1.732	1.662	1.617	1.539	1.478	1.474	1.479	1.538	1.699	1.884
0.65	1.610	1.596	1.535	1.497	1.431	1.382	1.381	1.388	1.452	1.621	1.819
0.70	1.492	1.479	1.426	1.393	1.336	1.297	1.298	1.307	1.375	1.549	1.734
0.75	1.390	1.379	1.332	1.302	1.253	1.221	1.225	1.235	1.305	1.484	1.596
0.80	1.301	1.291	1.249	1.223	1.179	1.154	1.159	1.171	1.243	1.424	1.474
0.85	1.222	1.214	1.176	1.152	1.114	1.094	1.100	1.112	1.186	1.358	1.370
0.90	1.153	1.145	1.110	1.089	1.055	1.039	1.047	1.060	1.134	1.279	1.279
0.95	1.091	1.084	1.052	1.032	1.002	0.990	0.998	1.012	1.087	1.200	1.200

⊡ 附表 3-2 汽轮发电机运算曲线数字表（X_{js}= 1.00～3.45）

X_{js} \ t/s	0	0.01	0.06	0.1	0.2	0.4	0.5	0.6	1	2	4
1.00	1.035	1.028	0.999	0.981	0.954	0.945	0.954	0.968	1.043	1.129	1.129
1.05	0.985	0.979	0.952	0.935	0.910	0.904	0.914	0.928	1.003	1.067	1.067
1.10	0.940	0.934	0.908	0.893	0.870	0.866	0.876	0.891	0.966	1.011	1.011
1.15	0.898	0.892	0.869	0.854	0.833	0.832	0.842	0.857	0.932	0.961	0.961
1.20	0.860	0.855	0.832	0.819	0.800	0.800	0.811	0.825	0.898	0.915	0.915
1.25	0.825	0.820	0.799	0.786	0.769	0.770	0.781	0.796	0.864	0.874	0.874
1.30	0.793	0.788	0.768	0.756	0.740	0.743	0.754	0.769	0.831	0.836	0.836
1.35	0.763	0.758	0.739	0.728	0.713	0.727	0.728	0.743	0.800	0.802	0.802
1.40	0.735	0.731	0.713	0.703	0.688	0.693	0.705	0.720	0.769	0.770	0.770
1.45	0.710	0.705	0.688	0.678	0.665	0.671	0.682	0.697	0.740	0.740	0.740
1.50	0.686	0.682	0.665	0.656	0.644	0.650	0.662	0.676	0.713	0.713	0.713
1.55	0.663	0.659	0.644	0.635	0.623	0.630	0.642	0.657	0.687	0.687	0.687
1.60	0.642	0.639	0.623	0.615	0.604	0.612	0.624	0.638	0.664	0.664	0.664
1.65	0.622	0.619	0.605	0.596	0.586	0.594	0.606	0.621	0.642	0.642	0.642
1.70	0.604	0.601	0.587	0.579	0.570	0.578	0.590	0.604	0.621	0.621	0.621
1.75	0.586	0.583	0.570	0.562	0.554	0.562	0.574	0.589	0.602	0.602	0.602
1.80	0.870	0.567	0.554	0.547	0.539	0.548	0.559	0.573	0.584	0.584	0.584
1.85	0.554	0.551	0.539	0.532	0.524	0.534	0.545	0.559	0.566	0.566	0.566
1.90	0.540	0.537	0.525	0.518	0.511	0.521	0.532	0.544	0.550	0.550	0.550
1.95	0.526	0.523	0.511	0.505	0.498	0.508	0.520	0.530	0.535	0.535	0.535
2.00	0.512	0.510	0.498	0.492	0.486	0.496	0.508	0.517	0.521	0.521	0.521
2.05	0.500	0.497	0.486	0.480	0.474	0.485	0.496	0.504	0.507	0.507	0.507
2.10	0.488	0.485	0.475	0.469	0.463	0.474	0.485	0.492	0.494	0.494	0.494
2.15	0.476	0.474	0.464	0.458	0.453	0.463	0.474	0.481	0.482	0.482	0.482
2.20	0.465	0.463	0.453	0.448	0.443	0.453	0.464	0.470	0.470	0.470	0.470
2.25	0.455	0.453	0.443	0.438	0.433	0.444	0.454	0.459	0.459	0.459	0.459
2.30	0.445	0.443	0.433	0.428	0.424	0.435	0.444	0.448	0.448	0.448	0.448
2.35	0.435	0.433	0.424	0.419	0.415	0.426	0.435	0.438	0.438	0.438	0.438
2.40	0.426	0.424	0.415	0.411	0.407	0.418	0.426	0.428	0.428	0.428	0.428
2.45	0.417	0.415	0.407	0.402	0.399	0.410	0.417	0.419	0.419	0.419	0.419
2.50	0.409	0.407	0.399	0.394	0.391	0.402	0.409	0.410	0.410	0.410	0.410
2.55	0.400	0.399	0.391	0.387	0.383	0.394	0.401	0.402	0.402	0.402	0.402
2.60	0.392	0.391	0.383	0.379	0.376	0.387	0.393	0.393	0.393	0.393	0.393
2.65	0.385	0.384	0.376	0.372	0.369	0.380	0.385	0.386	0.386	0.386	0.386
2.70	0.377	0.377	0.369	0.365	0.362	0.373	0.378	0.378	0.378	0.378	0.378
2.75	0.370	0.370	0.362	0.359	0.356	0.367	0.371	0.371	0.371	0.371	0.371
2.80	0.363	0.363	0.356	0.352	0.350	0.361	0.364	0.364	0.364	0.364	0.364
2.85	0.357	0.356	0.350	0.346	0.344	0.354	0.357	0.357	0.357	0.357	0.357
2.90	0.350	0.350	0.344	0.340	0.338	0.348	0.351	0.351	0.351	0.351	0.351
2.95	0.344	0.344	0.338	0.335	0.333	0.343	0.344	0.344	0.344	0.344	0.344
3.00	0.338	0.338	0.332	0.329	0.327	0.337	0.338	0.338	0.338	0.338	0.338
3.05	0.332	0.332	0.327	0.324	0.322	0.331	0.332	0.332	0.332	0.332	0.332
3.10	0.327	0.326	0.322	0.319	0.317	0.326	0.327	0.327	0.327	0.327	0.327
3.15	0.321	0.321	0.317	0.314	0.312	0.321	0.321	0.321	0.321	0.321	0.321
3.20	0.316	0.316	0.312	0.309	0.307	0.316	0.316	0.316	0.316	0.316	0.316
3.25	0.311	0.311	0.307	0.304	0.303	0.311	0.311	0.311	0.311	0.311	0.311
3.30	0.306	0.306	0.302	0.300	0.298	0.306	0.306	0.306	0.306	0.306	0.306
3.35	0.301	0.301	0.298	0.295	0.294	0.301	0.301	0.301	0.301	0.301	0.301
3.40	0.297	0.297	0.293	0.291	0.290	0.297	0.297	0.297	0.297	0.297	0.297
3.45	0.292	0.292	0.289	0.287	0.286	0.292	0.292	0.292	0.292	0.292	0.292

⊡ 附表 3-3　水轮发电机运算曲线数字表（X_{js}= 0.18~0.95）

X_{js} \ t/s	0	0.01	0.06	0.1	0.2	0.4	0.5	0.6	1	2	4
0.18	6.127	5.695	4.623	4.331	4.110	3.933	3.867	3.807	3.605	3.300	3.081
0.20	5.526	5.184	4.297	4.045	3.856	3.754	3.716	3.681	3.563	3.378	3.234
0.22	5.055	4.767	4.036	3.806	3.633	3.556	3.531	3.508	3.430	3.302	3.191
0.24	4.647	4.402	3.764	3.575	3.433	3.378	3.363	3.348	3.300	3.220	3.151
0.26	4.290	4.083	3.538	3.375	3.253	3.216	3.208	3.200	3.174	3.133	3.098
0.28	3.993	3.816	3.343	3.200	3.096	3.073	3.070	3.067	3.060	3.049	3.046
0.30	3.727	3.574	3.163	3.039	2.950	2.938	2.941	2.943	2.952	2.970	2.993
0.32	3.494	3.360	3.001	2.892	2.817	2.815	2.822	2.828	2.851	2.895	2.943
0.34	3.285	3.168	2.851	2.755	2.692	2.699	2.709	2.719	2.954	2.820	2.891
0.36	3.095	2.991	2.712	2.627	2.574	2.589	2.602	2.614	2.660	2.945	2.837
0.38	2.922	2.831	2.583	2.508	2.464	2.484	2.500	2.515	2.569	2.671	2.782
0.40	2.767	2.685	2.464	2.398	2.361	2.388	2.405	2.422	2.484	2.600	2.728
0.42	2.627	2.554	2.356	2.297	2.267	2.297	2.317	2.336	2.404	2.532	2.675
0.44	2.500	2.434	2.256	2.204	2.179	2.214	2.235	2.255	2.329	2.467	2.624
0.46	2.385	2.325	2.164	2.117	2.098	2.136	2.158	2.180	2.258	2.406	2.575
0.48	2.280	2.225	2.079	2.038	2.023	2.064	2.087	2.110	2.192	2.348	2.527
0.50	2.183	2.134	2.001	1.964	1.953	1.996	2.021	2.044	2.130	2.293	2.482
0.52	2.095	2.050	1.928	1.895	1.887	1.993	1.958	1.983	2.071	2.241	2.438
0.54	2.013	1.972	1.861	1.831	1.826	1.874	1.900	1.925	2.015	2.191	2.396
0.56	1.938	1.899	1.798	1.771	1.769	1.818	1.845	1.870	1.963	2.143	2.355
0.60	1.802	1.770	1.683	1.662	1.665	1.717	1.744	1.770	1.866	2.054	2.263
0.65	1.658	1.630	1.559	1.543	1.550	1.605	1.633	1.660	1.759	1.950	2.137
0.70	1.534	1.511	1.452	1.440	1.451	1507	1.535	1.562	1.663	1.846	1.964
0.75	1.428	1.408	1.358	1.349	1.363	1.420	1.499	1.476	1.578	1.741	1.794
0.80	1.336	1.318	1.276	1.270	1.286	1.343	1.372	1.400	1.498	1.620	1.642
0.85	1.254	1.239	1.203	1.199	1.217	1.274	1.303	1.331	1.423	1.507	1.513
0.90	1.182	1.169	1.138	1.135	1.155	1.212	1.241	1.268	1.352	1.403	1.403
0.95	1.118	1.106	1.080	1.078	1.099	1.156	1.185	1.210	1.282	1.308	1.308

☉ **附表 3-4** 水轮发电机运算曲线数字表（X_{js}= 1.00~3.45）

X_{js} \ t/s	0	0.01	0.06	0.1	0.2	0.4	0.5	0.6	1	2	4
1.00	1.061	1.050	1.027	1.027	1.048	1.105	1.132	1.156	1.211	1.225	1.225
1.05	1.009	0.999	0.979	0.980	1.002	1.058	1.084	1.105	1.146	1.152	1.152
1.10	0.962	0.953	0.936	0.937	0.959	1.015	1.038	1.057	1.085	1.087	1.087
1.15	0.919	0.911	0.896	0.898	0.920	0.974	0.995	1.011	1.029	1.029	1.029
1.20	0.880	0.872	0.859	0.862	0.885	0.936	0.955	0.966	0.977	0.977	0.977
1.25	0.843	0.837	0.825	0.829	0.852	0.900	0.916	0.923	0.930	0.930	0.930
1.30	0.810	0.804	0.794	0.798	0.821	0.866	0.878	0.884	0.888	0.888	0.888
1.35	0.780	0.774	0.765	0.769	0.792	0.834	0.843	0.847	0.849	0.849	0.849
1.40	0.751	0.746	0.738	0.743	0.766	0.803	0.810	0.812	0.813	0.813	0.813
1.45	0.725	0.720	0.713	0.718	0.740	0.774	0.778	0.780	0.780	0.780	0.780
1.50	0.700	0.696	0.690	0.695	0.717	0.746	0.749	0.750	0.750	0.750	0.750
1.55	0.677	0.676	0.668	0.673	0.694	0.719	0.722	0.722	0.722	0.722	0.722
1.60	0.655	0.652	0.647	0.652	0.673	0.674	0.696	0.696	0.696	0.696	0.696
1.65	0.635	0.632	0.628	0.633	0.653	0.671	0.672	0.672	0.672	0.672	0.672
1.70	0.616	0.613	0.610	0.615	0.634	0.649	0.649	0.649	0.649	0.649	0.649
1.75	0.598	0.595	0.592	0.598	0.616	0.628	0.628	0.628	0.628	0.628	0.628
1.80	0.581	0.578	0.576	0.582	0.599	0.608	0.608	0.608	0.608	0.608	0.608
1.85	0.565	0.563	0.561	0.566	0.582	0.590	0.590	0.590	0.590	0.590	0.590
1.90	0.550	0.548	0.546	0.552	0.566	0.572	0.572	0.572	0.572	0.572	0.572
1.95	0.536	0.533	0.532	0.538	0.551	0.556	0.556	0.556	0.556	0.556	0.556
2.00	0.522	0.520	0.519	0.524	0.537	0.540	0.540	0.540	0.540	0.540	0.540
2.05	0.509	0.507	0.507	0.512	0.523	0.525	0.525	0.525	0.525	0.525	0.525
2.10	0.497	0.495	0.495	0.500	0.510	0.512	0.512	0.512	0.512	0.512	0.512
2.15	0.485	0.483	0.483	0.488	0.497	0.498	0.498	0.498	0.498	0.498	0.498
2.20	0.474	0.472	0.472	0.477	0.485	0.486	0.486	0.486	0.486	0.486	0.486
2.25	0.463	0.462	0.462	0.466	0.473	0.474	0.474	0.474	0.474	0.474	0.474
2.30	0.453	0.452	0.452	0.456	0.462	0.462	0.462	0.462	0.462	0.462	0.462
2.35	0.443	0.442	0.442	0.446	0.452	0.452	0.452	0.452	0.452	0.452	0.452
2.40	0.434	0.433	0.433	0.436	0.441	0.441	0.441	0.441	0.441	0.441	0.441
2.45	0.425	0.424	0.424	0.427	0.431	0.431	0.431	0.431	0.431	0.431	0.431
2.50	0.416	0.415	0.415	0.419	0.422	0.422	0.422	0.422	0.422	0.422	0.422
2.55	0.408	0.407	0.407	0.410	0.413	0.413	0.413	0.413	0.413	0.413	0.413
2.60	0.400	0.399	0.399	0.402	0.404	0.404	0.404	0.404	0.404	0.404	0.404
2.65	0.392	0.391	0.392	0.394	0.396	0.396	0.396	0.396	0.396	0.396	0.396
2.70	0.385	0.384	0.384	0.387	0.388	0.388	0.388	0.388	0.388	0.388	0.388
2.75	0.378	0.377	0.377	0.379	0.380	0.380	0.380	0.380	0.380	0.380	0.380
2.80	0.371	0.370	0.370	0.372	0.373	0.373	0.373	0.373	0.373	0.373	0.373
2.85	0.364	0.363	0.364	0.365	0.366	0.366	0.366	0.366	0.366	0.366	0.366
2.90	0.358	0.357	0.357	0.359	0.359	0.359	0.359	0.359	0.359	0.359	0.359
2.95	0.351	0.351	0.351	0.352	0.353	0.353	0.353	0.353	0.353	0.353	0.353
3.00	0.345	0.345	0.345	0.346	0.346	0.346	0.346	0.346	0.346	0.346	0.346
3.05	0.339	0.339	0.339	0.340	0.340	0.340	0.340	0.340	0.340	0.340	0.340
3.10	0.334	0.333	0.333	0.334	0.334	0.334	0.334	0.334	0.334	0.334	0.334
3.15	0.328	0.328	0.328	0.329	0.329	0.329	0.329	0.329	0.329	0.329	0.329
3.20	0.323	0.322	0.322	0.323	0.323	0.323	0.323	0.323	0.323	0.323	0.323
3.25	0.317	0.317	0.317	0.318	0.318	0.318	0.318	0.318	0.318	0.318	0.318
3.30	0.312	0.312	0.312	0.313	0.313	0.313	0.313	0.313	0.313	0.313	0.313
3.35	0.307	0.307	0.307	0.308	0.308	0.308	0.308	0.308	0.308	0.308	0.308
3.40	0.303	0.302	0.302	0.303	0.303	0.303	0.303	0.303	0.303	0.303	0.303
3.45	0.298	0.298	0.298	0.298	0.298	0.298	0.298	0.298	0.298	0.298	0.298

附录4　导体及电器技术数据

▣ 附表 4-1　10kV 断路器技术数据

型号	额定电压/kV	额定电流/A	额定开断电流/kA	额定关合电流(峰值)/kA	动稳定电流(峰值)/kA	极限通过电流峰值/kA 2s	3s	4s	5s	固有分闸时间/s	合闸时间/s	操动机构类型	备注
SN10-10 I	10	630,1000	16	40	40	16				≤0.06	≤0.02	CD10-I-II	
SN10-10 II	10	1000	31.5	80	80	31.5				≤0.06	≤0.02	CD10-II	
SN10-10 III	10	1250,2000,3000	43.3	125	130	43.3		43.3		≤0.06	≤0.02	CD10-III	1250A 采用(2s)43.3
SN4-10G	10	5000	105		300				120	0.15	0.65		
SN5-20G	20	6000	105		300				120	0.15	0.65		
ZN5-10 II	10	630,1000 / 1250	20 / 25	50 / 63	50 / 63			20 / 25		≤0.05 / ≤0.05	≤0.1 / ≤0.15	专用电磁式	
ZN12-10	10	1250,2500 / 1600,2000,3150	31.5 / 50	80 / 125	80 / 125		50	31.5		≤0.65 / ≤0.65	≤0.75 / ≤0.75	专用电磁式	
ZN18-10	10	630	25	63	63		25			≤0.03	≤0.045	专用电磁式	
ZN22-10	10	1250,1600,2000 (2500,3150)	40	100	100			40		≤0.65	≤0.75	专用电磁式	
ZN32-10	10	1600,2500,3150	40	100	100		40			≤0.05	≤0.08	专用电磁式	
LN-10	10	2000	40		110		43.5			≤0.06	≤0.06		
LN2-10 II	10	1250,1600	31.5	80	80	31.5				≤0.06	≤0.15	CT8或CT2	
ZW14A-12	12	630	20	50	50			20		≤0.06	≤0.07	弹簧式	
LW2-10 III	10	400 / 630	6.3 / 12.5	16 / 31.5	16 / 31.5			6.3 / 12.5		≤0.04	≤0.06	电磁式	

□ 附表 4-2　35kV 断路器技术数据

型号	额定电压/kV	额定电流/A	额定开断电流/kA	额定关合电流(峰值)/kA	动稳定电流(峰值)/kA	热稳定电流(峰值)/kA 2s	3s	4s	固有分闸时间/s	合闸时间/s	重合闸无电流时间/s	操动机构类型
DW6-35	35	400	6.6		19			6.6	≤0.1	≤0.27		CD10
DW8-35	35	600、1000	16.5		41			16.5	≤0.07	≤0.3		CD11-X I
DW13-35	35	1250	20	50	50			20	≤0.07	≤0.35		CD11-X II
DW13-35 I		1600	31.5	80	80			31.5	≤0.07	≤0.35		
SW2-35	35	600	6.6		17			6.6	0.06	0.12		CT2-XG II 或 CD3-XG
		1000	24.8		63.4			24.8	0.06	0.4		
SW2-35 II		1500、2000	24.8		63.4			24.8	0.06	0.4		
SW4-35 I	35	1250	16	40	40			16	0.12	0.18		CD15- I
KW6-35	35	2000	20		55			21	0.03	0.06	0.25	
SN10-35	35	1000	8		42			16.5	0.06	0.25		CD10- II
SN10-35 II		1250	16	50	50			20	≤0.06	0.25		CD10- IV
ZN-35	35	630	8	20	20			8	≤0.06	≤0.20	≥0.5	CD2-40G II
		1250	16	40	40			16				
ZN72-40.5	40.5	1250、1600、2000	31.5	80	80			31.5	≤0.07	≤0.09		CT 口
ZW30-40.5	40.5	1600	31.5	80	80			31.5	≤0.065	≤0.1		CT17-IVB
LN2-35 III	35	1250、1600	25	63	63			25	≤0.06	≤0.2		CT12- II
HB35	36	1250、1600、2000	25	63	80		25		≤0.06	≤0.06		
LW835	35	1600	25	63	63			25	≤0.06	≤0.1		CT14

附表 4-3　110kV 断路器技术数据

型号	额定电压/kV	额定电流/A	额定开断电流/kA	额定关合电流(峰值)/kA	动稳定电流(峰值)/kA	热稳定电流(峰值)/kA 3s	4s	5s	固有分闸时间/s	合闸时间/s	全开断时间/s	重合闸无电流时间/s	操动机构类型
SW2-110Ⅲ	110	1600	40	100	100		40	21	≤0.04	≤0.20		≥0.3	CY5-Ⅱ
		2000											
SW4-110	110	1000	18.4		55				0.06	0.25			
SW4-110Ⅲ		1250	31.5	80	80		31.5		≤0.05	≤0.18		0.3	CT6-XG
SW6-110	110	1200	31.5	80	80		31.5		0.04	0.2	0.7	0.3	CY3
SW6-110 Ⅰ		1500	31.5	80	80		31.5		0.035	0.2	0.6	0.3	CY3-Ⅲ
KW4-110	110	1500	26.3	40	90		26.3		0.04	0.15		0.25	
SW4-351	110	1250	16		40			16	0.12	0.18			CD15-Ⅰ
KW6-35	110	2000	20		55			21	0.03	0.06		0.25	
LW11-110	110	1600	31.5	80	80	31.5			≤0.04	≤0.135			
		3150	40	100	100	40							
LW14-110	110	2000	31.5	80	80	31.5			≤0.025		0.05		
		2500	40	100	100	40							
SFM-110 (SFMT-110)	110	2000	31.5	80	80	31.5			0.025	≤0.09	0.05,0.06①	0.3	气动
		2500	40	100	100	40							
		3150	50	125	125	50							
		4000											

① 为罐式参数，罐式的其他参数与瓷瓶式相同。

附表 4-4　220kV 断路器技术数据

型号	额定电压/kV	额定电流/A	额定开断电流/kA	额定关合电流(峰值)/kA	动稳定电流(峰值)/kA	热稳定电流(峰值)/kA 3s	4s	5s	固有分闸时间/s	合闸时间/s	全开断时间/s	重合闸无电流时间/s	操动机构类型
SW2-220Ⅲ	220	1600	31.5	80	80		31.5		≤0.045	≤0.20		≥0.3	CY-A
SW2-220Ⅳ		2000	40	100	100		40		≤0.04				CY5-Ⅱ
SW4-220	220	1000	18.4		55			21	0.06	0.25		0.3	CT6-XG
SW4-220Ⅲ		1250	31.5	80	80		31.5		≤0.045	≤0.18		0.3	
SW6-220	220	1200	21	53	53		21		0.04	0.2	0.07	0.3	CY3
SW6-220Ⅰ		1500	31.5	80	80		31.5		0.035	0.2	0.06	0.3	CY3-Ⅲ
			31.5	80	80		31.5						
KW4-220	220	1500	26.3		90		26.3		0.04	0.15		0.25	
LW2-220Ⅰ	220	1600	40	80	100	40			≤0.04	≤0.15	≤0.06	0.3	CY
LW2-220	220	2500	31.5	80	80		31.5		0.03	0.15	0.05	0.3	液压
			40	100	100		40						
			50	125	125		50						
LW6-220	220	2500	40	100	100	40			0.036	0.09	≤0.05		液压
		3150	50	125	125	50							
ELFSL4-1	220	2500 (3150 4000)	40	100	125	50			0.02		≤0.05		气动
ELFSL4-2		4000	50	125					0.021	0.05			
SFM-220 (SFMT-220)	220	2000	40	100	100	40			0.025/0.03	0.1①	0.05、0.06①/0.04	0.3	气动/液压
		2500	50	125	125	50							
		3150	63	160	160	63							
		4000											

① 为罐式参数，罐式的其他参数与瓷瓶式相同。

⊡ **附表 4-5　隔离开关技术数据**

型号	额定电压/kV	额定电流/A	动稳定电流/kA (峰值)	5s热稳定电流/kA (峰值)	备注
GN5-6(GN5-10)、GN6-6T(GN6-10T)、GN8-6T(GN8-10T)	6(10)	200 400 600	25.5 52 52	10 14 20	GN8穿墙结构
GN19-10,GN19-10C,GN19-19XT GN19-10XQ,GN24-10D GN30-10(D)	10	400 630 1000 1250	31.5 50 80 100	12.5(4s) 20(4s) 31.5(4s) 40(4s)	GN30无1250A产品
GN2-10 GN22-10(D)	10	1000 2000 3000 2000 3150	80 85 100 100 125	40 51 70 40(2s) 50(2s)	
GN3-10	10	3000 4000	200	120	
GN10-10T	10	3000 4000 5000 6000	160 160 200 200	75 80 100 105	
GN2-20	20	400	50	10(10s)	
GN23-20	20	2500 5000 8000	150 250 300	63(3s) 100(3s) 120(3s)	
GN10-20	20	6000 8000 9100	224	74(10s)	

型号	额定电压/kV	额定电流/A	动稳定电流/kA (峰值)	5s热稳定电流/kA (峰值)	备注
GN21-20	20	10000 12500	400 250	149(2s) 105(5s)	
GN2-35T,GN13-35	35	400 600	52 64	14(5s) 25(5s)	GN13穿墙结构 热稳定电流 4s
GN16-35	35	1250 2000	63 64	25 25	
GN6-35T	35	1000	75	30(5s)	
GW4-35(D)、GW5-35 II (D)	35	630 1000 1250 1600 2000	50(100) 80(100) 80(100) 100 100	20 25(31.5) 31.5 31.5 40(31.5)	双柱式,括号内为GW5的数据
GW13-35,GW13-110	35,110	630	55	16	中性点隔离开关
GW4-110,GW5-110	110				
GW4-220(D)	220	630 1000 1250	50 80 100	20 21.5 40	
GW6-220(D) GW17-220(D)	220	1600 2500	125 125	40(3s) 50(3s)	剪刀式,单柱垂直伸缩

◻ 附表 4-6　电流互感器技术参数

型号	额定互感比/A	级次组合	准确级次	二次负荷 Ω 0.2	0.5	1	3	B、D (V·A)	5P	10P	10%倍数 二次负荷/Ω	10%倍数 倍数	1s热稳定 电流/kA	1s热稳定 倍数	动稳定 电流/kA	动稳定 倍数	备注
LA-10①	5~200/5	0.5/3	0.5		0.4							10		90		160	
	300~400/5		1			0.4						10		75		135	
	500/5	1/3	3				0.6					10		60		110	
	600~1000/5													50		90	
LAJ-10②	20~200/5	0.5/D			0.6	1.0		0.6				15		120		215	括号内为D级的10%倍数
	400/5				0.8	1.0		0.8				10(15)		75		135	
LBJ-10	600~800/5	1/D			1.0	1.0		0.8				10(15)		50		90	括号内为D级的10%倍数
	1000~1500/5	D/D			1.2	1.6		1.0				10(15)		50		90	
	2000~6000/5				2.4	2.0		2.0				10(15)		50		90	
LFZ1-10	5~300/5	0.5/B	0.5		0.4	0.4		0.6				(12)		90		160	括号内为B级的10%倍数
	400/5	1/B,B/B			0.4	0.4		0.6				(12)		80		140	
LFZD2-10	75~200/5	0.5/D	0.5		0.8							15		120		210	
	300~400/5	D/D	D					1.2						80		160	
LF2ZJB6-10	150/5	0.5/B	0.5		0.4							15		22.5		44		
	200~300/5		B					0.6						24.5		44		
LDZJ1-10	600~1500/5	0.5/3,1/3 0.5/D,D/D			1.2	1.6		1.2	1.6			(15)			50		90	括号内为3、B级的10%倍数
LDZB6-10	400~500/5	0.5/B			0.8				1.2			15		31.5(2s)		80		
LQJC-10	5~100/5	0.5/D	0.5		0.4	0.6		0.6				6			90		225	
	150~400/5	1/D	1 3			0.4		0.6				6 15			75		160	
LZZJB6-10	150/5	0.5/B	0.5 B		0.4			0.6				15		22.5		44		
	200~400/5													24.5		44		
	500~800/5													33		59		
	1000~1500/5													41		74		
LMZJ1-10	2000~3000/5	0.5/D D/D			2.4	2.4		0.4				15						
LQZ-35	15~600/5	0.5/D	0.5 D		2.0 1.2		3.0	0.4			0.8	35		65		100	

续表

型号	额定互感比/A	级次组合	准确级次	二次负荷 0.2 (Ω)	0.5 (Ω)	1 (Ω)	3 (Ω)	B、D (V·A)	5P (V·A)	10P (V·A)	10%倍数 二次负荷/Ω	倍数	1s热稳定 电流/kA	倍数	动稳定 电流/kA	倍数
L-35	75~200/5	0.5/B	0.5		2.0				2.0		20			65		167~170
	300/5		B											55		140
	400/5													41.5		105
LB-35	75~200/5	0.5/B1/B2	0.5		2.0									65		167~170
	300/5	0.5/0.5/B2	B1								2.0	15		55		140
	400/5	B1/B2/B2	B2								2.0	20		42.5		109
LCW-35	15~1000/5	0.5/3	0.5	2	4						2	28		65		100
			3				2				2	5				
L-110	50~200/5	0.5/B	0.5		2		1.6				1.6	15		75		178~179
	300/5	B	B											70		1178
	400/5													52.5		134
LB-11 LB1-110	2×50~2×200/5	0.5/B	0.5		2.0						2.0	15		73~75		178~187
	2×300/5	B/B	B											70		183
	2×400/5													52.5		138
LCWB4-110	(2×50~2×200)/5	0.5/B1/B2/B3	0.5	2							2.4	30		75		135
			B1								2.4	20				
			B2								2.0	20				
			B3													
LB9-220	4×300/5 (有中间抽头)	B/B/B	0.2	1.2							2.4	15		42		78
		B/0.5/0.2	0.5		2.0						2.4	15				
			B								2.4	15				
LCW-220	4×300/5	0.5/D	0.5	2	4						2	20		60		
		D/D	D	1.2							1.2	30				
LCWB2-220W	(2×200~2×600)/5	0.2/0.5	0.2	2				50V·A		60	15	15	31.5	60	80	
		P/P	0.5													
		P/P	P													

① 表示各组额定互感比有相同的级次组合，每个准确级组合，一次负荷和10%倍数为各组互感比通用，每组互感比与每行热、动稳定倍数或电流对应。

② 表示各组额定互感比有相同的级次组合，每组互感比与每行的级次组合，每组互感比与每行数据对应。

注：1. L—电流互感器（第一字母）或母线式（第二字母）；A—穿墙式（第三字母）；B—支持式或瓷箱支柱式；D—单匝式；R—装入式；B—支持式有保护级；Z—浇注绝缘或瓷箱绝缘或差动保护用；C—瓷绝缘或瓷箱级串箱级或差动保护用；Q—线圈式；M—母线式；F—复匝式；W—屋外型（在电压等级前）或防污型（在电压等级后）；S—手车开关柜专用（第二字母）或加强型（第四字母）或额定字母母线后）；J—加大容量或额定电流系列：5A，10A，15A，20A，30A，40A，50A，75A，100A，150A，200A，300A，400A，500A，600A，800A，1000A，1200A，1500A，2000A，3000A，4000A，5000A，6000A。

2. 额定一次电流系列：5A，10A，15A，20A，30A，40A，50A，75A，100A，150A，200A，300A，400A，500A，600A，800A，1000A，1200A，1500A，2000A，3000A，4000A，5000A，6000A。

附表 4-7　电压互感器技术数据

型号	额定电压/kV			次级绕组额定容量/V·A				辅助（剩余）绕组额定容量/V·A	分压电容器/μF	最大容量/V·A
	初级绕组	次级绕组	辅助（剩余）绕组	0.2	0.5	1	3(3P)			
JDJ-10	10	0.1			80	150	320			640
JDF-10	10	0.1		25	50					
JDZ12-10	10	0.1		40	100	150				800
JDZF-10	10	0.1		30						
JDZJ1-10、JDZB-10	$10/\sqrt{3}$	$0.1/\sqrt{3}$	0.1/3		50	80	200			400
JDZX11-10B	$10/\sqrt{3}$	$0.1/\sqrt{3}$	0.1/3	40	100	200		100(6P)		600
JDX-10	$10/\sqrt{3}$	$0.1/\sqrt{3}$	0.1/3	100	100			100		1000
UNE10-S	$10/\sqrt{3}$	$0.1/\sqrt{3}$	0.1/3	30	40			50(6P)		500
UNZS10	10	0.1	0.1	30	30					500
JSJV-10	10	0.1			140	200	500	可供 CT8		1100
JSJB-10	10	0.1			120	200	480			960
JSJW-10	10	0.1	0.1/3		120	200	480			960
JSZW3-10	10	0.1	0.1/3		150	240	600			1000
JSZG-10	10	0.1	0.1/3		150			$120/\sqrt{3}$ (6P)		400
JD7-35	35	0.1		80	150	250	500			1000
JDJ2-35	35	0.1			150	250	500			1000
JDZ8-35	35	0.1		60	180	360	1000			1800
JDX7-35	$35/\sqrt{3}$	$0.1/\sqrt{3}$	0.1/3	80	150	250	500			1000
JDJJ2-35	$35/\sqrt{3}$	$0.1/\sqrt{3}$	0.1/3		150	250	500			1000
JDZX8-35	$35/\sqrt{3}$	$0.1/\sqrt{3}$	0.1/3	30	90	180	500	100(6P)		600
JCC6-110(W2,GYW1)	$110/\sqrt{3}$	$0.1/\sqrt{3}$	0.1	150	300	500	(500)	300(3P)		2000
JCC3-110B(BW2)	$110/\sqrt{3}$	$0.1/\sqrt{3}$	0.1		300	500	(500)	300(3P)		2000
JDC6-110	$110/\sqrt{3}$	$0.1/\sqrt{3}$	0.1		300	500	(500)			2000
TYD110/$\sqrt{3}$-0.015	$110/\sqrt{3}$	$0.1/\sqrt{3}$	0.1	100	200	400				
JCC5-220(W1,GYW1)	$220/\sqrt{3}$	$0.1/\sqrt{3}$	0.1		300	500	(300)	300(3P)		2000
JDC-220	$220/\sqrt{3}$	$0.1/\sqrt{3}$	0.1	150	300	500	(500)			2000
JDC9-220(GYW)	$220/\sqrt{3}$	$0.1/\sqrt{3}$	0.1			500	(1000)			2000
TYD220/$\sqrt{3}$-0.0075	$220/\sqrt{3}$	$0.1/\sqrt{3}$	0.1	100	200	400			0.0075	
TYD$_3$500/$\sqrt{3}$-0.005	$500/\sqrt{3}$	$0.1/\sqrt{3}$	0.1	150	300				0.005	

注：J—电压互感器（第一个字母），油浸式（第三个字母），接地保护用（第四个字母）；T—成套式；Y—瓷箱式（第三字母）；Z—浇注绝缘；W—五柱三绕组（第四字母）；防污型（额定电压后）；F—测量和保护二次绕组分开；B—保护用或初级绕组带补偿绕组（在额定电压前），防爆型或结构代号（在额定电压后）；X—剩余绕组。引进技术产品：U—电压互感器；N—浇注绝缘；E——次绕组一端为全绝缘；Z——次绕组两端为全绝缘；S—三绕组结构。

⊡ **附表 4-8　不同环境温度是电流载流量的校正系数 K_t**

缆芯工作温度 /℃	环境温度/℃								
	5	10	15	20	25	30	35	40	45
50	1.34	1.26	1.18	1.09	1.0	0.895	0.775	0.623	0.447
60	1.25	1.20	1.13	1.07	1.0	0.926	0.845	0.756	0.655
65	1.22	1.17	1.12	1.06	1.0	0.935	0.865	0.791	0.707
80	1.17	1.13	1.09	1.04	1.0	0.954	0.905	0.853	0.798

⊡ **附表 4-9　电线电缆在空气中多根并列敷设时载流量的校正系数 K_1**

线缆根数		1	2	3	4	6	4	6
排列方式		○	○○	○○○	○○○○	○○○○○○	○○○○	○○○○○○
线缆	$S=d$	1.0	0.9	0.85	0.82	0.80	0.8	0.75
中心	$S=2d$	1.0	1.0	0.98	0.95	0.90	0.9	0.90
距离	$S=3d$	1.0	1.0	1.0	0.98	0.96	1.0	0.96

注：1. d 为线缆外径，S 为相邻线缆中心线距离；

2. 表内为线缆外径 d 相同时的载流量校正系数；当 d 不相同时，建议 d 取平均值。

⊡ **附表 4-10　不同土壤热阻系数时电缆载流量的校正系数 K_3**

缆芯截面 /mm²	土壤热阻系数/℃·cm/W				
	60	80	120	150	200
2.5～16	1.06	1.0	0.90	0.83	0.77
25～95	1.08	1.0	0.88	0.80	0.73
120～240	1.09	1.0	0.86	0.78	0.71

注：潮湿土壤（指沿海、湖、河畔地带及雨量较多地区，如华东、华南地区等）取 60～80℃·cm/W；普通土壤（指平原地区，如东北、华北地区等）取 120℃·cm/W；干燥土壤（指高原瓴礄、雨量较少的山区、丘陵、干燥地带）取 160～200℃·cm/W。

⊡ **附表 4-11　电缆直接埋地多根并列敷设时载流量的校正系数 K_4**

电缆间净距 /mm	并列根数											
	1	2	3	4	5	6	7	8	9	10	11	12
100	1.0	0.90	0.85	0.80	0.78	0.75	0.73	0.72	0.71	0.70	0.70	0.69
200	1.0	0.92	0.87	0.84	0.82	0.81	0.80	0.79	0.79	0.78	0.78	0.77
300	1.0	0.93	0.90	0.87	0.86	0.85	0.85	0.84	0.84	0.83	0.83	0.83

⊡ **附表 4-12　矩形铝导体长期允许载流量和集肤效应系数 K_f**

导体尺寸 $h×b$/mm	单条			双条			三条			四条		
	平放/A	竖放/A	K_f	平放/A	竖放/A	K_f	平放/A	竖放/A	K_f	平放/A	竖放/A	K_f
25×4	292	308										
25×5	332	350										
40×4	456	480		631	665	1.01						
40×5	515	543		719	756	1.02						
50×4	565	594		779	820	1.01						
50×5	637	671		884	930	1.03						
63×6.3	872	949	1.02	1211	1319	1.07						
63×8	995	1082	1.03	1511	1644	1.1	1908	2075	1.2			
63×10	1129	1227	1.04	1800	1954	1.14	2170	2290	1.26			
80×6.3	1100	1193	1.03	1517	1649	1.18						
80×8	1249	1358	1.04	1858	2020	1.27	2355	2560	1.44			
80×10	1411	1535	1.05	2185	2375	1.3	2806	3050	1.6			
100×6.3	1363	1481	1.04	1840	2000	1.26						
100×8	1547	1682	1.05	2259	2455	1.3	2788	3020	1.5			
100×10	1663	1807	1.08	2613	2840	1.42	3284	3570	1.7	3819	4180	2.0
125×6.3	1693	1480	1.05	2276	2474	1.28						
125×8	1920	2087	1.08	2670	2900	1.4	3206	3485	1.6			
125×10	2063	2242	1.12	3152	3426	1.45	3903	4243	1.8	4560	4960	2.2

□ 附表 4-13 槽形铝导体长期允许载流量及计算数据

截面尺寸/mm				双槽导体截面/mm²	集肤效应系数 K_f	导体载流量/A	截面系数 W_Y/cm³	惯性矩 I_Y/cm⁴	惯性半径 r_Y/cm	截面系数 W_X/cm³	惯性矩 I_X/cm	惯性半径 r_X/cm	双槽焊成整体时				共振最大允许距离/cm	
h	b	c	r										截面系数 W_{Y0}/cm³	惯性矩 I_{Y0}/cm⁴	惯性半径 r_{Y0}/cm	静力矩 S_{Y0}/cm³	双槽实联	双槽不实联
75	35	4	6	1040	1.012	2280	2.52	6.2	1.09	10.1	41.6	2.83	23.7	89	2.93	14.1		
75	35	5.5	6	1390	1.025	2620	3.17	7.6	1.05	14.1	53.1	2.76	30.1	113	2.85	18.4	178	114
100	45	4.5	8	1550	1.02	2740	4.51	14.5	1.33	22.2	111	3.78	48.6	243	3.96	28.8	205	125
100	45	6	8	2020	1.038	3590	5.9	18.5	1.37	27	135	3.7	58	290	3.85	36	203	123
125	55	6.5	10	2740	1.05	4620	9.5	37	1.65	50	290	4.7	100	620	4.8	63	228	139
150	65	7	10	3570	1.075	5650	14.7	68	1.97	74	560	5.65	167	1260	6.0	98	252	150
175	80	8	12	4880	1.103	6600	25	144	2.4	122	1070	6.65	250	2300	6.9	156	263	147
200	90	10	14	6870	1.175	7550	40	254	2.75	193	1930	7.55	422	4220	7.9	252	285	157
200	90	12	16	8080	1.237	8800	46.5	294	2.7	225	2250	7.6	490	4900	7.9	290	283	157
225	105	12.5	16	9760	1.285	10150	66.5	490	3.2	307	3400	8.5	645	7240	8.7	390	299	163
250	115	12.5	16	10900	1.313	11200	81	660	3.52	360	4500	9.2	824	10300	9.82	495	321	200

注：1. 载流量系按最高允许温度+70℃、基准环境温度+25℃、无风、无日照条件计算的。
2. h 为槽形铝导体高度，b 为宽度，c 为壁厚，r 为弯曲半径。

参考文献

［1］　水利电力部西北电力设计院．电力工程电气设计手册（电气一次部分）．北京：中国电力出版社，1989.

［2］　范锡普．发电厂电气部分．2版．北京：中国电力出版社，1995.

［3］　姚春球．发电厂电气部分．2版．北京：中国电力出版社，2013.

［4］　傅知兰．电力系统电气设备选择与实用计算．北京：中国电力出版社，2004.

［5］　许珉，孙丰奇，车仁青．发电厂电气主系统．3版．北京：机械工业出版社，2015.

［6］　黄纯华，刘维仲．工厂供电．北京：天津大学出版社，1988.

［7］　张学成．工矿企业供电．北京：中国矿业大学出版社，1998.

［8］　水利电力部西北电力设计院．电力工程电气设备手册（电气一次部分）．北京：中国电力出版社，1998.

［9］　中国电力工程顾问集团有限公司．电力工程设计手册（火力发电厂电气一次设计）．北京：中国电力出版社，2018.

［10］　刘万顺．电力系统故障分析．2版．北京：中国电力出版社，1998.

［11］　张保会，尹项根．电力系统继电保护．2版．北京：中国电力出版社，2010.

［12］　尹项根，曾克娥．电力系统继电保护原理与应用．北京：华中科技大学出版社，2001.

［13］　徐建安，王风华．电力系统继电保护整定计算．2版．北京：中国水利水电出版社，2007.

［14］　崔家佩，孟庆炎．电力系统继电保护与安全自动装置整定计算．北京：中国电力出版社，1993.

［15］　陈根永．电力系统继电保护整定计算原理与算例．北京：化学工业出版社，2017.